江苏省高等学校重点教材

资源环境与可持续发展

主 编　张雪英　仲兆祥

副主编　王海玲　何益得　张　慧　于　杨

U0234382

电子工业出版社

Publishing House of Electronics Industry

北京·BEIJING

内 容 简 介

本书为江苏省高等学校重点教材（编号：2021-2-013）。

本书从当代大学生的环境责任入手，通过典型案例融入生态文明建设理念，培养学生自觉关心国家的发展战略的习惯。同时由浅入深介绍目前的环境现状及污染防治技术，并涵盖清洁生产、工程伦理、环境国际合作等内容，全面提升学生综合素质和创新能力，自觉养成环境保护的绿色行为习惯，树立可持续发展理念，肩负起当代大学生所必需的人文素养和社会责任。

本书主要适用于高等院校本专科生进行环境教育，也可供相关领域教学、科研人员，以及广大工程技术人员和从事环境保护管理的人员学习参考。

图书在版编目（CIP）数据

资源环境与可持续发展 / 张雪英，仲兆祥主编. —北京：电子工业出版社，2021.12
ISBN 978-7-121-42369-7

Ⅰ. ①资… Ⅱ. ①张… ②仲… Ⅲ. ①生态环境建设－中国－高等学校－教材 Ⅳ. ①X321.2

中国版本图书馆 CIP 数据核字（2021）第 232957 号

责任编辑：韩同平
印　　刷：北京虎彩文化传播有限公司
装　　订：北京虎彩文化传播有限公司
出版发行：电子工业出版社
　　　　　北京市海淀区万寿路 173 信箱　邮编：100036
开　　本：787×1092　1/16　印张：14.75　字数：472 千字
版　　次：2021 年 12 月第 1 版
印　　次：2025 年 1 月第 6 次印刷
定　　价：59.90 元

凡所购买电子工业出版社图书有缺损问题，请向购买书店调换。若书店售缺，请与本社发行部联系，联系及邮购电话：（010）88254888，88258888。

质量投诉请发邮件至 zlts@phei.com.cn，盗版侵权举报请发邮件至 dbqq@phei.com.cn。

本书咨询联系方式：010-88254525，hantp@phei.com.cn。

前　　言

近年来我国经济飞速发展，社会物质文明和精神文明取得了重大进步，但伴随而来的能源资源消耗以及污染物排放也急剧增加，资源短缺、环境污染、生态破坏、气候变化……呼吁我们要重视生态环境保护，坚持走可持续发展的道路。从党的十七大提出建设生态文明，到十九大的美丽中国建设，我国已把生态文明建设放在突出位置，融入经济建设、政治建设、文化建设和社会建设中。树立现代生态文明观念，培养绿色消费理念，坚持可持续发展是当代大学生所必须担负的责任。

本教材融入"绿水青山就是金山银山""山水林田湖草是生命共同体""人与自然和谐共生""用最严格制度最严密法治保护生态环境""建设美丽中国"等生态文明理念，主要内容涉及：生态文明建设与当代大学生环境责任、资源与能源、生态系统及其保护、环境与生命健康、全球环境问题、环境污染防治、可持续发展、环境管理与环境法规、环境工程伦理和国际环境合作等。本教材的目的是，让学生较全面了解我国生态文明建设的思路和生态污染防治的重要性，能在日常学习生活中自觉培养环境保护的绿色行为习惯，树立可持续发展意识，全面提升各方面能力和素质。

本教材选用多个环境状况案例来加深学生对概念的理解。通过罗布泊的消亡引出气候对水资源的影响，进而讲到水资源的短缺与宝贵，引导学生树立节水与保护水资源的理念。通过库布齐荒漠化的历程及治理取得的重大成效，让学生深刻体会到错误发展模式带来的危害，强化努力改善自然环境的信心。通过对全球气候变暖及南极臭氧空洞的介绍，加深学生对全球环境问题的认识，形成"人类命运共同体"的生态环保理念。通过怒江水电站的开发案例，让学生深刻体会环境工程伦理的概念以及"共抓大保护、不搞大开发"的重要意义。通过举例目前企业清洁生产审核的流程，让学生理解清洁生产的概念、产生的效益及对可持续发展的重要性。

本教材由张雪英、仲兆祥主编，参加编写的有张雪英（第 1、12 章）、仲兆祥（第 6 章）、王海玲（第 2、6 章）、何益得（第 3、7、8 章）、张慧（第 9、10、11 章）、于杨（第 4、5 章），全书由张雪英统稿。编写过程中得到了南京工业大学徐海涛教授、朱兆连副教授、刘家扬副教授等的大力支持，同时，也参考了许多国内外专著、教材、科研论文、网络素材以及相关的国内外标准，在此一并表示感谢。

环境保护与可持续发展的内容广泛，涉及政治、法律、经济、文化、科技等众多领域，目前国内外的环境标准以及环境管理政策更新很快，加上编者水平有限，本书疏漏和不足之处在所难免，敬请各位读者不吝赐教，予以批评指正（xueyingzhang@njtech.edu.cn）。

编　　者

目　　录

第1章 生态文明建设与当代大学生的环境责任

本章要求：了解生态文明建设理念的形成与发展过程，熟知中国传统文化对生态文明建设的影响，生态文明的主要特征以及中国特色生态文明建设的主要内容。掌握生态文明的概念以及当代大学生的环境责任。

1.1 生态文明建设理念的产生与发展

建设生态文明是关系人民福祉、关乎人类未来的长远大计。党的十八大将生态文明建设确立为与经济建设、政治建设、文化建设、社会建设并行的五大重点战略之一，生态文明建设被正式纳入我国社会主义事业总体布局，它在主张利用自然发展生产力，提高人的物质生活水平的同时，强调必须遵循生态规律，尊重和保护环境。

人类从动物界独立化出来以后，通过自身的实践活动不仅使自然界深深打上了人类自己的烙印，而且使自然界本身出现了人化过程，这两者内在的统一就是人类文明发展过程。迄今为止，经历了渔猎文明、农业文明、工业文明、生态文明4个主要阶段。

（1）渔猎文明：人类对自然过分依赖与畏惧

人类自从动物界独立化出来以后，大约经历了300多万年的原始社会，以群居的方式聚集在某一个自然资源相对丰富的地区，生产力发展水平极其低下，使用简单的石块和木棒等石器工具，依靠采集和渔猎两种基本生产活动，本能地依赖自然界所提供的物质条件而生活。他们没有文字和用文字记载的历史，其主要的精神活动是万物有灵论、巫术、图腾崇拜等原始宗教活动，并在此基础上产生了对自然神的崇拜。由于此阶段人类还无法真正从自然界中分离出来，所以通常把这一阶段的人类文明称为原始文明或渔猎文明。

在原始生态文明阶段，人类在处理与自然的关系时处于直观的、自然的、原始的混沌状态，人类对自然界的认识和改造作用是极为有限的，人们同自然界的关系完全像动物同自然界的关系一样，慑服于自然界。

但随着人类适应自然环境能力的增强，还是不自觉地在某种程度上造成了对自然界的破坏，如自身活动范围内的过度采集和对同一种狩猎对象的过度捕杀，破坏了自己的食物来源，使自己的生存受到威胁。为了解决自身生存与发展所面临的现实性危机，人类一方面通过频繁地迁徙寻找新的食物来源，另一方面凭借自身的实践经验，尝试改进原有的生产生活方式。如在长期采集的过程中发现植物的再生现象，尝试自己种这些植物。把自己狩猎来的暂时吃不完的动物养起来，逐渐形成了养殖业。随着人类普遍掌握这些生产和生活技术，极大地增强了人类对自然资源的利用能力，实现了人类历史上从原始生态文明到农业生态文明的第一次生态文明转型。

（2）农业文明：人类对自然的初步认识与开发

人类进入农业文明时代的标志是出现了原始农业和畜牧业，并且一直持续了几千年，直到19世纪。在这一文明和经济发展阶段中，人们主要采用锄和斧等手工工具从事农业活动，辅以手工业生产。

农业生产方式的出现，使得人类不再单纯依赖现成食物，而是通过创造条件，把自己所需要的动植物进行圈养或种植，成为人类获取食物的主要来源，从而也改善了人与自然的关系。同时，人类对自然的利用也开始扩大风力、水力等若干可再生能源，加上各种金属工具的使用，大大增强了改造自然的能力，自然界的人化过程得到更进一步发展。

但这一时期人们改造自然的能力仍然有限，力求顺从自然、适应自然，同时人类对自然的认识和变革尚属于幼稚阶段，两者处于初级平衡状态。尽管农业文明在相当程度上保持了自然界的生态平衡，但这只是一种在落后的经济水平上的生态平衡，是和人类能动性发挥不足与对自然开发能力单薄相联系的生态平衡，因而不是人们应当赞美和追求的理想境界。

农业生态文明时代为了发展农业和畜牧业，人们通常采用砍伐和焚烧森林来开垦土地和草原，把焚烧森林的草木灰作为肥料。这种耕作模式由于过分使用土地，多年之后，天然肥力用尽，收成下降，就被迫弃耕、迁徙。这种不断砍伐、焚烧、开垦、种植、收获的过程，导致千里沃野变为山穷水尽的荒凉之地。因此，农业生态文明时期，存在的最严重问题就是森林植被被破坏以及随后导致的土地退化。由于人类对自然的过度索取，农业生态文明穷途日暮。

（3）工业文明：人对物的依赖扭曲了对自然的关系

18 世纪以英国纺纱机和蒸汽机运用为标志的机器生产方式，标志着人类生态文明开始从农业文明过渡到工业文明，是人类生态文明发展史上的第二次重大转型。

工业文明时代，人类在创造极大物质财富的同时，也把人类生态文明发展到了一个新的阶段，人类和自然的关系发生了根本的改变。由于广泛采用先进的生产技术，极大提高了人类认识自然和改变自然的能力，出现了人工制品，人类的活动范围也扩张到地球表层、甚至地球内部及外太空的各个角落。对自然界展开了无节制的开发、掠夺与挥霍，自然界成了人类征服的对象。随着人类社会物质财富的积累，人们的思想文化生活也日益丰富，思想观念也发生了深刻的变革，人类社会进入更加繁荣文明的时期。

然而工业文明阶段，生产力的快速提高，危害环境的污染物质不断产生，各国的环境污染日趋严重，人类与自然的矛盾尖锐对立，出现了美国洛杉矶光化学烟雾、英国伦敦烟雾、日本水俣病等著名的八大公害事件，自然向人类敲响了警钟。淡水资源短缺、森林锐减、草场退化、土地侵蚀和荒漠化、温室效应、臭氧层变薄、酸雨破坏等一系列环境问题，严重地威胁着人类自身的生存安全。因此现代生态文明的形成，是历史发展的必然。

（4）生态文明：人与自然和谐相处全面发展

生态文明是指人类遵循人、自然、社会和谐发展这一客观规律而取得的物质与精神成果的总和，是以人与自然、人与人、人与社会和谐共生、良性循环、全面发展、持续繁荣为基本宗旨的文化伦理形态。

现代生态文明是建立在工业生态文明实践基础上，以可持续发展理论为指导，更进步、更高级的人类生态文明形态，它要求人类抛弃那种只注重经济效益而不顾人类自身生态需求和自然进化的工业文明发展模式，改变高消耗、高污染的产业，逐渐形成有利于生态环境可持续发展的农业、工业、服务业产业体系。现代生态文明是一种社会形态，不仅仅是一个经济概念，还是一个政治概念、伦理概念，其主题就是建构新体制机制以及更新人们思维观念和伦理规范，来正确处理人类生存环境与发展之间的内在关系。也就是说，现代生态文明要强调人与社会、经济、自然协调发展和整体生态化，采用可持续生态发展模式，使人类的生产和生活越来越融入自然界物质大循环中，真正实现人与自然共同发展的和谐状态。

（5）农业文明、工业文明和生态文明的比较

农业文明、工业文明和生态文明是人类文明发展的三个主要阶段，既各不相同又承前启后，为做到直观，列表加以说明（见表1-1）。

表1-1 农业文明、工业文明、生态文明比较

	农业文明	工业文明	生态文明
起始时间	人类文明	工业革命（19世纪中）	新技术革命（20世纪末）
技术结构	原始技术、手工工具	中等技术、机械——自动工具	尖端技术、智力工具
产业结构	第一产业——农业劳动密集	第二产业——工业资源密集	第三、四产业（高新技术产业）
生产成果	产品	商品	用品+商品
分配	主要按劳动资源的占有分配，无社会保障	主要按自然资源的占有分配，社会保障系统逐步建立	按劳分配，社会保障在分配中所占比重大大增加
资源	开发自然资源能力很低，人力资源相对短缺（争夺），自然资源相对富足，智力资源有待开发	开发自然资源能力增强，人力资源相对富足（失业），自然资源相对短缺（争夺），智力资源开发不足	智力资源高度开发，可以开发未认识的可用自然资源，并以富足自然资源代替短缺自然资源
危机	饥荒 成因：自然灾害	衰退 成因：经济失衡，自然资源短缺	失业 成因：劳动力能力和素质
人才	不流动	主要在国家范围内流动：农村→城市	在世界范围内流动
教育	文盲普遍	中等教育	高等教育
人民生活	贫困	温饱→小康	富裕
市场	对经济发展不起重要作用 自给自足 静态市场	对经济发展起决定性作用 流动经济、扰动市场 数量市场，占有市场份额是第一宗旨	对经济发展作用有待研究 动态市场、质量市场 培养良性市场结构是第一宗旨

1.2 现代生态文明的主要特征

现代生态文明是人类文明形态和理念的重大进步，涉及生产生活方式和价值观念的变革，是不可逆的发展潮流。当前，人类开始进入由工业文明向生态文明转型的过渡期。

（1）生态文明的人本性与和谐性

现代生态文明的根本任务是在更高境界上解决人与自然的矛盾关系问题。

首先要树立以人为本的科学发展观。确立人与自然辩证统一、和谐相处的理念，追求自然、经济、社会的全面、协调、可持续发展，它的着眼点是人类对自然的呵护，在发展中不断提高人的素质和发挥人的才能，其最终目的是促进人类的生存与发展，改善和提高全体人类的生存环境和生活质量。

其次要树立生态文明价值观。和谐性是生态文明的本质特点，生态文明追求的是人与自然生态关系的和谐，通过人的解放和自然的解放，实现人与自然的生态和解，以及人与人的社会和解，建立人与自然和谐发展的社会生态文明价值观，培养适度、绿色、科学的文明健康消费方式，追求精神的愉悦和心灵的感悟，充满着对自然的尊敬，对生命的热爱，对人与自然和谐的守望。

（2）生态文明的整体性与可持续性

现代生态文明把人类社会系统的整体性、最优化作为发展的最高目标，它的对象是整个地球生态系统，它把经济发展、精神文化繁荣和社会进步与生态环境保护结合起来，在整体发展中正确处理眼前利益与长远利益、局部利益与整体利益的关系。将科学技术进步与人类伦理结合起来，从人类社会发展和整个自然的角度，正确处理科学技术在推动人类社会发展上的作用，实现环境保护和经济社会的良性互动。

可持续性是生态文明的重要特点。它以人类社会与生态系统的关系为中心，以自然、社会、经济复合系统为对象，以各个系统相互协调共生为基础，以生态系统承载力为依据，以人类持续发展为总目标，要求人类对自然的作用必须限制在自然可承载能力的范围之内，保护好生态系统的再生能力和洁净能力，使整个生态系统始终处于一种良性的循环发展过程中。

（3）生态文明的基础性与文化性

作为对工业文明的超越，生态文明代表了一种更为高级的人类文明形态，代表了一种更为美好的社会和谐理想，是人类社会进步的必然要求。生态文明同社会主义物质文明、政治文明、精神文明一起，关系到人民的根本利益，关系到巩固党执政的社会基础和实现党执政的历史任务，关系到社会文明和国家的长治久安。

生态文明的文化性要求我们进行生态环境改造的思想、方法、组织、规划等意识和行为都必须符合生态文明建设的要求，围绕发展先进文化，加强生态文化理论研究，推进生态文化建设，弘扬人与自然和谐相处的价值观，形成尊重自然、热爱自然、善待自然的良好文化氛围，建立有利于环境保护、生态发展的文化体系，充分发挥文化对人们潜移默化的影响作用。

1.3 中国特色的生态文明建设

1.3.1 中国传统文化与生态文明建设

生态文明建设思想的形成有着时代诉求，但也有着更深的思想来源。作为世界上四大文明古国之一，我国五千年文明形成的中国传统文化，对丰富生态文明建设思想起到了非常关键的作用。

（1）儒家"天人合一"的环境伦理观

"天人合一"就是指人与自然融为一体，人与自然能够和谐相处，形成亲近自然、热爱自然和尊重自然的生态观，同时，在天人关系上，儒家思想从实际理论上将天与人、自然与社会区别开来，发展成为一种独立的关系，并逐渐形成了敬畏大自然、认识大自然、利用大自然的意识形态。这充分体现出中国传统文化中"以和为贵"的思想，具有鲜明的民族特色。

（2）道家"道法自然"的永续发展观

道家的哲学思想也主张人顺应自然，老子说："人法地，地法天，天法道，道法自然"。这里所说的自然，就是"万物"原来的状态，"道法自然"即听自然、顺应自然。这就是相信自然规律能推动自然界的正常发展，在天、地、人三者当中，人要尊重自然界的规律，不能破坏自然，人的各种活动要遵循自然生态的平衡，这样才能做到天、地、人的和谐相处。

（3）佛家"众生平等"的生态伦理观

佛家的思想认为人与自然是一个有机的整体，生命与生存的环境是相互联系，相辅相成的。任何生命都是自然界的有机组成部分，如果离开自然界，生命就不可能存在。佛家认为自然界的一切事物都是有生命的，大到宇宙，小到尘，这些生命都是平等的，都是需要尊重的。自然界的万物与人类一样有灵性、有情感，人与自然要和谐相处。中国佛家的生态思想是在保护万物中寻求解脱，启示人们通过理解万物本真的认知提升生命，这与儒家"天人合一"的观点也是相通的。

（4）墨家"兼爱节俭"的适度消费观

墨家是中国哲学最早提出和谐思想的哲学流派，主要包括人与社会、人与自然界的和谐。其理想就是努力保证广大人民有饭吃，有衣穿，有房住，保证基本生存权利，这体现了人与社会的和谐。另一方面墨子主张节俭，称"节俭则昌，淫佚则亡"，主张人们要勤俭持家，不要浪费财物，主张树立节约的风尚，否则会给社会带来很多的灾难和困难，这体现了节约资源的生态理念。

1.3.2 中国传统文化对现代生态文明建设的启示

（1）人与自然的和谐共生

随着科学技术的进步，经济在飞速发展，但生态环境在恶化，人与自然的关系仍然是需要认真面对并亟待解决的问题，空气污染、物种灭绝、能源危机等问题层出不穷。生态环境部在 2018 年发布的《2017 中国环境状况公报》公布的数据显示，全国开展空气质量监测的338 个地级及以上城市中，239 个城市空气质量超标，超标率达 70.7%。目前高耗能、高污染、高排放污染环境的经济发展模式仍然存在，对人体健康和环境质量影响很大，生态文明建设需要解决的核心问题之一就是正确处理人与自然的关系，遵循自然界的客观规律，实现两者和谐共处的可持续发展。

（2）人对自然取之有度的利用

自古以来，人类与大自然就是一个有机整体，如果以损害大自然的物种来换取人类追求的经济价值，就会受到大自然的惩罚，生态环境的恶化将使人类自食其果。因此，人类首先要在自然规律所允许的范围内与自然界进行物质能量的交换，否则必然会遭到自然的报复。即做到"取之有时""取之有度"，合理、适当地开发和利用有限的资源，保证资源的持续利用及万物的平衡，实现人类的可持续发展。

（3）人对自然顺其自然的改造

在人类进步和经济发展中，环境污染、资源破坏、能源浪费等问题凸显，这就要求人类在改造自然的同时必须尊重和爱护自然，使经济社会发展建立在环境可承载和资源可持续的基础上。提高生态文化素养，转变生活方式，养成适度消费的习惯。这样既能减少对环境的破坏，又有利于健康，把更多的精力集中在精神文化生活范畴，形成崇尚自然和保护生态的生活理念，产生主动参与生态文明建设的内生动力。

1.3.3 我国生态文明理念的产生与发展

新中国成立以来我国一直重视生态文明建设，从最早提出植树造林，到可持续发展理念，从建设资源节约型和环境友好型社会，到大力推进生态文明建设，把生态文明建设纳入国家"五位一体"总体布局，生态文明建设为实现富强、民主、文明、和谐、美丽的社会主义现代化强国一直在做出自己的独特贡献。"树立和践行绿水青山就是金山银山的理念"与"坚持节约资源和保护环境的基本国策"一并成为新时代中国特色社会主义生态文明建设的思想和基本方略。我国在探索人与自然关系的历史进程中，经历了绿化运动、基本国策、国家战略、行动纲领、发展理念等五个发展阶段，产生了四次历史性飞跃（见表 1-2）。

表 1-2　我国生态文明思想发展的四次飞跃

第一次：从绿化运动到环境保护基本国策（1921—1989）
1932 年　中华苏维埃共和国临时中央政府人民委员会提出了《对于植树运动的决议案》的中国第一个植树运动决议，新中国成立后提出了"绿化祖国""要使祖国的河山全部绿化起来"的口号
1972 年　参加了联合国人类环境会议
1973 年　第一次全国环境保护会议通过了环保工作的总方针
1978 年　宪法中明确了"国家保护环境和自然资源，防止污染和其他公害"
1979 年　第一部《环境保护法》
1983 年　第二次全国环境保护会议正式确立"环境保护是我国的一项基本国策"
第二次：从环境保护基本国策到可持续发展战略（1989—2002）
1992 年　中国政府在参加联合国环境与发展大会时，首次阐述了中国关于可持续发展的立场
1996 年　第四次全国环境保护会议上明确提出"保护环境，实施可持续发展战略"
第三次：从可持续发展战略到生态文明建设（2002—2012）
2005 年　提出要构建社会主义和谐社会，强调"人与自然和谐相处""要大力推进循环经济，建立资源节约型、环境友好型社会"
2007 年　党的十七大将"建设生态文明""生态文明观念在全社会牢固树立"纳入中国特色社会主义事业的总体布局
第四次：从生态文明建设到绿色发展理念（2012—）
2015 年　党的十八届五中全会在阐述"十三五"时期经济社会发展的基本理念时，强调"必须牢固树立创新、协调、绿色、开放、共享的发展理念"
2017 年　党的十九大报告中明确"建设生态文明是中华民族永续发展的千年大计。必须树立和践行绿水青山就是金山银山的理念，坚持节约资源和保护环境的基本国策，像对待生命一样对待生态环境，统筹山水林田湖草系统治理，实行最严格的生态环境保护制度，形成绿色发展方式和生活方式，坚定走生产发展、生活富裕、生态良好的文明发展道路，建设美丽中国，为人民创造良好生产生活环境，为全球生态安全做出贡献"

1.3.4　生态文明思想的内涵

党的十八大以来党中央以高度的历史使命感和责任担当，直面生态环境面临的严峻形势，高度重视社会主义生态文明建设，树立"创新、协调、绿色、开放、共享"五大发展理念。坚持把生态文明建设作为统筹"五位一体"的中国特色社会主义总体布局和协调推进"四个全面"战略布局的重要内容，把生态文明建设融入经济建设、政治建设、文化建设、社会建设各方面和全过程，提出了一系列关于生态文明的新理念、新思想、新战略（表 1-3），形成了具有科学性、指导性和实践性的三维理论体系。

生态文明建设思想内涵丰富（见表 1-3），涵盖了生态文明建设的基本理念、本质关系、目标指向、实践方法、根本保障、国际视野等诸多方面，为推进美丽中国建设提供了方向指引和实践动力，为世界可持续发展提供了有力支撑。

表 1-3 生态文明思想内涵——四梁八柱

四梁——回答的基本问题：如何处理好人与自然之间的生态关系	
第一根梁：自然论	人类必须尊重自然、顺应自然、保护自然
第二根梁：两山论	我们既要绿水青山，也要金山银山。宁要绿水青山，不要金山银山，而且绿水青山就是金山银山
第三根梁：生命共同体论	山水林田湖草是一个生命共同体；人与自然是生命共同体
第四根梁：和谐共生论	我们要建设的现代化是人与自然和谐共生的现代化
八柱——解决两个基本问题：1. 坚持和发展什么样的中国特色社会主义生态文明 2. 怎样坚持和发展中国特色社会主义生态文明	
第一根柱：目标论	我们要建设的现代化是人与自然和谐共生的现代化
第二根柱：指导思想论	新时代推进生态文明建设的指导思想
第三根柱：道路论	绿色发展、循环发展、低碳发展的基本途径
第四根柱：原则论	新时代推进生态文明建设的六大原则
第五根柱：体系论	加快构建生态文明五大体系
第六根柱：制度论	生态文明体制改革的八大制度
第七根柱：重点论	建设美丽中国的重点任务
第八根柱：全球论	积极参与全球环境治理

1.3.5 推进生态文明建设的原则

改革开放 40 多年来，工业化、城镇化进程突飞猛进，经济社会发展、综合国力和国际影响力实现历史性跨越。在这个追求"短平快"经济效益的发展过程中，环境保护与经济增长的不平衡、不协调、不可持续的矛盾日益突出。良好生态环境是最公平的公共产品，是最普惠的民生福祉，面对资源约束趋紧、环境污染严重、生态系统退化的严峻形势，在经济发展新常态下，绿色发展、低碳发展、循环发展成为经济社会发展的主流声音和实践导向。

2012 年 11 月，"美丽中国"的概念在党的第十八次全国代表大会首次作为执政理念出现，它强调把生态文明建设放在突出地位，并融入经济建设、政治建设、文化建设、社会建设各方面和全过程；2015 年 10 月召开的十八届五中全会上，"美丽中国"被纳入"十三五"规划。

1. 坚持人与自然和谐共生

生态文明是人类社会进步的重大成果，是实现人与自然和谐共生的必然要求。建设生态文明，要以资源环境承载能力为基础，立足人与自然是生命共同体的科学自然观，以自然规律为准则，以可持续发展、人与自然和谐为目标，坚定走生产发展、生活富裕、生态良好的文明发展道路，建设美丽中国。

2. 树立和践行绿水青山就是金山银山理念

金山银山和绿水青山的关系，归根到底就是正确处理经济发展和生态环境保护的关系。

这是实现可持续发展的内在要求，是坚持绿色发展、推进生态文明、建设美丽中国首先必须解决的重大问题。自然是有价值的，保护自然，就是增值自然价值和自然资本的过程，就是保护和发展生产力，并得到合理回报和经济补偿。党的十八届三中全会提出编制自然资源资产负债表，党的十九大提出建立市场化、多元化生态补偿机制，就是要探索生态产品价值的实现方式，探索绿水青山变成金山银山的具体路径。

3. 推动形成绿色发展方式和生活方式

推动形成绿色发展方式和生活方式，重点是推进产业结构、空间结构、能源结构、消费方式的绿色转型，开展全民的绿色行动以及切实解决突出环境问题。

（1）推动形成绿色发展方式

① 改变过多依赖物质资源消耗、过多依赖规模粗放扩张、过多依赖高能耗高排放产业的发展模式；

② 构建并严守生态功能保障基线、环境质量安全底线、自然资源利用上线三大红线，建立三大红线硬约束机制；

③ 全面优化产业布局，加快调整产业结构，发展壮大环保等战略性新兴产业和现代服务业，建立健全绿色低碳循环发展的经济体系，最大限度地降低生产活动的资源消耗、污染排放强度和总量；

④ 推进能源生产和消费革命，压减燃煤消费量，构建清洁低碳、安全高效的能源体系；

⑤ 推进资源全面节约和循环利用，实施节水减排行动，降低重点行业和企业能耗物耗，实现生产系统和生活系统循环链接。

（2）开展全民绿色行动

① 开展创建绿色家庭、绿色学校、绿色社区和绿色出行等行动；

② 引导生态环境保护社会组织健康有序发展；

③ 倡导简约适度、绿色低碳的生活方式，反对奢侈浪费和不合理消费；

④ 强化企业排污者责任，确保实现达标排放，开展自行监测并向社会公开；

⑤ 加强生态环境保护宣传教育，推行绿色办公，创建节约型机关；

⑥ 构建政府为主导、企业为主体、社会组织和公众共同参与的环境治理体系。

（3）切实解决突出环境问题

① 坚决打赢蓝天保卫战：持续实施大气污染防治行动，深入推进产业、能源和运输结构调整，淘汰落后产能，整治"散乱污"企业，强化区域联防联控联治，减少机动车污染，积极主动应对重污染天气等。

② 着力开展清水行动：实施水污染防治行动计划，统筹水资源及水生态，抓两头、促达标，保好水、治差水；实施流域环境和近岸海域综合治理，大力整治不达标水体、黑臭水体和纳污坑塘，加强地下水污染综合防治，严格保护良好水体和饮用水水源；开展农村人居环境整治行动，建成一批宜居、宜业、宜游的美丽乡村等。

③ 扎实推进净土行动：加快推进土壤污染状况详查，建设土壤环境质量监测网络，建立污染地块动态清单和联动监管机制；农用地土壤按污染程度分别采取相应管理措施，保障农产品质量安全；针对典型受污染农用地、污染地块，进行土壤污染治理与修复……

④ 有效防控环境风险：强化固体废物处置和化学品环境管理，提高危险废物处置水平；进一步从严审批进口许可证，从源头上大幅减少固体废物进口数量；严格核与辐射

安全监管，确保核与辐射安全；及时妥善处理各类环境矛盾纠纷，坚决守牢环境安全底线……

4. 统筹山水林田湖草系统治理

"山水林田湖草"这六个要素组成的生命共同体是社会发展的环境基础；山水林田湖草系统治理要求在坚持自然价值理念和可持续发展观的前提下，真正改变以前的分类保护、单项治理的修复模式，把过去的单一要素保护修复转变为以多要素构成的生态系统服务功能提升为导向的保护修复；优化生态安全屏障体系，构建生态廊道和生物多样性保护网络，提升生态系统质量和稳定性。完成生态保护红线、永久基本农田、城镇开发边界三条控制线划定工作，明确城镇空间、农业空间、生态空间，为各类开发建设活动提供依据。建立政府主导、企业和社会各界参与、市场化运作、可持续的生态补偿机制等。

5. 实行最严格生态环境保护制度

建设生态文明，是一场涉及生产方式、生活方式、思维方式和价值观念的革命性变革。建立有效约束开发行为和促进绿色、循环、低碳的生态文明法律体系；构建产权清晰、多元参与、激励约束并重、系统完整的生态文明制度体系（见图 1-1）；发挥制度和法治的引导功能，坚决制止和惩处破坏生态环境行为，只有实行最严格的制度、最严密的法治，生态文明建设才能进步，美丽中国建设才会有保障。

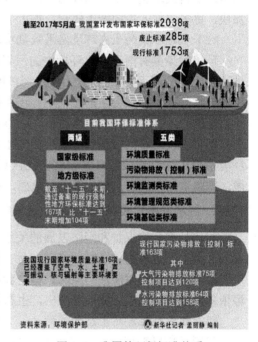

图 1-1　我国的环保标准体系

6. 共谋全球生态文明建设

从生态文明的视域来看，面对全球气候变化、资源短缺、环境污染、人口膨胀、生态破坏的严峻形势，我国应秉持人类命运共同体的理念，与国际社会一道携手，深度参与全球环境治理和生态合作，从生态环境保护国际合作的学习者、分享者、受益者，转变成全球生态文明建设的重要参与者、贡献者和引领者，坚持绿色、低碳、循环、可持续的生产生活方式，形成世界环境保护和可持续发展的解决方案，开创我国参与生态环境国际合作的一片新天地，把我们共同的地球家园建设成一个清洁美丽的世界。

1.3.6　当前制约我国生态文明建设的主要因素

1. 人口与环境现状对生态文明建设的制约

从社会发展的客观性来讲，建设生态文明是一个长期发展和曲折前进的过程。多年来，人与自然的长期矛盾给生态环境带来了前所未有的压力，人类社会实践活动对生态造成的恶劣影响要在短期内得到彻底解除并不现实，庞大的人口基数与短缺的资源能源矛盾日益尖锐，这些都是制约我国生态文明建设的首要客观因素。

（1）庞大的人口基数与短缺的资源能源矛盾尖锐

人口因素是诸多因素中最主要、也最具有根源性，其中包含人口数量、素质、构成等。长期以来人口的膨胀以及发展的不均衡，对资源环境造成了巨大压力，也是造成生态环境恶化的主要原因。在资源总量一定的情况下，过高的人口数量必然要增加资源环境的开发力度，造成资源环境危机；同时一个地区居民素质的高低与该地区的环境质量有着密切的关系，尤其是科学文化素质和道德素质的高低对环境保护意义重大。人口素质低下容易间接影响生产力的创新和物质资料的科技含量，尤其是在开发利用自然资源方面，易形成粗放式经营，开发效率低下，造成浪费和污染，特别是如果决策者生态道德素质较低，只顾该地区经济发展而忽视生态保护，就会对环境造成体制性的污染和破坏。近年来我国人口老龄化现象越来越严重，对中国经济发展产生不利影响，也会进一步加剧中国环境的压力。我国是农业大国，农村人均资源消费量和造成的环境压力要小很多，但伴随着农村人口"城镇化"速度加快，更多农村人口向城市转移，加大了原本紧张的资源环境压力。

（2）长期积累的生态环境恶果短期难以有效消除

环境污染具有渐进性，环境中的污染物是几十年甚至上百年一点点积累起来的，污染治理不可能"一蹴而就"。在大力发展经济的当前，加强环境保护的口号还没有深化为人们心中的自觉行动。在社会生产生活中，还存在往往为了自身利益不顾环境代价，甚至是只污染不治理的行为。大气污染、水污染、土壤污染、资源短缺、新能源开发利用等方方面面的改观都不可能在短时间内达到美丽中国的生态要求。由于环境问题长时间的积累，一些地区的环境治理工作进展缓慢，甚至有的地区还在不断恶化，治理速度远远赶不上环境的恶化速度，铁腕治污既要有火烧眉毛的紧迫感，更要有积跬步至千里的理性和耐力。

2. 经济发展方式对生态文明建设的制约

如何处理环境保护和经济发展的关系，是近几十年来人们不断探寻的问题。生产力的发展为人类生活进步提供了物质基础，是实现生态文明建设的物质保证。我国是资源大国，物产资源丰富，市场发展潜力巨大，但是我国各地区经济发展不平衡、科技创新能力不强，资源依赖型的发展造成环境问题突出，生态文明建设受到严重制约。

（1）粗放型经济对生态的制约

我国长期以来高投入、高消耗、高排放的粗放型工业生产模式，加剧了我国经济社会发展与资源环境的矛盾。虽然 20 世纪 80 年代以来，我国经济发展方式转变取得一定成效，但总体来看，转变过程是长期而艰巨的，目前，我国能源结构中化石能源消费比重过高，2018 年的煤炭消费生产、消费比重分别高达 69%、59%，原油生产、消费比重分别为 7%、19%，能源利用方式粗放，清洁能源利用率低。

（2）绿色生产力创新技术的制约

当今社会，科技是第一生产力，科学技术的创新为生态经济发展提供了直接动力，依靠科技力量大力发展生产力已经成为世界各国有效应对环境危机的重要选择。我国科技进步对经济增长的贡献率一般在 20%～40%，远远低于世界发达国家 60%～90%的水平，造成单位产出的资源消耗和污染排放水平过高。我国科技事业总体发展水平落后于世界发达国家，环保节能、低碳能源等技术需要加速突破，要不断推进生物、海洋、新材料领域的研发创新，加速新兴产业发展。另外，我国科技对生态保护产业的贡献较低。尽管我国越来越强化对环保的创新技术，但与其他发达国家相比仍竞争力较弱，环保产业还处于相对落后的阶段。高水平专业环保人才的紧缺以及解决环境问题的研发技术投入不够，环境污染治理技术水平较低，尤其是在我国部分经济欠发达地区，地方政府和群众环保意识较为薄弱，不愿意投入资金引进新技术，环境污染治理速度远远赶不上环境被污染破坏的速度。

3. 生态文明理念的科学理解和实践对生态文明建设的制约

党的十九大报告把"坚持人与自然和谐共生"，作为新时代坚持和发展中国特色社会主义的基本方针之一，明确提出"建设生态文明是中华民族永续发展的千年大计"。生态文明建设需要专业人员的辛勤工作，同时也需要公众的主体意识，人们具有的以下观念还有待进一步转变。

（1）人类中心主义观念亟待进一步转变

人类中心论是西方传统的伦理思想，它把人类视为自然的征服者和统治者，而自然界则只是满足和实现人类欲望和需要的工具。过去我们常将人类自身看作大自然的"主宰者"和"统治者"，认为自然界的一切都可以并且应该用来为人类服务。正是由于这种人类中心观念的长期存在，不仅伤害了地球的生态系统，也伤害到人类自身。马克思说："人作为自然的、肉体的、感性的、对象性的存在物，和动植物一样，是被动的、受制约的和受限制的存在物"。人类也是自然界中不断进化的生物，自然界整体系统的平衡对于人类的生存与发展也至关重要。因此，人类必然与自然界建立起和谐统一的关系。

（2）绿色发展的理念还需进一步深入人心

十八届三中全会以来，绿色发展理念广为人知，但现在仍存有以下误区，需要加以宣传和引导。① 绿色发展必须舍弃物质财富的积累。国家提倡绿色发展并不是不顾长久以来物质财富的积累，而是要在经济发展的同时兼顾环境，另外还要释放促进经济增长的新动能。② 绿色发展就会中断工业化进程。绿色发展实际上是要对不合理的产业结构进行调整与升级。③ 绿色发展要牺牲落后地区的增长潜能。绿色发展要求各地区因地制宜，有效改善当地的经济结构，激发新的发展机遇，使当地经济实现绿色发展。④ 绿色发展会忽视低收入群体。绿色发展对低收入群体享受公共产品、实现基本环境权利有更大的利益，使低收入群体和其他人平等享受美好的公共环境。

（3）坚持节约与保护优先的理念有待加强

生态文明建设要坚持"节约优先、保护优先、自然恢复为主"的基本理念，中国在大力发展经济的同时环境急剧恶化，其根本原因在于坚持节约与保护优先的理念没有深入人心，个别地区不能正确认识环境与经济的依存关系，过分强调经济发展，导致环境现状越来越严峻。我们要在经济发展的同时，保护好生态环境，坚决反对走先污染后治理的道路，只顾经济发展不顾环境保护的做法会给人民群众的生活和健康带来巨大威胁，不利于人类社会的可持续发展，更实现不了国家现代化。

4. 制度体系对生态文明建设的制约

我国生态环境保护中存在的一些突出问题，一定程度上与体制不健全有关。生态文明制度的系统性和完整性在一定程度上代表了生态文明建设水平的高低，化解生态危机，需要依赖制度建构。

（1）生态法律法规建设还需加强

环境法制完善及有效实施，是建设生态文明的根本保障，改革开放以来生态领域的法律法规取得了巨大成就，初步形成了一个比较完备的法律体系，但仍存在生态文明建设相关法律及其制度的交叉重叠、碎片化，及与其他相关法律法规衔接问题；现有民商法、经济法、行政法等相关法律中，有利于生态文明建设的理念、原则与机制也不健全；一些部门法律与生效的环境法律存在不协调之处；环境保护法及相关政策涉及的执法主体不明确，职责不清，造成生态保护问题解决相互推诿。另外，一些生态文明重要领域还存在立法空白，出现了法律漏洞，使得我们在某些方面无法可依，缺乏完整的自然资源和环境资源产权法律制度体系和民事法律责任体系。同时我国环境执法体制与执法能力也有待强化。

（2）生态环境保护管理制度有待强化

我国在制定重大经济政策、发展规划和重要建设项目研究过程中，都充分考虑了生态保护因素，建立了生态保护与经济社会发展综合决策机制，但在一些地区还存在一些问题和不足，仍需深化改革。

① 生态环境保护责任落实不到位。主要表现为：一是认识不到位。很多地区的领导将生态指标视为软指标，只注重经济发展，轻视环境保护，在项目引进、工业布局、严格环境监管等方面存在不同程度的问题。二是基础设施建设不到位。部分城镇污水处理厂及配套管网建设滞后，不能保证稳定运行。三是责任不到位。政府没有履行好应有的监管责任，个别重点工业项目选址不符合环保要求，存在环境隐患；一些企业环境问题积小恶成大恶，增加了污染治理难度，造成了一定的社会影响。

② 生态环境保护监管职能分散。主要表现为：一是各部门没有严格落实《环境保护法》，存在认识误区，形成监管上的漏洞。二是各部门之间缺乏协调配合机制，存在多头执法、政出多门、建设资金分散等现象，难以形成资金集中使用和严格监管的强大合力。三是各部门职责不清，边界模糊，主辅关系不明，在有利益有功劳的方面争功邀赏，在出问题的方面相互推诿，降低了行政效能。

③ 生态环境监管队伍不足。主要表现为：一是农村环保工作机构不健全，随着工业污染向农村转移问题日益突出，农村环境管理缺乏抓手。二是从事环境保护人员不足。人员少、任务重，执法力量薄弱，在一定程度上影响了工作的开展。

④ 生态环境监管措施不力。主要表现为：一是难以形成"刚性"约束。由于生态环保法律法规不太完善，执法刚性不强，手段单一，对一些生态环境违法问题打击不力，很难形成对违法企业的震慑作用。二是企业生态责任意识不强。企业只顾眼前利益，盲目追求经济效益，没有履行好社会责任，给生态环境造成破坏。三是关停企业难。对于逾期未完成治理的，执法部门关停违法排污企业需要报请政府决定，无法查封扣押排污相关设施。

⑤ 生态环保企业缺乏政策支持。发展循环经济是废物资源化、减少污染物排放、加强环境保护的重要措施。对处理处置废弃物或者以利用污染物为生产原料的企业，如塑料加工厂、有机肥生产厂等，政府的鼓励或扶持政策还有待进一步加强。

（3）经济社会发展考评体系需进一步完善

以往的发展成果考核评价体系通常以经济发展成果作为主要衡量指标，造成了经济与生态环境的畸形发展，逐渐背负了沉重的环境代价。虽然目前国家高度重视生态文明建设，强调环境保护，但由于环境的考评体系不健全，有的口号仅仅停留在文件上，我国许多地区仍以经济增长作为评定政绩的主要参考指标，而将生态文明建设成效当成软指标，盲目吸引各种企业，忽视地区环境长远发展，地区产业结构发展不合理，环境污染得不到根本解决。

1.4 生态文明建设的国内实践与国际借鉴

20 世纪下半叶以来世界各国都在关注生态问题，随着生态保护意识的觉醒，各国在解决生态环境问题上积极行动，努力探索各种措施为自身的生存和可持续发展创造条件。

1.4.1 生态文明建设的国内实践

（1）思想转变：增强生态环境保护意识

应对生态问题，首先要在思想上认识到保护生态环境的重要性。近些年来，发展中国家在发展自身经济的过程中，生态环境遭到破坏，在严峻的生态形势下逐渐认识到保护生态环境的重要性。中国作为世界上最大的发展中国家，在近几十年的国家建设发展中也遇到了同样的环境问题，为了改善生态环境，正确处理经济发展与生态环境保护的关系，中国也正在为此积极努力。中国政府认识到保护生态环境必须思想先行，提高人们的生态环境保护意识，所以提出"绿水青山就是金山银山，宁要绿水青山，不要金山银山""要像保护眼睛一样保护生态环境，要像对待生命一样对待生态环境""保护生态环境就是保护生产力，改善生态环境就是发展生产力"等思想，目的就是增强人们的生态环境保护意识。

（2）实践提升：转变经济发展方式

由于经济落后，生产力水平低，发展中国家主要采取粗放型发展，对生态环境造成了严重破坏。转变经济发展方式是发展中国家应对生态问题的主要措施。比如印度正在积极发展以计算机和新材料为代表的高端产业，老挝、越南、泰国等正在大力发展旅游业等。对于我国来讲，严重的生态问题也是在近些年来发展自身经济过程中出现的。目前我国也正在努力转变经济发展方式，逐渐放弃原来的高污染高耗能的发展模式，向低碳、节约、高效的发展方式转变。

（3）建设成效：建设成效显著

党的十八大以来，在生态文明思想指导下，我国着力解决突出环境问题、推动绿色发展、完善生态环保政策、压实生态环保责任，生态环境建设成效显著。目前人们贯彻绿色发展理念的自觉性和主动性显著增强，淘汰高能耗、高污染的落后产能速度加快；污染治理力度之大、改革举措频度之密、监管执法尺度之严、环境质量改善速度之快前所未有。国家先后颁布实施了"气十条""水十条""土十条"和新环保法，为打击环境违法犯罪、环境污染防治提供了有力支撑。2013 年至 2017 年，全国累计退出钢铁产能 1.7 亿吨以上、煤炭产能 8 亿吨、水泥产能 2.3 亿吨，关停煤电机组 1500 万千瓦。2018 年全国实施行政处罚案件 18.6 万件，罚款数额 152.8 亿元，同比增长 32%，是新环境保护法实施前 2014 年的 4.8 倍。2018 年全国 338 个地级及以上城市优良天数比例达到 79.3%，同比上升 1.3 个百分点；细颗粒物（PM$_{2.5}$）平均浓度 39 μg/m^3，同比下降 9.3%。

1.4.2 生态文明建设的国际借鉴

生态问题是人类对自然的过分征服和掠夺导致自然生态系统的失衡状态，为避免继续恶化，发达国家积极反思并采取相应措施来保护环境，比如加强立法、政府鼓励资源回收利用、对安装节能环保装置的企业实行减税、加大对生态能源的开发和推广、建立污染排放许可制度等。

（1）加强立法保护生态环境

环境法是实施可持续发展战略的推进器，它通过调整和规范人们在开发利用、保护改善环境的活动中所发生的各种社会关系，将环境保护政策和主要措施以法律形式固定，使环境保护工作更加规范化、制度化。比如美国资源十分短缺，特别是石油本土储量极其有限，只占全世界的 3%，而消费量却占全世界的 20%，所以奥巴马政府颁布了《美国复苏与再投资法案》《美国清洁能源安全法案》等，通过对环境与能源方面的立法，鼓励清洁能源的开发和应用，仅使用清洁生物燃料一项每年就为国家贡献 177 亿美元。

澳大利亚通过立法化解生态危机。从 19 世纪中期开始，大量移民在澳大利亚开采金矿、砍伐森林等，多年来生态环境遭到严重破坏，大量沙石裸露。为了治理生态环境，澳大利亚先后出台了一系列保护生态环境的法律：1989 年制定《土壤保护和土地爱护法案》、1999 年颁布《环境保护和生物多样性保护法案》、2001 年颁布《艾尔湖流域政府间协议法》、2002 年颁布《地区森林协议法》、2003 年出台《澳大利亚沙漠知识机构法》等。从 20 世纪 90 年代至今，澳大利亚的生态恢复良好，全国很多沙化地区现已披上了绿色植被。

（2）政府鼓励对资源的回收利用

生态问题的严重性达到一定程度就变成了生态危机，发达国家在应对生态危机上采取了很多措施，政府鼓励对资源的回收利用就是其中重要的一条。20 世纪 70 年代德国发生了能源危机，为了减轻能源压力，政府要求加强资源回收利用，目前德国各行业废弃物平均重复利用率达 50%，其中家庭垃圾利用率为 60%，玻璃、塑料、纸箱等包装回收利用率超过 90%，废旧汽车回收再循环利用率达 80%，废弃物处理已成为德国的支柱产业，每年创造的收入超过 400 亿欧元。美国在 20 世纪 70 年代，在政府的鼓励和支持下，全国各地开始建立资源回收装置系统，对生活产生的废弃品进行全面回收。瑞典在资源回收利用方面也做得非常出色，发电厂所用的燃料均是处理后的生活垃圾，一些城市的污水处理厂，在污水处理过程中，经过净化的污水在热交换泵冷却之后，交换出来的热量被直接应用于生态城的集中供热系统，而被冷却的水又被用于区域供冷系统，这样往复循环每年可以节约大量能源。

（3）对安装节能环保设施的企业实行优惠政策

安装节能环保设施受到发达国家的青睐，它能有效地节约资源和保护生态环境。日本采用减税的办法引导企业安装节能环保设施，文件规定，凡是安装节能环保设施的企业，针对不同的设备减免 40%～70%的税额，对安装设备装置的前三年免交 50%的固定资产税，对有些企业在节能环保方面投入较大的还可以根据实际情况减少收益税，对企业处理废物所占场地也实行免交税。

对安装节能环保设施的企业给予低息贷款，对于很多企业来说，这是筹集资金的一个很好途径，因此这种措施很受企业欢迎。德国政府规定，对那些安装节能环保设施的企业给予利率 1.8%的贷款，远低于 5%的市场贷款利率；有的国家对安装节能环保设施的企业进行折旧优惠，折旧费用由政府承担。在日本，安装节能环保设施的企业贷款利率约为市场贷款利率的 50%；企业污染控制的环保设施，前 3 年可获得政府 30%的折旧费。德国为了使企业环保生产，对企业购买的节能环保设施实行折旧补贴，每年按购进或建造成本的10%折旧。

（4）加大对生态能源的开发与推广

一些国家通过开发清洁无污染的生态能源来应对能源危机。在资源能源形势越来越严峻的压力下，各国意识到大力开发太阳能、风能、水电、地热能、潮汐能、沼气等能源的重要性，并广泛应用到人们的生活中来。从 20 世纪 70 年代开始，一些发达国家已经开始重视对生态能源的开发，每年投入一定资金和专业人员来进行研究。截至 2020 年 11 月底，我国风电累计装机达 2.4 亿千瓦，已成为可再生能源发展主体之一。

（5）加强国际合作

世界各国通过政治、经济、文化合作凝聚共识，形成合力应对全球生态问题。解决生态问题必须要世界各国的共同努力，没有哪个国家能够独自应对人类面临的各种挑战，世界各国携手共同应对，可以更快更好地实现人与自然的和谐相处以及经济的繁荣稳定，最终实现人类的可持续发展。

1.5　中国当代大学生的环境责任

建设生态文明是关系人民福祉、关乎民族未来的长远大计。作为当代大学生更要身体力行，培养环境素养，用实际行动为生态文明建设添砖加瓦。

（1）生态忧思与厉行节约

人口膨胀、环境污染、能源危机、粮食短缺、臭氧层空洞、酸雨、生态系统失调、全球变暖等问题，已经严重影响到人类的生存与发展。大学生作为祖国建设的高级技术人才，更应具有良好的人文素养、职业道德和社会责任，大学生要以生态文明的观念来指导和约束自己的思想和行为，充分认识自然系统、社会系统与个体的关系，自觉追求人与人、人与自然、人与社会和谐发展的现代社会生态文明。

节约资源是建设生态文明，维护良好环境和生态平衡的重要举措。当代大学生作为建设节约型社会的一个重要群体，要带头在全社会营造建设节约型社会的良好氛围，在关注社会生态问题，树立节约意识的同时也应问问自己："我该怎样做？我做到了吗？我做好了吗？"事实上，日常生活中的一些细微行为，正所谓"俭以养德"，如随手关灯、关水龙头等，不仅可看出其节约的习惯，也可折射出一个人的品德修养和素质。大学生应养成节约的习惯，更要落实在日常行为上，从节约用纸等点滴小事做起，也不追求奢侈豪华，远离奇珍异味，不从众跟风消费，不盲目攀比消费，不超前负债消费，养成节约、文明、绿色的消费习惯。

（2）生态理性与绿色理念

生态理性强调把人类的物质欲望及对自然的改造、干预限制在生态系统可承受和可恢复的范围之内，经济活动须考虑生态环境的规模约束，在经济系统的吞吐量保持常量和较小增量的情况下，改变自身的结构和功能，从而维护生态系统的结构和功能。

绿色理念是生态文明哲学观、价值观、伦理观及方法论的综合体现形式，是在反思资源依赖型发展、现代化目标模式和路径选择、社会风尚和消费模式的基础上建立起来的。以生态理性为基础产生的绿色理念应内化为全社会的思维方式，外化为国家和个人的绿色行动。

作为当代大学生，首先要把绿色理念内化于心中，注重绿色消费；其次要带头在全社会开展绿色理念宣传与教育，推动社会消费模式转向绿色消费，在产品的生产、分配、交换和消费实施的过程中，构建整体的绿色消费观。反对过量消费，提倡简朴的物质生活，优先选用绿色产品，改变不良饮食习惯，拒绝食用野生动物等。

如何培养大学生的绿色理念？首先，树立经济社会可持续发展的思想，在生态文明建设过程中，在建设资源节约型和环境友好型社会的实践中，自觉地按照自然界的客观规律办事，不竭泽而渔，杀鸡取卵。其次，养成正确的科学观，不片面强调经济发展和科技进步，以为经济发展和科技进步可以解决一切问题，在社会实践中试图去驾驭自然，征服自然，导致自然生态环境的恶化。

（3）生态意识与环境权维护

生态意识本质上是对人和自然关系的反映，是解决社会与自然关系问题时所反映的观点、理论和情感的总和，包括认识生态规律、抵制生态破坏行为并约束自己的思想和行为。生态意识要求我们认识到，我们面临的环境是一个由若干子系统组成的整体，破坏其中的某一方面，必然带来生态系统整体运作的不协调、不平衡，因此，我们在日常生产生活中都要以维护生态系统平衡为标准。

环境权是法律关系的主体享有适宜健康和良好生活环境，以及合理利用环境资源的基本权利。维护环境权益，需要全社会共同努力。大学生作为其中的重要力量，在维护环境权益方面应该发挥作用。

首先，大学生应积极学习国家制定的环境法律法规，结合自己的切身利益关注环境权利，明确自己所享有的环境权，包括日照权、通风权、安宁权、清洁水权、清洁空气权等，懂得现行法律是对自己环境权利的确认，做到知权、用权、维权。身体力行从点点滴滴做起，参与维护生态平衡，如节水节电，减少废物排放，购买使用环境友好型产品，不用一次性纸杯，自备购物袋等。

其次，大学生在学习和践行环境法律法规、维护环境权益的同时，组建并充分发挥大学生环保社团的作用，帮助政府对重大环保政策方针进行调研论证，积极建言献策；监督政府有关部门认真履行环保职责；通过开展宣传教育、咨询服务等活动帮助公众提高环保认知，推动公众参与环境保护；通过专业服务咨询帮助受害群众开展环境维权，推动环境公益诉讼发展；监督企业履行社会环境责任等。

最后，大学生应认识到环境权利与环境义务之间的对立统一关系。大学生在享有环境权利的同时，绝不能回避履行环境义务和承担环境责任。

（4）生态教育与社会宣传

在生态危机面前，加强生态教育，提高全人类的生态保护意识已经迫在眉睫。大学生是国家未来和民族的希望，是生态文明建设的推动者和主力军。对他们进行生态教育，让他们正确理解生态文明建设思想的内涵，是处理人与自然关系的需要，同时通过他们向社会传递生态教育理念，也是构建社会主义精神文明建设的重要一环。

大学生应充分利用家庭、学校以及新闻媒体等的宣传教育，树立生态意识，增强生态认知能力和情感体验，并升华为自觉的生态行为习惯，使保护生态环境的行动落到实处，并在社会中起到积极的正向效应。比如组建环保社团，成立调研小组，考察周边污染情况并进行污染防治技术宣讲；开展"世界环境日""植树节""地球日"等的环境保护知识竞赛、演讲赛、主题征文比赛、辩论赛等环保主题活动，化被动学习为主动探索；积极创作以宣传生态环保为主题的情景短剧、舞蹈、动画片等，通过文艺作品宣传环保知识，形成持久的影响力和感染力，培养普通大众的生态环保意识。

附：联合国为中国提出的环保小建议

联合国开发计划署（UNDP）针对中国国情，曾提出 30 条环保小建议，这些建议看似简单，但是如果每个人都去做，就能大大改善我们的生活环境。这些建议是：

居家时：　1. 电视关机后切断电源，因为电器在待机时也在耗电。

　　　　　2. 随手关灯。

　　　　　3. 使用节能灯。

　　　　　4. 将空调温度提高或降低 1℃。

　　　　　5. 购买节能型家用电器。

　　　　　6. 多种花草。

　　　　　7. 使用再生纸。

　　　　　8. 珍惜点滴用水。

购物时：　9. 自备购物袋。

　　　　　10. 少买不可降解的光碟，多使用下载功能。

　　　　　11. 住宿酒店时请重复使用毛巾。

　　　　　12. 选购绿色洗涤剂。

工作时：　13. 少使用电脑屏保功能，屏保比待机更耗电。

　　　　　14. 让纸张循环利用。

　　　　　15. 双面打印

　　　　　16. 关闭电脑后切断电源。

　　　　　17. 手机充电完毕后拔掉充电器。

　　　　　18. 节约用纸

　　　　　19. 多使用视频会议，节省出差造成的能源浪费。

　　　　　20. 安装感应照明设备

外出时：　21. 给汽车轮胎适当充气，以节省燃料。

　　　　　22. 长时间等待时关掉发动机。

　　　　　23. 多骑车，少开车。

　　　　　24. 拼车出行。

　　　　　25 多乘坐公共交通工具。

　　　　　26. 使用小排量汽车。

其他建议：27. 带自己的筷子上餐馆，节省对木材的消耗。

　　　　　28. 选择绿色材料进行装修，如安装节能保温门窗等。

　　　　　29. 使用双键马桶，节约用水。

　　　　　30. 可多使用微波炉加热食品，它们比电炉更节能。

人类的生命起源来自大自然，虽然现代社会已经编织了一张"无所不能"的消费网络，但人类的衣、食、住、行终究离不开大自然的馈赠，因此我们要从心底尊重我们的"衣食父母"——地球。

思 考 题

（1）生态文明建设的内涵和主要特征是什么？

（2）中国传统文化对生态文明建设有哪些促进作用？

（3）推进生态文明建设应遵循哪些原则？其制约因素主要有哪些？

（4）作为当代大学生，应如何做生态文明建设的先行者？

（5）请对建设绿色大学校园提出一些建议。

第2章 全球环境问题

本章要求：了解环境问题的产生与发展，熟知几大全球环境问题的原因与控制对策，掌握典型全球环境问题——温室效应与全球气候变化、臭氧层破坏、酸沉降的产生原因、危害与控制对策。

2.1 环境问题的产生与发展

环境与人类有着十分密切的关系，环境是相对于"人"而言的。"环境"的科学定义应是：以人类社会为主体的外部世界的全体。从人类诞生开始就存在着人与环境的对立统一关系，两者相互影响、相互作用、相互依存、相互制约。由于人类活动作用于周围的环境，引起环境质量变化，这种变化反过来又对人类的生产、生活和健康产生影响，这就产生了环境问题。

如果从引起环境问题的根源考虑，可以将环境问题分为以下两类。一类是自然力引起的，称为原生环境问题，又称为第一类环境问题。它主要是指地震、海啸、火山活动、崩塌、滑坡、泥石流、洪涝、干旱、台风、地方病等自然灾害。对于这一类环境问题，目前人类的抵御能力还很脆弱。如公元 79 年，维苏威火山喷发使整个庞贝城没于火山灰之下；1970 年热带风暴袭击孟加拉国使 30～50 万人丧生，130 万人无家可归。另一类由人类活动引起的环境问题称为次生环境问题，也叫第二类环境问题。它又可以分为两类。一是不合理开发利用自然资源，超出环境承载力，使生态环境质量恶化或自然资源枯竭的现象，如森林破坏、草原退化、沙漠化、盐渍化、水土流失、水热平衡失调、物种灭绝、自然景观破坏等；二是由于人口激增、城市化和工农业高速发展引起的环境污染和破坏，以工业"三废"为主（其他还有放射性、噪声、振动、热、光、电磁辐射等）的污染物大量排放，可毒化环境，危害人类健康。

环境问题可以说自古就有。产业革命后，社会生产力的迅速发展，机器的广泛使用，为人类创造了大量财富，而工业生产排放出的废弃物却进入环境。环境本身是有一定的自净能力的，但是当废弃物产生量越来越大，超过环境的自净能力时，就会影响环境质量，造成环境污染。尤其是第二次世界大战以后，社会生产力突飞猛进。工业动力的使用猛增，产品种类和产品数量急剧增多，农业开垦的强度和农药使用的数量也迅速扩大，致使许多国家普遍发生了严重的环境污染和生态破坏的问题。同时，随着全球人口的急剧增长和经济的快速发展，资源需求也与日俱增，人类正受到某些资源短缺和耗竭的严重挑战。资源和环境的问题威胁着人类的生存和可持续发展。

环境污染往往是由局地向区域，再向全球逐步发展的。20 世纪四五十年代人们刚刚开始认识环境污染，首先发现局地污染，然后发展到区域污染，到 20 世纪八九十年代全球环境问题已经提上议事日程，受到了全世界的关注。中国对环境污染的认识要比发达国家晚20 多年，也是经由局地→区域→全球的过程。目前，各个国家除了密切关注本国的环境问题，已经对区域和全球的环境问题给予了充分的关注。

近代工业革命使人与自然环境的关系发生了巨大变化，环境问题已迅速从地区性问题发展成为波及世界各国的全球性问题，从简单问题（可分类、可定量、易解决、低风险、近期可见性）发展到复杂问题（不可分类、不可量化、不易解决、高风险、长期性），出现了一系列国际社会关注的热点问题，如气候变化、臭氧层破坏、酸沉降、水资源危机与海洋污染、土地退化与荒漠化、生物多样性锐减、有害废弃物的越境转移等。围绕这些问题，国际社会在经济、政治、技术、贸易等方面形成了复杂的争议或合作关系，并建立起了一个庞大的国际环境条约体系，正越来越大地影响着全球经济、政治和技术的未来走向。

2.2　温室效应与全球气候变化

气候变化是一个最典型的全球环境问题。20 世纪 70 年代，科学家把气候变暖作为一个全球环境问题提了出来。20 世纪 80 年代，随着对人类活动和全球气候关系认识的深化，以及极端天气的出现，这一问题开始成为国际政治和外交的议题。气候变化问题直接涉及经济发展方式及能源利用的结构与数量，正在成为深刻影响 21 世纪全球发展的一个重大国际问题。

2.2.1　气候变化及其趋势

在地质历史上，地球的气候发生过显著的变化。一万年前，最后一次冰河期结束，地球的气候相对稳定在当前人类习以为常的状态。地球的温度是由太阳辐射照到地球表面的速率和吸热后的地球将红外辐射线散发到空间的速率决定的。但大气中的水蒸气（H_2O）、二氧化碳（CO_2）和其他微量气体，如甲烷（CH_4）、臭氧（O_3）、氟利昂（CFCs）等，可以使太阳的短波辐射几乎无衰减地通过，但却可以吸收地球的长波辐射，这些气体吸收长波辐射后再反射回地球，使地表和地层大气温度增高，从而产生大气变暖的效应，这就是"温室效应"，而这类气体被称为"温室气体"。一般而言，地球的温度基本上是恒定不变的。这意味着地球系统的能量基本处于一个平衡的状态（图 2-1）。

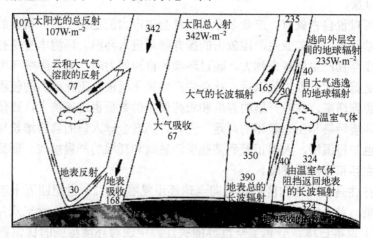

图 2-1　地球-大气系统的能量平衡（J.T.E.Houghton,1996）（图中数值单位为：$W \cdot m^{-2}$）

从上面的地球能量平衡中我们可以看到，温室气体对地球红外辐射的吸收作用在地球-大气的能量平衡中具有非常重要的作用。实际上，假如地球没有现在的大气层，那么地球的表面温度将比现在低 33℃，在这样的条件下人类和大多数动植物将面临生存的危机。因此，正是大气层的温室效应造成了对地球生物最适宜的环境温度，从而使得生命能够在地球上生存和繁衍。自然界本身排放各种温室气体，也在吸收或者分解它们。在地球长期演化的过程中，大气中温室气体的变化是很缓慢的，处于一种循环过程。碳循环就是一个非常重要的化学元素的自然循环过程，大气和陆生植被、大气和海洋表层植物及浮游生物每年都发生大量的碳交换。从天然森林来看，二氧化碳的吸收和排放基本是平衡的。

然而，由于人类在自身发展过程中对能源的过度使用和对自然资源的过度开发，特别是工业革命后，大量森林植被被迅速砍伐，化石燃料使用量也以惊人的速度增长，使大气层的组成发生了很大的变化。红外吸收的温室气体在大气中的浓度正以空前的速度增加，使得温室效应不断强化，从而引起全球气候的改变，在过去 100 年间全球平均地面气温增加了 0.3～0.6℃。

据预测，大气中 CO_2 浓度每年大约上升 0.4%，CH_4 上升 1.0%，CFCs 上升 5.0%，N_2O 上升 0.2% 等，与此相应全球增温速度为 0.3℃/年。如继续发展，到 2025 年全球平均温升将达到 1℃，全球海平面将升高 20 cm；到下世纪末将分别比现在升高 3℃ 和 6.5 cm，从而使人类面临严重危害。资料显示，1980—2019 年，中国沿海海平面一直处于上升趋势（图 2-2）。

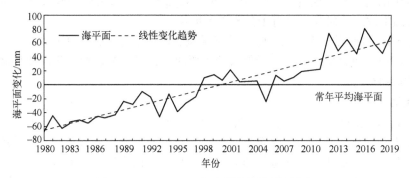

图 2-2　1980—2019 年中国沿海海平面变化

2.2.2　导致温室效应加剧的原因

造成温室效应加剧的原因很多，科学家对大气中一些痕量气体的浓度进行了观测和分析。以下将对重要的温室气体的演变趋势逐一进行讨论。

（1）二氧化碳（CO_2）

二氧化碳是大气中浓度仅次于氧、氮和惰性气体的物质，由于它对地球红外辐射的吸收作用，一直是全球气候变化研究的焦点，是其中一种最主要的温室气体。观测表明 CO_2 的全球浓度上升十分显著（图 2-3），其浓度变化是工业革命以后大气组成变化的一个突出特征，其根本原因在于人类生产和生活过程中化石燃料的大量使用。

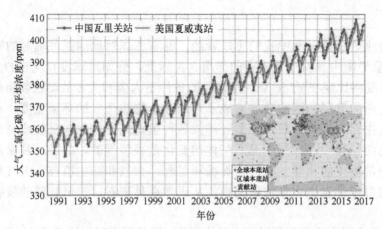

图2-3　1990—2017年中国瓦里关和美国夏威夷全球本底站大气二氧化碳月均浓度变化

另一方面，人类在追求经济发展的高速度的同时，也改变了地球表面的自然面貌。如对森林树木无节制的滥砍滥伐，导致全球森林覆盖率的下降，尤其是热带雨林的衰退。这虽然有可能增加地球表面对阳光的反射，但是由于植被的减少，全球总的光合作用将减少，从而增加了 CO_2 在大气中的积累。同时，植被系统对水汽的调节作用也被减弱，这也是引起气候变化的重要因素。

（2）甲烷

甲烷（CH_4）是大气中浓度最高的有机化合物，其在大气中的浓度变化也受到越来越密切的关注。研究显示，甲烷对红外辐射的吸收带不在 CO_2 和 H_2O 的吸收范围之内，而且 CH_4 在大气中浓度增长的速度比 CO_2 快，单个 CH_4 分子的红外辐射吸收能力超过 CO_2。因此，CH_4 在温室效应的研究中具有十分重要的地位。

大气中 CH_4 的来源非常复杂。除了天然湿地等自然来源，超过 2/3 的大气 CH_4 来自与人为活动有关的源，包括化石燃料（天然气的主要成分为甲烷）燃烧、生物质燃烧、稻田、动物反刍和垃圾填埋等。

（3）氧化亚氮

据估计，各类源每年向大气中排放氧化亚氮（N_2O）约（3～8）×10^6 吨（以氮计）。N_2O 是低层大气含量最高的含氮化合物。N_2O 主要来自土壤中硝酸盐经细菌的脱氮作用产生的天然源，其次是农业生产、工业过程，以及燃烧过程的人工源。目前对 N_2O 的天然源的研究还有很大的不确定性，但一般估计其大约为人为来源的 2 倍。但是，由于 N_2O 在大气中具有很长的化学寿命（大约 120 年），因此，N_2O 在温室效应中的作用同样引起人们广泛的关注（表 2-1）。

表2-1　人为活动对一些温室气体变化的影响

	CO_2	CH_4	N_2O	CFC-11	HCFC-22
工业革命前体积分数	$280×10^{-6}$	$700×10^{-9}$	$275×10^{-9}$	0	0
1994 年体积分数	$358×10^{-6}$	$1720×10^{-9}$	$312×10^{-9}$	$268×10^{-12}$	$72×10^{-12}$
浓度增长速率[①]/ (%·年$^{-1}$)	0.4	0.6	0.25	0	5
大气寿命[②]/年	50～200	12	120	50	12

注：①CO_2、CH_4、N_2O 的增长速率是以 1984 年为基础计算的，而 CFC-11（氟利昂 11）和 HCFC-22（氢氯氟烃 22）则是以 1990 年为基础计算的。

② 大气寿命：某物质在进入大气后到被清除之前在大气中停留的平均时间，也称停留时间。

（4）氟利昂及替代物

氟利昂是一类含氟、氯烃化合物的总称。其中最重要的物质是 CFC-11($CFCl_3$)、CFC-12(CF_2Cl_2)。一般认为这类化合物没有天然来源，大气中的氟利昂全部来自它们的生产过程。这些物质被广泛地用于制冷剂、喷雾剂、溶剂清洗剂、起泡剂和烟丝膨胀剂等。氟利昂的大气寿命很长，而且对红外辐射有显著的吸收。因此，它们在温室效应中的作用不容忽视。

另外，科学研究证实氟利昂是破坏臭氧层的主要因素，目前全球正采取行动停止氟利昂的生产和使用，并逐步使用其替代物，如 HCFC-22($CHCl_2F$)；许多替代物破坏臭氧层的能力虽然明显减小，但却具有显著的全球增温能力。

（5）六氟化硫

全氟代甲烷（CF_4、CF_3CF_3 等）和六氟化硫（SF_6）等化合物因为在大气中的寿命极长（一般超过千年），同时具有极强的红外辐射吸收能力，因此，在近年的温室气体研究中受到越来越密切的关注。其中 SF_6 还被列入 1997 年京都国际气候变化会议上受控的 6 种温室气体之一。

CF_4 和 CF_3CF_3 是工业铝生产过程中的副产品，SF_6 是主要用于大型电气设备中的绝缘流体物质。这些物质没有天然的来源，全部来源于人类的生产活动，而它们一旦进入大气就会在大气中积累起来，对地球的辐射平衡产生越来越严重的影响。

（6）臭氧

存在于对流层和平流层的臭氧（O_3）都是重要的温室气体。臭氧浓度的变化对太阳辐射和地球辐射均有影响。一般认为，平流层臭氧浓度如果上升，平流层会由于臭氧的吸热增加而升温；另一方面，其主要的作用是阻挡更多的太阳辐射到达地表，对地表起降温作用；而如果对流层的臭氧浓度增加，结果将导致温室效应的加强，是一个增温效果。

由于平流层和对流层的臭氧之间存在着相互影响，而且对流层臭氧浓度的变化与甲烷等密切相关，造成间接的气候变化影响。因此，臭氧的气候效应还有待于进一步研究。

（7）颗粒物

大气中普遍存在的颗粒物在全球辐射平衡中起着重要的作用。大气中的颗粒物通过两种方式影响气候：一是颗粒物的光散射和光吸收作用产生的所谓直接效应；二是参加成云过程影响云量、云的反照率和云的大气寿命，造成间接效应。

平流层中有极少的颗粒物，然而大规模的火山爆发可以把大量的气溶胶，尤其是硫酸盐气溶胶送入平流层，从而使得更大量的太阳辐射被反射回太空，造成地表降温。在对流层中，颗粒物的结构和组成复杂，一般小粒子（直径在 $0.1\sim2$ μm 之间）能有效反射太阳辐射，但对地球的红外辐射没有作用。由于大气中存在水汽和其他化学组分，细粒子有可能会长大，其光反射的性质也会随之发生变化。另外，气溶胶的化学组成也有重要的影响，炭黑因对太阳辐射具有强烈的吸收作用，故对地球大气系统产生增温的效果；而硫酸盐气溶胶的增加，由于其光反射作用，则会导致地面的降温。

与温室气体相比，对流层中气溶胶的大气寿命要短得多，一般在大气中仅停留几天的时间，其空间的分布范围大约在几百到上千千米。因此，对流层气溶胶产生的辐射影响具有区域性的特征，在目前的全球气候模式中，气溶胶的影响是最不确定的因素之一。

为了了解温室气体在全球气候变化中的重要作用，并以此为基础分析未来全球气候的变化趋势，在研究中引入辐射强迫（Radiative Forcing）的概念。辐射强迫是指由于气候系统内部变化（如温室气体的浓度、气溶胶水平等）而引起的对流层顶向下的净辐射通量的变化（单位为 W·m^{-2}）。如果有辐射强迫存在，地球-大气系统将通过调整温度来达到新的能量平衡，从而导致地球温度的上升或下降。

从以上的讨论可知，气候变化涉及辐射、大气运动、化学组成和化学反应等复杂体系。大气中影响气候变化的化学组分很多，为了评价各种温室气体对气候变化影响的相对能力，人们采用了一个被称为"全球变暖潜势"（Global Warming Potential，GWP）的参数。某种温室气体的全球变暖潜势定义式为：

$$GWP = \frac{给定时间范围内某温室气体的累积辐射强迫}{同一时间范围内参考气体（CO_2）的累积辐射强迫}$$

表 2-2 列出了部分温室气体的全球变暖潜势值，这些参数对于科学地制定温室气体排放的控制对策具有重要的意义。

表 2-2　部分温室气体的全球变暖潜势值

物种	大气寿命/年	全球变暖潜势（时间尺度）		
		20 年	100 年	500 年
CO_2	可变	1	1	1
CH_4	12±3	56	21	6.5
N_2O	120	280	310	170
CHF_3	264	9100	11700	9800
HFC-152a	1.5	460	140	42
HFC-143a	48.3	5000	3800	1400
SF_6	3200	16300	23900	34900

注：HFC：三氟乙烷，CHF3：三氟甲烷，SF6：六氟化硫

2.2.3　全球气候变化的危害

气候变化一般包括气温、降水和海平面变化三个方面。对全球气候未来可能的变化趋势，科学家依据迄今取得的研究成果，通过建立全球气候变化模型，设计未来人类活动的各种可能情景，分析全球平均温度的变化。1850—2100 年，全球政府间气候变化委员会（IPCC）设计了 4 种不同的方案，并模拟了该方案下全球温度的预期变化（图 2-4）。A 方案是温室气体排放无控状态，即对目前的温室气体排放不加任何限制，所有的工业活动照常进行；B 方案中，目前大范围的毁林将被禁止，天然气被广泛地用于取代煤炭，并采取必要的节能措施；C 方案和 D 方案则分别设计了

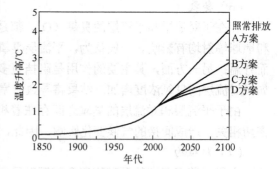

图 2-4　IPCC 排放方案预测的 1990—2100 年的温度上升结果比较

更为严格的控制措施，并不同程度地采用可再生能源（如太阳能、风能等）代替化石燃料（煤、石油和天然气）。从图 2-4 中可以看到，情景 A 中，全球的平均气温每 10 年将升高 0.2~0.5 ℃，到 2100 年全球地面的平均气温将上升 3~5℃。

虽然上述气候变化的结果从数据上似乎并不惊人，然而这些数据是全球的平均水平，气温、降水和海平面高度的变化速率在全球的分布并不均匀，因此近年来世界各国不断出现飓风、雪灾、洪水等极端天气，给各国造成了巨大经济损失。全球气候变化可能导致的影响大致有如下几方面：

（1）海平面上升

海平面上升，危及全球沿海地区，特别是那些人口稠密、经济发达的河口和沿海低地，可能会遭受淹没或海水入侵，海滩和海岸遭受侵蚀，土地恶化，海水倒灌和洪水加剧，港口受损，并影响沿海养殖业，破坏给排水系统。

全世界大约有 1/3 的人口生活在沿海岸线 60 千米的范围内，经济发达，城市密集。全

球气候变暖导致海洋水体膨胀和两极冰雪融化，20 世纪以来全球海平面已上升了 10～20 cm，可能在 2100 年使海平面上升 50 cm，2015 年 8 月 26 日，美国宇航局（NASA）发布最新预测称，由于全球气候变暖，导致未来 100～200 年内海平面上升至少 1 m。

（2）影响农业和自然生态系统

随着二氧化碳浓度增加和气候变暖，可能会增加植物的光合作用，延长生长季节，使世界一些地区更加适合农业耕作。但全球气温和降雨形态的迅速变化，也可能使世界许多地区的农业和自然生态系统无法适应或不能很快适应这种变化，使其遭受很大的破坏性影响，造成大范围的森林植被破坏和农业灾害。

（3）加剧洪涝、干旱及其他气象灾害

气候变暖导致的气候灾害增多是一个更为突出的问题。全球平均气温上升，会频繁带来过多的降雨、大范围的干旱和持续的高温，极端的雪灾、飓风等气候灾害，造成大规模的灾害损失。比如中国 1998 年的特大洪水经济损失高达 1600 多亿人民币，2020 年特大洪涝灾害造成 6346 万人次受灾，直接经济损失 1789.6 亿元人民币；美国 1995 年芝加哥的热浪导致 500 多人死亡，2005 年新奥尔良的飓风造成 1000 亿美元的损失，2018 年雪灾等极端气候造成直接损失达 910 亿美元……这些情况显示出人类对气候变化，特别是气候变暖所导致的气象灾害的适应能力是相当弱的，需要采取行动来防范。

（4）影响人类健康

气候变暖有可能加大疾病危险程度和死亡率，增加传染病。高温会给人类的循环系统增加负担，热浪会引起死亡率的增加。由昆虫传播的很多传染病与温度有很大关系，随着温度升高，许多国家疟疾、淋巴腺丝虫病、血吸虫病、黑热病、登革热、脑炎的发病增加。在高纬度地区，这些疾病传播的危险性会更大。

2.2.4　控制全球气候变化的国际行动和对策

气候变化是一个全球性的问题，是整个人类社会面临的挑战，需要世界各国的共同努力和切实的国际合作。应对气候变化问题需要涉及社会经济利益，因此需要建立政策框架和立法，这使它成为一个复杂的涉及科学、经济和政治的综合性问题，解决起来无疑是一个庞大的系统工程。

目前人类社会所达到的文明以及人们的生活方式，是以高强度的能源消费为基础的，而正是以能源为主要排放源的温室气体造成了全球气候变化。在不降低人们生活水平和社会福利的前提下，进行温室气体减排，难度非常大，需付出一定的经济代价。

（1）国际合作行动

《联合国气候变化框架公约》《京都议定书》《巴黎协定》是国际社会应对气候变化挑战的三个非常重要的国际公约。

1992 年 6 月，154 个国家在巴西里约热内卢召开的环境与发展大会上签署了《联合国气候变化框架公约》。这是一项原则公约，是世界上第一个为全面控制二氧化碳等温室气体排放，应对全球气候变暖给人类经济和社会带来不利影响的国际公约。它为国际社会在应对气候变化问题上加强合作提供了法律框架，并对发达国家和发展中国家规定了有区别的义务。该公约的目的在于控制大气中二氧化碳、甲烷和其他造成"温室效应"的气体的排放，将温室气体的浓度稳定在使气候系统免遭破坏的水平上。该公约于 1994 年 3 月生效，公约现有 176 个缔约方。中国是 1992 年首批签署该公约的国家之一。

1997 年 12 月由 160 个国家在日本京都召开的《联合国气候变化框架公约》第三次缔约方大会上通过了著名的《京都议定书》。其规定 2008—2012 年发达国家的温室气体排放量要在 1990 年的基础上平均削减 5.2%，明确了各发达国家削减温室气体排放量的比例，并且允许发达国家之间采取联合制约的行动。这是第一个具有法律效力的气候协议，于 2005 年 2 月 16 号生效。

2015 年 11 月 30 日至 12 月 11 日，第 21 届联合国气候大会（《联合国气候变化框架公约》缔约方第 21 次会议）在巴黎召开，通过了《巴黎协定》（该协定于 2016 年 4 月 22 日在纽约签署），为 2020 年后全球应对气候变化行动做出了安排，主要目标是将本世纪全球平均气温上升幅度控制在 2℃以内，并将全球气温上升控制在前工业化时期水平之上 1.5℃以内。《巴黎协定》是继《京都议定书》之后第二份有法律约束力的气候协议。2016 年 10 月 5 日，联合国秘书长潘基文宣布，《巴黎协定》于当月 5 日达到生效所需的两个门槛，并于 2016 年 11 月 4 日正式生效。2016 年 9 月 3 日，中国全国人大常委会批准中国加入《巴黎协定》，成为第 23 个完成批准协定的缔约方。虽然美国政府于 2019 年 11 月 4 日提交了退出《巴黎协定》的申请，并于 2020 年 11 月 4 日正式退出，但在 2021 年 2 月 19 日，美国新上任总统拜登又宣布正式重新加入《巴黎协定》。

（2）其他对策

从当前温室气体产生的原因和人类掌握的科学技术手段来看，控制气候变化及其影响的主要途径是制定适当的能源发展战略，逐步稳定削减排放量，增加吸收量，并采取必要的适应气候变化的措施。

① 控制温室气体排放的途径主要是改变能源结构，控制化石燃料使用量，增加核能和可再生能源使用比例；提高发电和其他能源转换效率；提高工业生产部门能源使用效率，降低单位产品能耗；提高建筑采暖等民用能源效率；提高交通部门能源效率；减少森林植被破坏，控制水田和垃圾填埋场排放甲烷等，由此来控制和减少二氧化碳等温室气体的排放量。

② 增加温室气体吸收的途径主要是植树造林和采用固碳技术，其中固碳技术指把燃烧气体中的二氧化碳分离、回收，然后深海弃置和地下弃置，或者通过化学、物理以及生物方法固定。目前虽然技术原理是清楚的，但在社会推广应用方面还存在一定的难度。

③ 适应气候变化的措施主要是培养新的农作物品种，调整农业生产结构，规划和建设防止海岸侵蚀的工程等。

2.3　臭氧层破坏

臭氧层是指大气中臭氧（O_3）相对集中，距离地面约 22～27km 处的层面。短波长紫外辐射把氧分子解离为活泼的氧原子，氧原子与氧分子结合生成臭氧，分布在平流层的臭氧能吸收约 98%对人类及动植物有害的 UV-B 紫外线（280～320 nm），转换为热能加热平流层大气，同时保护着地球上的生命和生态系统（图 2-5）。紫外线的吸收与臭氧浓度密切相关，随着臭氧层中臭氧浓度大大降低，到达地面紫外线的量大大增加，给人类生存带来极大威胁，同时，危害农作物和水生生物，所以臭氧层破坏已引起全世界的

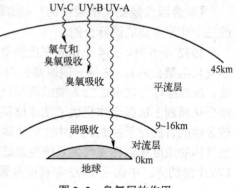

图 2-5　臭氧层的作用

广泛重视和关注。

2.3.1 臭氧层破坏的原因

上世纪 70 年代，人们首次注意到合成的全氯氟烃（CFCs），俗称氟利昂，会消耗臭氧层。包括 CFCs 在内的消耗臭氧层物质（ODS）中含有氯原子，在平流层中经紫外线照射，其中的氯原子分离出来与臭氧发生反应，分解成氧气和一氧化氯；一氧化氯随即与游离氧发生反应，生成氯原子开始下一个循环。这种反应周而复始，一个氯原子可以破坏成千上万的臭氧分子，打破臭氧层中原有的动态平衡（图 2-6）。随着生产的发展，排放到大气层中的 ODS 不断增多，臭氧数量急剧减少。

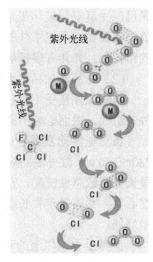

消耗臭氧层物质（ODS）是指能对臭氧层造成破坏的化学物质，应用于日常生活的各个方面。人类日常使用的冰箱、空调、灭火器、烟草、泡沫塑料、发胶以及杀虫剂等产品中应用的许多人造化学物质都能破坏臭氧层。市面上常见的 ODS 主要包括以下六种：全氯氟烃（主要用作制冷剂、清洗剂和发泡剂）；哈龙（主要用作灭火剂）；四氯化碳（主要用作化工生产的助剂和清洗剂）；甲基溴（主要在农业种植、粮食仓储或商品检疫中用作杀虫剂）；含氢氯氟烃（主要用作制冷剂、清洗剂和发泡剂）；甲基氯仿（主要用作清洗剂）。

图 2-6　CFCs 破坏臭氧示意图

2.3.2 臭氧层破坏的现状

卫星观测资料表明，自 20 世纪 70 年代以来，全球臭氧总量明显减少，1979—1990 年，全球臭氧总量大致下降 3%。南极附近臭氧量减少尤为严重，大约低于全球臭氧平均值的 30%～40%，出现了"南极臭氧洞"（图 2-7）。英国南极考察科学家于 1985 年报道发现南极上空的臭氧空洞，每年的 8 月下旬至 9 月下旬，在 20 千米高度的南极大陆上空，臭氧总量开始减少，10 月初出现最大空洞，11 月份臭氧重新增加，空洞消失。其实，所谓臭氧空洞，并不是说整个臭氧层消失了，只是大气中的臭氧含量减少到一定程度而已，而且基本发生在每年的 9～11 月。最近，从安装在俄罗斯和美国卫星上的探测器发回的数据获悉，"南极臭氧洞"面积已达 2400 平方千米，最薄处只有 100 多布森单位（100dobson，相当于 1mm 厚度）。

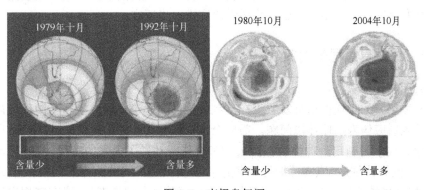

图 2-7　南极臭氧洞

2.3.3 臭氧层破坏的危害

（1）臭氧层破坏对人类健康的影响

由于臭氧层的破坏，太阳紫外线中以往极少能到达地面的短波紫外线将增加，使得皮肤病和白内障患者增多。据统计，臭氧浓度减少 1%，可使有害的波长为 280～320nm 的紫外线（UV-B）增加 2%，其结果是皮肤病的发病率将提高 2%～4%。现在，距南极洲较近的居民已深受臭氧层破坏带来的痛苦，如居住在智利南端的海伦娜岬角的居民，只要走出家门，就一定要在衣服遮不住的肤面涂上防晒油，再戴上太阳镜，否则半小时后皮肤就被晒成鲜艳的粉红色，并伴有瘙痒病。

（2）臭氧层破坏对生物的影响

植物长期接受 UV-B 的辐射，可能会造成植物形态的改变。森林和草地，可能会改变物种的组成，进而影响不同生态系统的生物多样性分布。

虽然植物已发展了对抗 UV-B 高水平的保护性机制，但试验研究表明，它们对波长为 280～320 nm 紫外线的应变能力差异甚大。迄今为止，已对 200 多种不同的植物进行了该波段紫外线敏感性试验，发现其中 2/3 产生了反应。敏感的物种如棉花、豌豆、大豆、甜瓜和卷心菜，都被发现生长缓慢，有些花粉不能萌发，会损伤植物激素和叶绿素，从而使光合作用降低。

世界上 30%以上的动物蛋白质来自海洋，浮游生物是水生生态系统食物链的基础，浮游生物种类和数量的减少会影响鱼类和贝类生物的产量。研究结果表明，如果平流层臭氧减少 25%，浮游生物的初级生产力将下降 10%，这将导致水面附近的生物减少 35%。

（3）臭氧层破坏对材料的影响

UV-B 的增加会加速建筑、喷涂包装及电线电缆等所用材料，尤其是高分子材料的降解和老化变质，使其变硬、变脆、缩短使用寿命，尤其是在阳光强烈、高温、干燥气候下更为严重。

（4）臭氧层破坏对全球气候的影响

平流层中臭氧对气候调节具有两种相反的效应：如果平流层中臭氧浓度降低，在这里吸收的紫外辐射就会相应减少，平流层自身会变冷，这样释放出的红外辐射也会减少，导致地球变冷；但另一方面，因辐射到地面的紫外线辐射量增加，会使地球增温变暖。如果整个平流层中臭氧浓度的减少是均匀的，则上述两种效应可以互相抵消，但是如果平流层不同区域的臭氧层浓度降低不一致，两种效应就不会相互抵消。现在的状况是，平流层臭氧层减少不均匀，这种变化的净效应如何，还有待科学研究进一步证实。

2.3.4 保护臭氧层的对策

（1）国际合作行动

自 20 世纪 70 年代提出臭氧层正在受到耗蚀的科学论点以来，联合国环境规划署意识到，保护臭氧层应作为全球环境问题，需要全球合作行动，并将此问题纳入议事日程，召开了多次国际会议，为制定全球性的保护公约和合作行动做了大量的工作。1977 年，通过了《臭氧层行动世界计划》，成立"国际臭氧层协调委员会"，1985 年和 1987 年分别签署了《保护臭氧层维也纳公约》和《消耗臭氧层物质的蒙特利尔议定书》，议定书规定特定氟利昂的生产和消费量要分阶段减少，到 20 世纪末减至 1986 年水平的一半。1990 年、1992 年和 1995 年，在伦敦、哥本哈根、维也纳召开的议定书缔约国会议上，对议定书又分别做了 3 次修改，将四氯化碳和三氯乙烷增列为新的破坏臭氧层物质，并提出到 2000 年要全面禁止特定氟利昂的使用。在 1995 年又修改为发达国家全面停止使用 CFC 的期限提前到 2000 年；发展中国家则在 2016 年冻结使用，2040 年淘汰。我国积极参与了国际保护臭氧层合作，并制定了《中国消耗臭氧层物质逐步淘汰的国际方案》。

（2）开发消耗臭氧层物质的替代技术

在现代经济中，氟利昂等物质应用非常广泛，要全面淘汰，必须首先找到氟利昂等的替代物质和替代技术。在特殊情况下需要使用，也应努力回收，尽可能重新利用。目前，世界上一些氟利昂的主要生产厂家参与开发研究了替代氟利昂的含氟替代物（含氢氯氟烃 HCFC 和含氢氟烷烃 HCF 等）及其合成方法，同时，也在开发研究非氟利昂类型的替代物质和方法，如水清洗技术、氨制冷技术等。

（3）制定淘汰消耗臭氧层物质的措施

为了推动氟利昂替代物质和技术的开发和使用，逐步淘汰消耗臭氧层物质，许多国家采取了一系列政策措施，一类是传统的环境管制措施，如按照规定禁用、限制或配额使用 ODS 物质，对违反政策的实施严厉处罚。欧盟国家和一些经济转轨国家广泛采取了这类措施。一类是经济手段，如征收税费，资助替代物质和技术开发等。美国对生产和使用 ODS 实行了征税和可交易许可证等措施。另外，许多国家的政府、企业和民间团体还发起了自愿行动，采用各种环境标志，鼓励生产者和消费者生产和使用不带有消耗臭氧层物质的材料和产品，其中绿色冰箱标志得到了非常广泛的应用。

目前，向大气排放的消耗臭氧层物质已经逐年减少，但是，由于氟利昂相当稳定，已经排放到大气中的此类物质可以在大气层中存在 50～100 年，即使议定书完全得到履行，臭氧层的消耗也只能在 2050 年以后才有可能完全复原。

2.4 酸 沉 降

酸沉降是指大气中的硫氧化物和氮氧化物通过一系列复杂的化学变化后，产生的酸性化合物的沉降，包括湿沉降和干沉降。湿沉降是指 pH 值小于 5.6 的降水过程，包括酸雨、雪、雾、露和霜等；干沉降指各种污染物质按其物理与化学特征和本身表面性质的不同，以不同速率与下方的物质表面碰撞而被吸附沉降下来的全部过程，包括酸性气体、气溶胶及颗粒物。目前对世界环境和人类造成危害的主要是湿沉降，其中又以酸雨为主。

2.4.1 酸沉降的成因

（1）天然排放

主要来源有：

① 海洋雾沫：海洋虽无氮氧化物排放，但它是极重要的硫排放源，海浪飞沫极易溅入底层大气中，这是大气降水中硫酸盐（SO_4^{2-}）的原始来源。

② 土壤排放：土壤中硫细菌、反硝化细菌参与下的硫还原反应、反硝化反应是硫、氮土壤排放的主要原因，其次，土壤的硝酸盐分解也排放相当数量的氮，即使是未施过肥的土

壤也含微量的硝酸盐。

③ 火山喷发：火山喷发使大量的硫化氢（H_2S）逸失到大气圈，成为大气圈酸化冲击波。

④ 雷电、干热：闪电使空气中氧气和氮气部分氧化，生成一氧化氮（NO），继而氧化为二氧化氮（NO_2），并且由于树木含微量硫，雷电和干热引起的森林火灾也产生硫的排放。

（2）人为排放

大气酸沉降近几十年来才成为日益严重的污染现象，因而它无疑与人类经济发展活动有密切的关系。有关研究表明，春、秋、冬季酸雨中的硫有 50%～70%来自污染大气尘粒，30%来自燃烧排放的 SO_2 气体。

① 燃煤：煤中含硫量一般在 0.5%～5%。我国目前燃煤 SO_2 排放量占 SO_2 排放总量的90%以上。

② 燃油：天然气、原油中硫含量多在 1%以下。汽车尾气污染也成为氮氧化合物的一个重要来源。

③ 矿冶：金属矿床中有相当一部分为硫化物矿床，这些矿物在开采和冶炼过程中，低价硫被氧化为 SO_2 而排入大气。

2.4.2 酸沉降的危害

酸沉降给地球生态环境和人类社会及经济都带来严重的影响和破坏，科学家将酸沉降称作"空中死神"和"看不见的杀手"。

1. 酸沉降对生态系统的危害

（1）酸沉降对生态系统中养分元素与污染元素循环的影响

土壤中盐基离子（Ca^{2+}、Mg^{2+}、K^+、Na^+、NH_4^+）是植物必需的营养成分，在酸沉降下这些养分离子易被 H^+ 交换而淋失，导致土壤中和酸的能力下降并造成养分库的耗竭。在较低 pH 值范围内 Al^{3+} 与 H^+ 成为可移动离子，其他金属污染元素如 Mn、Cu、Pb、Hg、Cd、Zn 有效浓度上升，一方面重金属污染对植物产生毒害，另一方面通过土层淋溶，金属元素可能集聚在表土下层影响深根植物的根系生长，并导致地下水和地表水有毒元素含量的增加。阴离子 SO_4^{2-}、NO_3^- 及有机阴离子等的迁移性也影响阳离子迁移，植物生长季节被植物同化，对营养物质或其他养分的淋溶影响较小，秋、冬、春季植物生产力低时在植物养分淋溶方面起显著作用。

（2）酸沉降对陆地生态系统的影响

酸沉降不仅影响土壤系统，且影响整个陆地生态系统。主要表现在对酸沉降输入的承受能力、盐基离子淋溶强度、土壤中 Al 和有毒重金属的活化程度及土体内生物体生存环境的影响等方面，酸雨可直接杀伤树叶，造成植物营养器官功能衰退，破坏植物细胞组织等，并引起森林冠层中 Ca^{2+}、Mg^{2+}、K^+、SO_4^{2-}、NO_3^- 等营养离子大量淋失。土壤中 pH 值下降恶化了土壤中动物与微生物的生存环境，阻止了许多土壤生物的繁殖，细菌、真菌等土壤生物量和种类的变化导致土体内许多潜在化学变化与生物变化同时发生，分解有机质供给植物养分的细菌数量大量减少，耐酸的真菌可能繁殖，藻类（固氮）、土壤生物如蛆、蚂蚁等数量大量下降，并可能使有机质分解和微生物固氮能力下降，土壤结构与通气性受到破坏，对土壤内物种数量和密度变化等造成潜在影响。

（3）酸沉降对水生生态系统的影响

酸沉降可导致地表水体酸化和水生生物衰亡。冬天聚集在雪中的 H^+、SO_4^{2-}、NO_3^- 离子随春雪融化进入水域生态系统，导致 pH 值急剧下降，生物体数量和种群发生改变。酸度对生物体的影响主要包括死亡率、降低活性、改变种群结构和降低敏感生物体的繁殖率等。如酸敏感的浮游生物种类下降，无脊椎群体的种群组成变化，两栖动物的持续繁殖受损，特别是微生物的数量和分解能力下降，影响生态系统内营养物质的内在循环。同时水域 pH 值下降，导致对酸敏感的鱼类数量下降，耐酸种群大量繁殖。大量事实证明致酸离子和有毒离子的直接作用可延迟鱼卵孵化、促使卵与幼鱼死亡、成鱼繁殖失败，鱼骨骼变形、降低生长速度，组织体内重金属积累特别是导致成鱼死亡等。

2. 酸沉降对人类社会的影响

在人类生活方面，酸沉降的危害主要体现在对物料建筑与人类自身健康的破坏上。

（1）对物料建筑的影响

酸沉降能通过直接化学腐蚀和电化学腐蚀破坏建筑物、金属、油漆涂层等各种物料，给社会造成了巨大的经济损失，而且酸性地下水侵蚀输水管道，引起明显的经济损失和技术防腐问题。据统计，美国社区供水管线的 16.5%处于高度腐蚀状态，52%处于中度腐蚀状态，每年要因此损失 3.75 亿美元，而且给人们的生活带来了极大的不便。

（2）损害人类健康

一方面，酸性气体引发人类呼吸系统的损伤疾病；另一方面，饮用水的污染让人类面临生命之源殆尽。酸沉降带来的酸性大气，会严重影响人的呼吸系统，在酸沉降污染严重的地区，呼吸系统病人死亡率增加，特别是老人、孩童等高危人群。受酸沉降污染的水危害更严重，除超标酸性饮用水直接损害人类健康外，其他如地下水的酸化造成土壤和管道系统中的金属溶出，致使很多地区的重金属含量增高。瑞典就曾发生过儿童因饮用了含铜量高的酸性水而腹泻的事件。

2.4.3　对酸沉降的控制

目前，防治酸沉降的措施有很多，大概有以下几种：

（1）主动削减污染物排放。调整能源结构，改进燃煤脱硫技术。首先积极调整能源结构，发展无污染的干净能源，例如风能、太阳能、潮汐、地热、沼气等。其次，使用低硫优质煤、天然气和燃料油代替燃煤也是有效的措施，此外还可用碱液、活性炭等吸附二氧化硫。在城市中可采用集中供热，以减少污染。

控制汽车尾气的排放。可用甲醇、燃气等代替汽油；开发并大量使用电动公共汽车，适度限制私人汽车的使用。

（2）对已被污染的环境进行改造和恢复。改造修复被酸化的湖泊和土壤，现在人们大多采取洒石灰的办法，提高环境的 pH 值，具有一定的效果，但是在加过石灰的土壤上，森林生长不好，水中的生物也受到影响，是一个不得已而为之的消极办法。另外，可以选择抗酸化能力较强，并且能够中和酸性的落叶树木，在城市中，种植抗污染城市林网也是防治酸沉降的一种有效补充措施。

（3）国际合作。由于大气环流的存在，各地的酸沉降并不都是由本地的大气污染造成的，为了更有效解决酸沉降问题，各国需要联合起来共同承担解决酸沉降的任务。1979

年，以欧洲各国为中心缔结了《长程越界空气污染公约》；1980 年，美国发起了"国家酸沉降计划（LRTAP）"；1985 年，欧洲各国签订了《赫尔辛基议定书》，实施国际合作是一项重大的进步。

目前世界上很多国家的法律中都写入了减少排放、控制尾气等内容。有了法律的支持，使防治酸沉降有了更多的途径和手段。

（4）对环境保护的大力宣传、提高人民的认识程度也是有效减少酸沉降污染的措施之一。

2.5　全球荒漠化

2.5.1　土地荒漠化概况

简单地说土地荒漠化就是指土地退化，也叫"沙漠化"。1992 年联合国环境与发展大会对荒漠化的概念做了这样的定义：荒漠化是由于气候变化和人类不合理的经济活动等因素，使干旱、半干旱和具有干旱灾害的半湿润地区的土地发生了退化。全球现有 12 亿多人受到荒漠化的直接威胁，其中有 1.35 亿人在短期内有失去土地的危险。荒漠化已经不再是一个单纯的生态环境问题，已演变为经济问题和社会问题，它给人类带来贫困和社会不稳定风险。截至目前，全球沙漠总面积超过 4800 万平方千米，约占陆地面积的 1/3，土壤沙漠化速度每年超过 600 万平方千米……我国土地沙漠化形势也不容乐观，面积约为 160.7 万平方千米，约占国土面积的 16.7%。

2.5.2　土地荒漠化的成因及危害

土地荒漠化是自然因素和人为活动综合作用的结果。自然因素主要是指异常的气候条件，特别是严重的干旱条件，由此造成植被退化，风蚀加快，引起荒漠化。人为因素主要指过度放牧、乱砍滥伐、开垦草地并进行连续耕作等，由此造成植被破坏，地表裸露，加快风蚀或雨蚀。就全世界而言，过度放牧和不适当的旱作农业是干旱和半干旱地区发生荒漠化的主要原因。同样，干旱和半干旱地区用水管理不善，引起大面积土地盐碱化，也是一个十分严重的问题。从亚太地区人类活动对土地退化的影响构成来看，植被破坏占 37%，过度放牧占 33%，不可持续农业耕种占 25%，基础设施建设过度开发占 5%。非洲的情况与亚洲类似，过度放牧、过度耕作和大量砍伐薪材是土地荒漠化的主要原因。

荒漠化的主要影响是土地生产力的下降和农牧业减产，进而带来巨大的经济损失和一系列社会恶果，在极为严重的情况下，甚至造成大量生态难民。在 1984—1985 年的非洲大饥荒中，至少有 3000 万人处于极度饥饿状态，1000 万人成了难民。2019 年联合国防治沙漠化公约执行秘书蒂奥（Ibrahim Thiaw）指出，土地劣化造成世界经济 10%～17% 的损失，根据世界银行的计算，损失大约 85.8 万亿美元（约合人民币 610.5 万亿元）。从各大洲损失比较来看，亚洲损失最大，其次是非洲、北美洲、澳洲、南美洲、欧洲。从土地类型来看，放牧土地退化面积最大，损失也最大，灌溉土地和雨浇地受损失情况大致相同。

2.5.3　防治土地荒漠化的基本途径和战略

荒漠化是各国很早就关注的一个环境问题。1977 年，联合国召开了防治荒漠化会议，制订和实施了防止荒漠化的行动计划。1992 年，联合国环境与发展大会把防治荒漠化列为国际社会采取行动的一个优先领域。1994 年 6 月，联合国在法国巴黎通过了《关于在发生严重干旱或荒漠化的国家特别是在非洲防治荒漠化的公约》（《联合国防治荒漠化公约》），并把每年的 6 月 17 日定为"世界防治荒漠化和干旱日"。我国于 1996 年加入了这一公约。

防治荒漠化的主要途径是建立以当地农牧民为主体的综合防治体系，其主要内容包括：

（1）制定经济发展和资源保护一体化的政策，把保护和合理利用资源作为经济发展的前提条件；

（2）逐步建立合理的土地使用权制度体系，合理规划土地利用，增强农牧民保护土地的经济动力；

（3）合理管理和使用水资源，控制上游过度利用水资源和盲目灌溉，建立流域管理体系和节水农业体系；

（4）合理规划和使用耕地和草地，营造防护林和薪炭林，保护植被，防止水土流失；

（5）改变过度放牧和过度垦植的状况，限制载畜量，退耕还牧，有效改善退化的土地。

从世界各国的经验来看，成功防治荒漠化的关键是把各项防治措施同农牧民摆脱贫困有效地结合起来，规划好土地资源和水资源的利用。

相关阅读：库布齐沙漠治理

库布齐沙漠是世界第九大、中国第七大沙漠，也曾是令人生畏的"死亡之海"，也是距北京、天津最近的沙漠，位于黄河以南的鄂尔多斯高原北部边缘，沙漠总长 400 千米，宽度为 30～80 千米，总面积约 1.39 万平方千米。据史料记载，库布齐沙漠形成于汉代，随着自然和人类的变迁，沙漠面积由小变大，总体趋势是由西北向东南方向扩展蔓延。

1988 年，亿利资源集团开始在库布齐沙漠上进行治理，他们每卖出一吨盐就拿出 5 元钱，在沙漠的盐湖附近植上树（那个年代的 5 元钱可以买好几棵树苗）。随着盐场附近的沙漠被控制住，生产得到了有效恢复，公司扭亏为盈，竟然还赚了 120 万元，于是他们越做越大，不但在沙漠中修路，还研发出了"沙漠水汽法种树技术"，并得到大范围推广。经过近 30 年的辛苦治理，库布齐沙漠出现了几百万亩适合耕种的土壤，每年减少上亿吨黄沙流入黄河，整个沙漠绿意盎然，天鹅、野兔、灰鹤、红顶鹤相继出现并落户，胡杨等植被也是日益增多，覆盖率达到 53%，成为世界上治沙的成功典范。

2.6 其他环境问题

（1）生物多样性锐减

生物多样性是指植物、动物和微生物的纷繁多样性及它们的遗传变异与它们所生存环境的综合。从宏观到微观认识生物多样性，有 3 个层次：生态系统多样性、物种多样性和遗传多样性。根据国际联盟对自然保护区的估计，在以往 400 年中所灭绝的鸟类和哺乳动物中，有 25%是由于自然的原因，而其余 75%则是由于人类的活动导致的。目前大约 20000 种植物、350 种鸟类、280 种哺乳动物有被灭绝的危险。生物多样性的减少，必将恶化人类生存环境，限制人类生存和发展机会的选择，甚至严重威胁人类的生存和发展。

导致生物多样性锐减的原因主要有环境污染使生物生存的环境急剧恶化，外来物种的入侵对生物多样性造成了很大的威胁，生物资源的过度开发利用以及生物栖息地的破坏等。

生物多样性保护和生物资源的持续利用已经受到国际社会的极大关注。1992 年 6 月的联合国环境与发展大会上，通过了《生物多样性公约》，该项公约的目标在于从事生物多样性保护，可持续利用生物多样性的组成成分，公平合理地分享在利用遗传资源中所产生的惠益。中国和其他 135 个国家和地区在条约上签字。保护生物多样性已成为全球的联合行动。

（2）海洋污染

海洋环境和海洋生态系统在维持全球气候稳定和生态平衡方面起着重要的作用。海洋以其巨大的容量消纳着一切来自自然源和人为源的污染物。近几十年来，由于陆地上大量的污水、废弃物、石油和其他不易分解的有毒物质进入海洋，超过了海水的自净能力，海洋被污染了。从 20 世纪到本世纪初海洋污染导致人类生命死亡的事件屡见不鲜。人类生产、生活中排放的废物无论是扩散到大气中，还是丢弃到陆地上、河湖里，经过风吹、雨打，最后都通过江河径流进入海洋。海洋污染是一种全球性污染现象，南极企鹅体内脂肪中已检出DDT，说明污染影响范围之广。海洋环境保护问题已成为当今全球关注的热点之一。

（3）危险废物越境转移

20 世纪 80 年代，危险废物大量向发展中国家转移，由于发展中国家缺乏处置技术和设施，在处置、监测和执法方面能力薄弱，缺乏危险废物管理实践，因此，危险废物的越境转移已经变成全球的环境问题，需要全球共同付诸努力去解决。为此，联合国环境规划署于1989 年在瑞士巴塞尔召开会议，并制定了《控制危险废物越境转移及其处置的巴塞尔公约》（简称《巴塞尔公约》）。

（4）其他新型污染物

随着在海洋、河流和污水厂多种环境的广泛检出，微塑料已成为全球关注的环境热点问题。现在全球每年大约生产 3 亿多吨塑料，其中只有不到 20%可以循环利用，而超过 80%被排放到环境中，已成为危害环境的"隐形杀手"。塑料在环境中逐渐被分解至更小的尺寸，将其中小于 5 mm 的称为微塑料。微塑料以其更加严峻的污染特性近年来受到广泛关注。美国环保署将微塑料污染作为当今世界最严峻的环境问题之一。2016 年第二届联合国环境大会更是将微塑料污染和全球气候变化、臭氧耗竭和海洋酸化共同列为全球性的重大环境问题。

抗性基因是由于抗生素滥用使细菌产生了编码抵抗抗生素的基因，被称为新型污染物。抗性基因对人体健康具有巨大威胁，能够使抗生素治疗失效。据预计，在 2050 年每年因耐药性而死亡的人数将超过 1000 万。抗性基因作为一种生物性污染物，能够不断地发生水平转移将抗药性传递给多种微生物。目前在各种环境，包括海水、地表水、污水甚至空气中都已经大量检出数百种抗性基因。

思 考 题

（1）简述全球气候变化带来的负面影响。

（2）臭氧层破坏对人类会产生哪些有害影响？臭氧层破坏如何控制？

（3）什么是酸雨？简述酸雨的控制对策。

（4）中国当下的主要环境问题都有哪些？

（5）以全球气候变化为例，谈谈你对当前环境保护工作的认识，以及在个人生活中我们能够从哪些方面为遏制全球气候变化做出贡献？

第3章 环境与健康

本章要求: 了解自然环境和生活居住环境与人群健康之间的关系,熟知各种环境因素的健康效应及其与疾病发生的关系。掌握如何利用有利环境因素和控制不利环境因素促进健康,从而预防疾病,保障人群健康。

3.1 人与环境的关系

3.1.1 人与环境的辩证关系

人和环境是一个不可分割的整体。在人类社会发展的漫长过程中,人与环境形成了一种既相互对立与相互制约又相互依赖与相互作用的辩证统一关系。

(1)人与环境的统一性

人与环境之间连续不断地进行物质交换、能量流通与信息交流,保持着动态平衡,成为一个不可分割的统一体,而其中化学元素是把人体和环境联系起来的基础。如人体血液中60多种化学元素的平均含量与地壳岩石中化学元素的平均含量非常近似(图 3-1),这种人体化学元素组成与环境化学元素组成高度统一的现象充分证明了人体与环境的统一性。

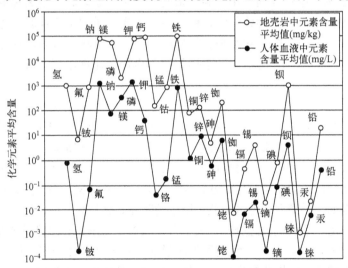

图 3-1 部分元素在人体血液和地壳岩石中的含量

(2)人对环境的适应性

人体经过长期的适应性调节,对环境变化具有一定的适应能力,现代人类的行为特征、形态结构和生理功能都是适应其周围环境变化的结果。从原始人类社会到今天的文明世界,人类抵御和改造自然的能力增强了,生存环境得到了空前的改善。人类从环境中获取物质和能量,以各种形式如"生活废弃物"(生活垃圾、生活污水)、"工业三废"(废水、废气、废渣）的排放将物质和能量归还给环境，从而构成一个庞大、结构复杂、功能多样、因素众多并具有高度协调和适应能力的人类生态系统。

（3）人与环境的相互作用

环境为人类的生命活动提供物质基础，环境的组成成分及存在状态的任何改变都会对人体产生影响；同时人的生产生活也以各种形式不断地对环境施加影响，使环境的组成与性质发生变化。尽管人类科技发展在改造人类生态环境过程中起了重要作用，但仍然不能完全改变自然环境本身对人类健康的影响和危害。例如，目前世界上广为存在的地方性氟病、克山病、地方性甲状腺肿等疾病威胁着数以亿计人的健康。人们把这些由自然环境本身带给人类的疾病称为生物地球化学性疾病，俗称"地方病"。此外，随着工业的发展，自然资源的过度开发及工业"三废"过量排放，严重污染了人类生存环境，给生活和健康带来不利影响。人们把由于人类活动造成严重环境污染引起公害所发生的地区性疾病，称为公害病。 如与大气污染有关的慢性呼吸道疾病、由含汞废水引起的水俣病及由含镉废水引起的疼痛病（骨痛病）等。

3.1.2　环境致病因素

1. 环境致病因素的分类

人类环境按是否有人类的介入可分为原生环境和次生环境。构成环境的每一个要素即为环境因素，环境因素按所属类别可分为物理因素、化学因素和生物因素。

（1）物理因素

物理因素是指生活中存在的微小气候、阳光、噪声、震动、非电离辐射和电离辐射等，其中非电离辐射根据波长可分为紫外线、红外线及激光、微波、广播通信等设备产生的无线电波等。电离辐射是指波长短、频率高、能量高的射线，土壤、岩石、水体中存在的放射性物质在自然状态和人类生产、生活活动中排放的废弃物及在核聚变、核爆炸中所产生的放射性物质。

（2）化学因素

化学因素是环境因素中种类最多，数量最大，结构和性质最为复杂，也是对人群健康和人类生活质量影响最为重要的因素，在人类致癌、致畸、致突变和某些疾病的发生发展及演化中具有重要作用。根据化学物质对人群作用的类别和影响特点，化学因素可分为单一元素型和化合物型。在众多化学因素中，某些化学性元素对人体健康有意义，而过量存在时则对人体健康产生损害效应。例如，我国东北地区一些土壤中的硒元素含量很低，动植物特别是粮食中的硒水平也相应过低，由于硒的摄入过少，导致了人类的骨骼系统和心血管系统发生病变，主要表现为手指关节畸形和心肌坏死，即我们通常所说的大骨节病和克山病。但如果人体硒摄入过量，则会患盲目蹒跚症、碱性病等病症。又如，铜元素是体内许多酶的重要组成，能参与机体中众多的酶的代谢、解毒过程，而锌元素能参与骨骼形成、神经系统发育分化和性系统分化，但过量的铜、锌不仅无助于机体健康，相反还可导致机体的代谢障碍和组织器官的发育异常。某些地区由于化学物质的使用管理不当，致使环境中某些化学物质过多（如农药），导致人体多种病理生理学效应，包括致癌、致畸和致突变效应，影响正常生活。

（3）生物因素

生物因素是指我们生活环境中所存在的各种细菌、真菌、病毒和寄生虫等。这些因素并不完全对机体有害，有些甚至还有益于机体的健康。正常情况下，大气、水、土壤中均存在大量微生物，对于维持生态系统的平衡和稳定具有重要作用，当环境受到生物性污染物污染或环境中的微生物种群发生异常改变时会损害人体健康。拉丁美洲在 20 世纪 80 年代末因考虑饮用水氯化消毒产生的大量三氯甲烷等副产物具有潜在致癌性，采取其他消毒方式替代氯化消毒处理，但新消毒方式没有完全消除水中的病原微生物，导致饮用水中的致病菌类远远超过世界卫生组织的标准。这在相当大的范围内引起了霍乱的爆发，成为 20 世纪末最为引人注目的环境卫生学事件。

2. 环境因素对人体的作用及机体的反应

（1）环境物理因素与机体反应

环境物理因素的数量虽少，但其对人群健康造成的影响却不能忽视，例如我们生活中的微小气候常常决定了我们生活质量和环境质量状况。适宜的微小气候不仅有利于身心健康，而且有利于人正常的生理机能以及精神状态。

① 微波：微波能使人对外界的反应敏感性降低，表现为手足反应性降低；而移动电话由于磁场和磁力线的作用，会对人脑、听觉系统产生不利影响。

② 紫外线：过多的紫外线照射对人体健康特别是中老年人的健康影响尤为明显，紫外线是多种化学反应和化学物质的催化剂或激活剂。紫外线照射能使体内自由基增多，诱导不良反应。已有大量研究证实人群中黑色素瘤和皮肤色素沉着与紫外线的过度暴露有关。低剂量紫外线长期照射对机体的影响很可能是潜在的，但高剂量短时间暴露对皮肤、视觉系统的影响常表现为急性效应，如皮肤灼伤、皮肤过敏性反应及对汗腺的损害。

③ 红外线：红外线照射人体皮肤的时候一部分被反射，一部分被吸收，皮肤所吸收辐射的程度取决于波长、人种肤色和体内血流情况。皮肤深黑的人对红外线的反射低于皮肤白皙的人。因此，对红外线的反应可能与人类遗传性状有关。红外线对人体的生物学效应集中表现在皮肤的反应上，短波红外线是引起皮肤损伤的主要因素，小剂量照射后皮肤可出现红斑，并很快消失，无色素沉着后遗症，但重复照射将导致皮肤色素沉着，还可以对视觉和垂体系统造成损害。大剂量的红外线照射短期能导致皮肤温度急速升高，出现痛觉及多种组织损伤，加速组织内各种物理和化学变化，促进新陈代谢和细胞增生，使局部和全身血管扩张。较强的红外线辐射会引起动物瞳孔反射增加，从而减少红外线射入眼内，具有自我防护作用。长期在高温环境中的炼钢工人，老年性白内障明显高于一般人群。

（2）环境化学因素与机体反应

环境化学因素作用于机体能产生多种生理致病效应，包括潜在性效应，即某种环境化学因素短时间低剂量作用于机体后并不能产生明显的损害或损伤，但长时间作用则可通过持续累积效应引起某些疾病发生或使某种疾病的发病率增高。环境化学因素对人群健康的影响可表现为剂量作用效应，又可表现为时间作用效应，其中剂量作用效应又可表现为急性、亚急性、慢性效应特征。环境化学因素引起的机体反应除与剂量和时间有关外，还与个体的敏感度相关。

① 急性作用：污染物一次大量或 24 小时内多次接触机体后，在短时间内对机体产生急剧的毒性损害。

② 亚急性作用：污染物对人在连续较长期（相当于生命周期的十分之一）内所产生的毒性效应。

③ 慢性作用：污染物浓度较低，长期反复对机体作用时所产生的毒性效应。

一些环境化学因素对人体还有"三致"作用：

① 致突变作用：指机体细胞内的遗传物质在一定条件下发生突然的变异。突变类型包括基因突变，DNA 分子上一个或几个碱基对发生变异；染色体畸变，染色体数目、结构异常；染色体分离异常。其中生殖细胞突变会导致不孕、早产、死胎、畸形；体细胞突变则可能致癌；胚胎体细胞突变可能导致畸胎。

② 致癌作用：指能引发动物和人类恶性肿瘤，增加肿瘤发病率和死亡率的作用。人类肿瘤的 85～90% 是由环境因素引起的。这其中物理因素占 5%，如放射线可以引起白血病、肺癌，紫外线可以引起皮肤癌；生物因素占 5%，如肝吸虫、乙肝病毒引起肝癌，血吸虫引起结肠癌；而化学因素占 90%，化学致癌物又可以分为三类：致癌物，如苯并（a）芘、氯乙烯、石棉、α-萘胺、β-萘胺等；可疑致癌物如亚硝胺、砷、苯等；另外还有潜在致癌物（动物实验证实，但缺乏人群流行病学调查资料）。

③ 致畸作用：指能作用于妊娠母体，干扰胚胎的正常发育，导致先天性畸形的作用。很多环境因素都具有致畸作用。如 X 射线、γ 射线、高频电磁辐射、超声波；抗生素类、抗凝药物、激素类药物、反应停等药物；除草剂、阻燃剂等有机化学物；甲基汞等重金属化合物。

（3）环境生物因素与机体反应

环境生物因素作用于机体的方式很多，且传播具有伴生性，需要借助于其他物质或载体，环境生物因素对机体的作用和其与机体的反应与环境的自身状况有关。

① 变态反应原：是指自然环境和我们生活环境中能激发变态反应或过敏反应的抗原性物质，通常可存在于空气中成为一种独特的生物性污染物。比如植物花粉进入机体能与相应的抗体结合导致过敏性鼻炎、哮喘等变态反应性疾患。农业生产劳动过程中因长期反复吸入霉变谷草粉尘，其中含有高温放线菌孢子及其他孢子可导致外源性过敏性肺泡炎。这种病多发于从事农业生产的人群中，被称之为"农民肺"。在日常生活中经常遇到的变态反应原是尘螨，尘螨一般寄生于室内，多在被褥、枕头、家具，及不常洗涤的厚纤维地毯、窗帘及衣物中，以人体脱落的皮屑为食，随人的活动携带散布，长期吸入可导致易感者出现过敏性哮喘和过敏性皮肤病。

② 水环境中生物性因素：水环境生物性污染主要是指饮用水中的沙门氏菌、志贺氏菌、霍乱弧菌、假单胞菌和致病性大肠杆菌等污染引起的疾病，临床表现为腹泻、腹痛，恶心和呕吐。患者治疗不及时，则会因电解质紊乱、脱水，肝、脾、胆囊等多组织衰竭及肠壁溃疡、出血甚至穿孔而死亡。

③ 食品中生物性因素：生物性食品污染包括，微生物污染——主要指细菌及其毒素、真菌及其毒素等，细菌包括致病菌和能引起食品腐败变质的非致病菌；寄生虫和虫卵的污染——通过肉类、水产食品和蔬菜传播寄生虫及虫卵；昆虫污染——主要为粮仓害虫，会造成疾病的传播，并能降低食品的营养价值。其中黄曲霉毒素是典型的微生物毒素污染物之一，是由黄曲霉和寄生曲霉产生的一类代谢产物，具有极强的毒性和致癌性。

3.1.3 典型环境因素对人体的作用

1. 重金属

（1）汞（Hg）

汞污染主要来自以汞为原料的工业生产过程中产生的废水、废气和废渣，以及曾被广泛使用的含汞农药。汞在人体内形成二价汞离子与蛋白质、多肽、酶蛋白以及细胞膜中一些组成成分的巯基牢固结合，从而破坏其结构和功能。金属汞易溶于脂质，易通过血脑屏障进入脑组织，形成的二价汞离子水溶性增强，难以逆向通过血脑屏障回到血液，所以其对脑的损伤先于其他组织，慢性汞中毒首先出现神经系统症状。无机汞化合物对脑的危险性较小，且不易被吸收，一般不易造成肝、肾的损害，但短期大量摄入会导致急性中毒。苯基汞和烷氧基汞在体内易降解为汞离子，毒理作用类似于无机汞化合物；烷基汞属脂溶性，其中甲基汞为高神经毒性物质，主要侵犯中枢神经系统，同时还可随血流通过胎盘进入胎儿体内，具有致畸作用。

（2）铅（Pb）

铅主要来自汽车尾气和制造、冶炼以及使用铅制品的工矿企业。铅可与体内一系列蛋白质、酶和氨基酸的官能团结合，主要是与巯基相结合，从多方面干扰机体的生理功能。其毒性作用对骨髓造血系统和神经系统损害最重，从而引起贫血和脑病。铅的急性中毒一般较少见，慢性中毒可引起血液系统、神经系统、消化系统的各种症状。如导致贫血、血铅浓度增高；引起脑病，早期常见神经衰弱综合征，小儿会出现多动症；出现中毒性腹绞痛，损害肾小管功能，降低机体免疫功能；引起肝损害，具有生殖毒性与致畸作用。但钙对无机铅的中毒具有缓解作用。

（3）镉（Cd）

环境中镉污染主要来自有色金属矿开发冶炼过程中的"三废"排放、煤和石油燃烧的烟气以及含镉肥料的使用等。镉的部分作用机理是与含羧基、氨基，特别是巯基的蛋白分子相结合，使酶活性受到抑制，此外还干扰铜、钴和锌在体内的代谢而产生毒性作用。其毒性作用主要是损害肾小管、抑制维生素 D 的活化，妨碍肠对钙的吸收和钙在骨质中的沉积；引起贫血，抑制骨髓内血红蛋白的合成。

2. 有机污染物

（1）芳香族碳氢化合物（Aromatic hydrocarbons）

芳香族碳氢化合物大多为液体，部分为固体，几乎不溶于水。按照苯环的数量以及连接方式，可分为单环、多环芳香族碳氢化合物。其中苯是最为常见的一种，被广泛用作燃料添加剂以及工业溶剂，如涂料、塑料及橡胶。苯对中枢神经系统会有麻痹作用，引起急性中毒。重者会出现头痛、恶心、呕吐、神志模糊、知觉丧失、昏迷、抽搐等，甚者会因为中枢系统麻痹而死亡，吸入 20000ppm 的苯蒸气 5～10 分钟便会有致命危险。少量苯使人产生睡意、头昏、心率加快、头痛、颤抖、意识混乱、神志不清等现象。长期接触苯会引起神经衰弱综合症，对血液系统造成极大伤害，引起慢性中毒。苯损害骨髓，使红细胞、白细胞、血小板数量减少，并使染色体畸变，导致白血病，甚至出现再生障碍性贫血。苯还可以导致大量出血，抑制免疫系统的功用，使疾病有机可乘。妇女吸入过量苯后，会导致月经不调达数月，卵巢缩小。

（2）多氯联苯（Polychlorinated biphenyls, PCB）

多氯联苯是一种无色或浅黄色的油状物质，半挥发或不挥发，难溶于水，易溶于脂肪和其他有机化合物，具有较强的腐蚀性。PCB 结构稳定，自然条件下不易降解。早期 PCB 被用在电容器、变压器、可塑剂、润滑油、农药效力延长剂、木材防腐剂、油墨、防火材料等生产中。研究表明，PCB 的半衰期在水中大于 2 个月，在土壤和沉积物中大于 6 个月，在人体和动物体内则可以存在 1～10 年。其生物毒性体现在以下四个方面：

致癌性：国际癌症研究中心已将 PCB 列为人体致癌物质，致癌性是 PCB 存在于人体内达到一定浓度后的主要毒性效应。

生殖毒性：PCB 能使人类雄性精子数量减少、精子畸形比率增加；女性的不孕现象明显上升；导致动物生育能力减弱。

神经毒性：PCB 能对人体造成脑损伤、抑制脑细胞合成，导致发育迟缓及智商降低。

干扰内分泌系统：PCB 能使水生雄性动物雌性化。

3. 农药

农药的急性中毒主要是职业性中毒以及误服所引起。农药的慢性接触主要来自饮水以及食品中农药残留。农药的长期临床效应与农药的种类有关，如烷基汞可引起运动、感觉与中枢神经系统损伤；铵盐可引起多种神经病与中枢神经系统损伤；含砷农药易引起皮炎；氯敌抗（又称开蓬）引起脑以及末梢神经和肌肉的综合征；有机磷杀虫剂引起神经毒性；六氯苯引起卟啉症；有机氯农药可以通过胃肠道、呼吸道和皮肤进入机体，慢性毒性作用主要表现为对肝、肾的损害。氨基甲酸酯类农药可以经过消化道、呼吸道和皮肤吸收，它不需要经过体内代谢活化，即可直接抑制胆碱酯酶。

4. 环境激素

环境激素是一类在环境中的化学品，却具有类似生物体内激素的性质，它们通过食物链进入人体和动物体内，在血液中循环，在脂肪中积累，扰乱生物体内自身荷尔蒙。其种类繁多，广泛存在于杀虫剂、农药、电绝缘体、界面活性剂、塑胶原料、塑胶用品、除污剂之中。另外，若焚烧处理的温度不够高，产生的二噁英亦属于环境激素。目前，被列入"环境激素"的化学物质有 72 种，包括二噁英、苯乙烯、多氯联苯、三苯锡涂料、DDT 等，不少锄草剂和用于塑料、树脂原料及洗涤剂的化学物质也在此列。环境激素不仅危害人类的生殖能力，而且还可能造成糖尿病、心血管病、肥胖、癌症、甲状腺问题、以及神经系统疾病等健康风险。

5. 微量元素

在漫长的地球演变过程中，生物作为一个整体除了摄入满足需要的基本营养外，还必须从周围的环境中摄取微量养分。必需微量元素虽然在人体内含量极少，但它们积极参与生命活动过程以及其他蛋白质、维生素的合成和代谢等，过量或缺少对人体健康会产生一定的影响（表 3-1）。对于非必需甚至有毒元素，由于它们在生命起源和演化早

表 3-1　元素不足或过量对哺乳动物的影响

微量元素	不足时引发现象	过量时引发现象
Cu	贫血，头发卷曲或褪色	黄疸，威尔逊氏病症
Co	贫血	心力衰竭，红细胞增多
Cr	角膜不透明，葡萄糖新陈代谢不良	吸入引起肺癌
F	不良的骨骼和牙齿	牙齿有斑点，骨骼硬化
Fe	贫血	铁尘肺
I	甲状腺机能减退，甲状腺肿	甲状腺机能亢进
Mn	骨骼变形，头发变红	共济失调
Mo	降低黄嘌呤氧化酶活性	生长受抑
Ni	皮炎，肝脏变化	皮炎，吸入引起肺癌
Se	不生育，肝脏坏死，白血病	指甲头发改变
Si	骨质疏松	肾结石，肺病
V	牙齿、软骨发育受阻	高血压、中毒

期阶段，未被选择利用，生物体对它们的适应性很差。当它们由环境进入人体后，对人体危害较大。

（1）碘

碘缺乏会导致克汀病或地方性甲状腺肿，属于生物地球化学性疾病，除冰岛外，世界上各国都有不同程度的流行。根据世界卫生组织的不完全统计，世界各地的地方性甲状腺肿病患者大约在两亿左右。我国也是碘缺乏病的重灾区，主要分布于东北、西南、西北等广大内陆地区，地方性甲状腺肿病人大约有 3500 万，地方性克汀病人 20 多万。

地方性甲状腺肿主要表现为甲状腺肿大，有时伴有呼吸困难及吞咽困难，在流行地区通常以弥漫型甲状腺均匀增大，摸不到结节最多见。而地方性克汀病一般表现为智力低下、聋哑、生长发育落后、下肢痉挛性瘫痪、肌张力增强、腱反射亢进和甲状腺肿等，可概括为呆、小、聋、哑、瘫，故国内有人称之为地方性呆小病。地方性克汀病的早期诊断非常重要，治疗越早，治疗效果越好。如果能密切细致地观察婴幼儿的行为，并结合必要的实验室检查，常能在早期发现克汀病患者并进行医学干预。

（2）硒

急性中毒不常见，只有暴露在高浓度硒烟环境时才会引起急性中毒，患者有头痛、头晕、倦怠、乏力、烦躁、恶心、呕吐、腹痛及腹泻等症状，呼出的气和汗液有酸臭味。严重者发生肝脏损害、惊厥，以致呼吸衰竭。氧化硒和硒化氢等挥发性较强的化合物，可引起肺炎和肺水肿，表现为剧烈咳嗽、胸痛、呼吸困难，伴有发冷、发烧。因硒有强烈的刺激性，故一般不致因吸入大量毒物而中毒。土壤和食物中含硒量高的地区可使居民发生慢性硒中毒，主要表现为牙釉破坏，并产生褐黄色斑，以及胃肠功能紊乱、肝脏损害、无力、消瘦、贫血、关节炎、皮疹、指甲脆裂而易脱落、脱发。

（3）铁

铁是人体含量较多的一种必需微量元素，成人体内含量约为 5g，人体内铁一般可分为功能铁和储备铁。功能铁主要是指在血红蛋白和肌红蛋白中的铁，储备铁指以铁蛋白的形式储存于肝脏、脾脏和骨髓等组织中的铁。由于铁在机体中的作用与健康的关系十分密切，无论是哪一种铁出现缺乏都将对机体的健康产生影响。

（4）铜

铜在微量元素中的作用很广，对维持正常生命活动具有重要作用。人体中的铜主要存在于肌肉、骨骼、肝脏和血液中。食物中的铜一般在胃和十二指肠中被吸收，通过粪便和胆汁排出。铜的缺乏主要出现在儿童中，铜能促进铁的吸收、运输及利用，因此，贫血也与铜的缺乏有关。铜还能影响内分泌和神经系统的功能，缺铜可有碍于智力发展。

（5）**最易缺乏微量元素的群体**

第一类人群是少年儿童，因快速生长发育，消耗较大，补充不足，饮食结构不合理，厌食、偏食、易生病等原因，易缺乏锌、硒、碘、钙、铁等；第二类人群是孕妇及哺乳期妇女，因胎儿快速生长发育，消耗量较大，孕妇由于妊娠反应也往往会导致摄入不足，饮食结构不合理，偏食、挑食、生病等原因，易缺乏锌、硒、钙、碘、铁、钼、锰等；第三类人群是免疫力低下者及中老年人，老年人因胃肠吸收功能下降，且易患慢性消耗性疾病等原因，易缺乏锌、硒、铬等。

3.2   典型环境疾病

3.2.1   大气污染对健康的影响

（1）呼吸系统

人体吸入被污染的空气后，首当其冲受到损害的是呼吸系统。在各种气态和颗粒污染物的长期作用下，呼吸道自身的防御能力遭到破坏，最终导致呼吸系统发生病理性改变，常表现为慢性阻塞性肺部疾患。并且，大气污染物刺激肺部使其出现炎症；肺功能下降，肺部排除污染物的能力降低；导致鼻炎、慢性咽炎、慢性支气管炎、支气管哮喘、肺气肿等疾病恶化；引起哮喘等过敏性疾病和矽肺、石棉肺、肺气肿等肺病。

（2）心血管系统

引起血液成分的改变，血液黏度增加，血液凝集以及血栓形成；可引起动脉收缩，血压升高。

（3）免疫系统

降低免疫功能，增加对细菌、病毒等感染的易感性，病原微生物随颗粒物进入体内后，使机体抵抗力下降，诱发感染性疾病。

（4）神经系统

导致高级神经系统紊乱和器官调解失能，表现为头疼、头晕、嗜睡和狂躁等。

（5）癌症

颗粒物所吸附的多环芳烃化合物（PAHs）是对机体健康危害最大的环境三致（致癌、致畸、致突变）物质，其中苯并（a）芘能诱发皮肤癌、肺癌和胃癌。此外，大气颗粒物还可造成胎儿增重缓慢；影响儿童的生长发育和功能；导致患有心血管疾病、呼吸系统疾病和其他疾病的敏感体质患者过早死亡。

3.2.2   水体环境对健康的影响

（1）地方性氟中毒

氟能被牙釉质的羟基磷灰石晶粒表面吸着，形成一种抗酸性的氟磷灰石的保护层，使牙齿硬度增高，提高牙齿的抗酸能力，加之氟离子还能抑制口腔中的乳酸杆菌，使牙齿中糖类难以转化成酸类物质，故有预防龋齿的作用。人体若缺乏氟易患龋齿病，老年人缺氟常使骨质变脆，很易发生髋部骨折，甚至造成残废。但长期生活在高氟区的人，轻则会得氟斑牙，俗称黄牙病，这是氟出现最早和最明显的体征表现。这是由于氟引起的牙齿成轴质细胞中毒变性影响牙齿釉棱晶的形成和釉柱间质的分泌、沉积发生障碍，使棱晶质和棱晶间质出现缺陷，形成斑点和腐蚀并有色素沉着，呈现黄色、褐色或黑色，牙齿容易磨损、破碎或脱落。氟病严重时造成骨及骨旁组织中毒形成氟骨症。主要表现为广泛性骨质增生、硬化及骨周软组织骨化所致的关节僵硬及运动障碍；有的在骨质硬化及骨旁软组织骨化的同时，因骨质疏松、软化而引起脊柱及四肢变形，最终丧失劳动能力。

（2）地方性砷中毒

由于长期饮用含砷量过高的水可引起慢性砷中毒。主要有两种情况：一是在含砷矿石的开采、焙烧、熔炼过程中，使水源遭受污染所致；二是天然水中含砷量过高，导致了地方性砷中毒。地方性砷中毒主要以慢性多见，患者除一般的神经衰弱症状外，主要表现为末梢神经炎、皮肤色素沉着和皮肤高度角化等损害。色素沉着呈褐色或灰黑色斑纹，多见于乳晕、眼睑或腋窝等受摩擦和皱褶处，皮肤过度角化和增生，指甲失去光泽，变得脆薄并出现白色横纹。末梢神经炎早期表现为蚁行感，进而四肢对称性向心性感觉障碍，四肢无力甚至行动困难。砷也是一种毛细血管毒物，可作用于植物神经系统和毛细血管壁，引起四肢血管神经紊乱，使组织细胞营养缺乏。尤其是下肢，能使肢体血管狭窄，进而发展到完全阻塞。临床表现为间隙性的脚趾发冷、发白、疼痛、间歇性跛行，一般是大姆指先发病，然后向中心发展，皮肤变黑坏死，最后自发脱落或手术切除，这就是所谓的"黑脚病"。

（3）饮用水中微污染物

由于净化工艺的限制，饮用水中存在大量的微污染物，其中大部分有机微污染物具有亲脂性，容易在有机组织脂质中积累，对生命健康产生巨大的危害。例如，饮用水中残存的环境激素会影响生物体的生殖系统，导致生物体发育畸形或者不孕不育。一些具有内分泌干扰作用的有机污染物会影响神经系统的传导和神经细胞的活动能力，使得人或者动物出现精神和行为异常、学习记忆力下降等问题，此外绝大多数的有机污染物有"三致"作用。

在我国广泛使用并被采用多年的自来水消毒工艺为氯化消毒方式。近 20 年来，人们逐渐发现氯化消毒会产生一系列消毒副产物，其中大部分会对人体健康构成潜在的、长期威胁。现已发现 600 多种消毒副产物，其中许多氯化副产物在动物实验中证明具有致突变性和致癌性，有的还有致畸性和神经毒性作用。

3.3　生活与健康

3.3.1　居室环境与健康

（1）一氧化碳对人体健康的影响

一氧化碳（CO）来自燃料的不完全燃烧和吸烟，它是含碳燃烧物经过燃烧所形成的中间产物，但 CO_2 在高温作用下又能分解成 CO 和 O_2，因此含碳物质燃烧后总会产生部分 CO。通过短期的实验室和人群研究表明，CO 与血红蛋白结合能影响心肺病人的活动能力，加重心血管病人的缺血症状，导致冠心病、慢性肺病病人活动量降低，死亡率增大。同时它还能导致宫内胚胎缺氧影响发育，并可能对人的神经行为功能产生影响。

（2）氮氧化物对人体健康的影响

室内化学性污染物中氮氧化物（NO_x）主要是指 NO 和 NO_2，主要来自各种燃料的燃烧过程和日常生活的烹调过程，且与使用的温度有关，高温的程度不同，生成有害物质的种类和数量也不相同。据世界卫生组织的最新数据，每年有 380 万人因低效使用固体燃料和煤油烹饪产生的室内空气污染而过早死亡，其中：27%死于肺炎，27%死于缺血性心脏病，20%死于慢性阻塞性肺病，18%死于卒中，8%死于肺癌。

（3）二氧化硫对人体健康的影响

二氧化硫（SO_2）主要来源于煤、油等燃料的燃烧过程，具有很强的刺激性作用，易被上呼吸道和支气管黏膜的富水性黏液吸收，引起呼吸系统和眼部的健康损害。SO_2能使气管和支气管的管腔变窄，气道阻力增加，分泌物增多，引起支气管哮喘和支气管肺炎，对儿童和老人等高危人群危害相对更大。SO_2单独存在比与颗粒物共存对人群健康危害小，SO_2与沉积于肺泡内或黏附于肺泡壁上的颗粒性化学物质作用可导致肺泡壁纤维增生和肺泡纤维性病变形成肺气肿。此外，SO_2是一种变应原，能导致多种过敏反应发生，加重过敏性鼻炎和过敏性眼炎。

（4）甲醛对人体健康的影响

甲醛是一种无色、能挥发的刺激性气体，略重于空气，易溶于水，是室内主要污染物之一。室内甲醛主要来自燃料和烟叶的不完全燃烧以及建筑材料、装饰物品及生活用品等。甲醛具有强烈的化学反应性，对室内暴露者主要影响是嗅到异味、刺激眼和呼吸道黏膜、产生变态反应、免疫功能异常、肝损伤、肺损伤、中枢神经系统受影响，甚至损伤细胞内的遗传物质。

3.3.2　食品质量与健康

（1）微生物造成的食品质量问题

黄曲霉毒素是典型的微生物毒素污染物之一，具有极强的毒性和致癌性，与人类肝癌发生有密切联系。其他如食品中鼠伤寒沙门氏菌污染可以导致人畜患病，其感染发病率居沙门氏菌感染的首位，患者染病后临床表现主要包括头痛、恶心、腹痛、呕吐、腹泻和发热等。尚未烤熟的生肉也可能诱发寄生虫病，如食用"米猪肉"可能会感染上寄生虫，埋下了罹患脑囊虫病的隐患。

（2）食品容器造成的危害

如含铅、含铝餐具、器皿的使用会导致铅、铝的摄入。塑料器皿不合理使用导致内分泌干扰物以及其他有机有害物的摄入等。

（3）食品添加剂造成的食物问题

食品添加剂中含有很多的酸性物质，这一类的物质难以吸收，影响身体的新陈代谢，给主要的代谢器官例如肾脏、肝脏、胆囊带来危害。同时，食品添加剂还会影响人类日常饮食中营养、钙质、维生素、微量元素的利用吸收，添加剂中的颗粒物质难以消化，如果应用过多，容易影响到胃肠功能，导致腹泻呕吐等情况的发生，同时也不利于骨骼的生长发育。部分人工合成的化学品，如防腐剂、着色剂等的长期使用，甚至可以致癌致畸。

3.3.3　生活用品与健康

（1）化妆品与人类皮肤健康

一般化妆品引起皮肤各种过敏性反应是化妆品对人体健康的主要影响因素，其中刺激性接触性皮炎是各类化妆品对人体影响最常见的一种损害，损害程度与接触时间、个体自身敏感性、个体自身皮肤性状，如干性皮肤、油性皮肤的不同而有很大差异。日常生活中许多女性脸部皮肤常常覆盖一层很厚的油脂，这是因为油脂在高温作用下，本身液化程度加剧，同时高温促使皮肤中的油脂成分随着汗液排出体外。当毛孔汗腺呈开放状态时，皮肤表面的化妆品就会进入皮肤，诱使皮肤出现各种反应。在高温状态下和日光作用下发生细胞损伤，皮肤表面出现丘疹，肿胀红斑和皮肤表皮脱落的现象，一般称之为光敏性皮炎。有些光敏性皮炎患者，长期使用同一种化妆品后会在颊部或额部出现斑块状或点状的色素沉着，这就是通常所说的色素性化妆品皮炎。

（2）生活洗涤品、个人装饰用品和起居用品与健康

生活中，我们经常需要使用各种日用洗涤剂来清洗衣物及食用器具的表面，伴随洗涤过程，将有多种化学品黏附残留于衣物、器具表面，若不及时清洗，这些化学品会伴随着衣物与皮肤接触进入体内，或伴随食物进入体内，影响人体健康。同时含洗涤剂的污水排入污水处理厂，加重污水中有机污染物的含量，同时在排放过程中通过地表渗漏而污染地下水水质，进而可能影响人体健康。

在日常生活中，有些洗涤剂由于其酸碱性比例设计不合理，接触皮肤可能引起皮肤角化过度，皮肤表面脱皮。长期接触时会使皮肤中的角质蛋白受损，使其屏障功能降低，造成皮肤失去光泽，过度老化。残留于内衣上的洗涤剂，与皮肤直接接触而导致皮肤出现多种过敏性反应及接触性皮炎，甚者引起腐蚀性皮肤损伤。

化纤织物及塑料制品中残留的树脂整理剂、增塑剂等，在高温高湿条件下会释放出游离的甲醛、双酚 A 及邻苯二甲酸酯等化学物质，这些物质会损害人体健康。人们常用的漆筷、塑料筷在使用过程中也可能造成污染，漆筷上的漆容易剥落误吞入肚里，有的塑料筷是以脲醛树脂为原料制作的，往往会释放出甲醛对使用者造成危害。

思 考 题

（1）如何理解人与环境之间的辩证关系？

（2）试列举你生活中有哪些环境致病因素？

（3）从环境与健康的角度谈谈环境保护的重要性。

（4）除书中列举的例子，谈谈你的日常生活中，还有哪些居室环境因素能够影响人的健康？

（5）根据所学内容，归纳总结环境污染对人体健康影响的特点。

第4章 资源与能源

本章要求：了解世界资源和能源的基本情况，熟知我国水资源、土地资源、矿产资源及能源的分布特点和存在的问题，掌握资源、能源的概念及持续发展的理念。

自然资源是指在其原始状态下就有价值的物产，如水资源、土地资源、矿产资源、森林资源、海洋资源、石油资源等。能源是自然界中能为人类提供某种形式能量的物质资源。

4.1 水 资 源

地球上的水资源，从广义上来说是指水圈内的水量总体。由于海水难以直接利用，因而我们所说的水资源主要指陆地上的淡水资源，主要由江河及湖泊中的水、高山积雪、冰川以及地下水等组成。

水资源具有生产和生活资料的双重性。一方面，水是最重要的生活资料，是生存环境的重要组成部分；另一方面，水资源又是生产资料，在利用过程中能够创造价值。随着工业、农业和居民生活对水的需求大幅增长，淡水资源短缺和水质恶化严重困扰着人类的生存和发展。本世纪以来，随着人口膨胀与工农业生产规模的迅速扩大，全球淡水用量飞快增长，当前，全球正面临严峻的水资源治理挑战，淡水资源稀缺逐渐被视作一种全球系统性危机，成为关系到国家经济、社会可持续发展和长治久安的重大战略问题。

中国节水标志（The national water-saving marks）如图 4-1 所示。

中国节水标志由水滴、手掌和地球变形而成（图 4-1）。绿色的圆形代表地球，象征节约用水是保护地球生态的重要措施。标志留白部分像一只手托起一滴水，手是拼音字母 JS 的变形，寓意为节水，表示节水需要公众参与，鼓励人们从我做起，人人动手节约每一滴水，手又像一条蜿蜒的河流，象征滴水汇成江河。

图 4-1 中国节水标志

4.1.1 全球淡水资源形势分析

地球表面 2/3 被水覆盖，总水量为 14.5 亿立方千米，但其中 97.5%是海水，在余下的 2.5%淡水中，其中 70%以上被冻结在南极和北极的冰盖中，加上难以利用的高山冰川和永冻积雪，有 87%的淡水资源难以被利用。人类真正能够利用的淡水资源是江河湖泊和地下水中的一部分，约占地球总水量的 0.3%。

淡水资源的分布极不均衡。如非洲刚果河的水量占整个大陆再生水量的 30%，但该河主要流经人口稀少的地区。再如美洲的亚马孙河，其径流量占南美洲总径流量的 60%，它也没有流经人口密集的地区，其丰富的水资源无法被充分利用。俄罗斯和中亚地区也面临类似的情况，丰富的水资源流经西伯利亚注入北冰洋，而人口众多的西部、南部、中亚地区则出现水资源短缺。巴西、俄罗斯、中国、加拿大、印度尼西亚、美国、印度、哥伦比亚以及刚果9个国家拥有全球水资源的60%。

相关阅读：世界水日的设立。

世界水日是在水资源匮乏、工业商业或生活用水资源紧张导致水资源成为我们面临的危机的背景之下衍生出来的。1993年1月18日，第四十七届联合国大会做出决议，正式确定每年的3月22日为"世界水日"，同时每年推出水日的不同主题，例如2021年世界水日的主题为"valuing water（珍惜水、爱护水）"。世界水日设立的目的是，推动对水资源进行综合性统筹规划和管理，加强水资源保护，解决日益严峻的缺水问题。同时，通过开展广泛的宣传教育活动，增强公众对开发和保护水资源的意识。

推动水资源的保护和持续性管理需要地方、全国以及地区间、国际间的公众意识，各国政府会根据自己的国情，在世界水日这一天举办一些具体的宣传活动。例如中国就将每年的3月22日至28日设为"中国水周"，推出中国水周主题，同时还将每年5月的第二周作为城市节约用水宣传周。

节约用水、珍惜水资源应该是我们永恒的主题！

让我们节约用水，不要让最后一滴水成为我们的眼泪！

1. 水资源短缺的概念

随着经济的发展和人口的增加，人类对水资源的需求不断增加，同时由于水资源的不合理开采和利用，很多国家和地区出现不同程度的缺水问题，这种现象称为水资源短缺。水资源短缺主要分为两个方面：资源型缺水和水质型缺水，资源型缺水主要是由于水资源分布的地域性差异导致的局部区域水源分布较少而引起的缺水；水质型缺水则是由于区域内水资源的物理形态或水质恶化导致水资源无法利用而引起的缺水，水质型缺水往往发生在丰水区。

2. 水资源短缺的原因

全球淡水资源危机的主要原因：

① 人口的增长使淡水供应紧张。随着人口的增加，工业、农业和其他生活用水量不断扩大，导致人均用水量的下降。

② 生态环境的破坏使陆地淡水急剧减少。森林被毁、土壤退化等导致地面对水的吸收保护能力下降。

③ 水资源遭到污染，造成水质下降。随着现代工业和农业的发展，天然水资源被污染，使许多河流、湖泊水已不再适合人类生活生产使用。

④ 使用管理不当导致的水资源浪费。人们的用水习惯以及一些水利设施设计管理使用不当造成大量水资源浪费。

水资源污染物的主要来源有工业废水，生活污水，农田退水等。但污染物会随着水体的运动不停地发生变化，自然的减少或无害化，这就是水体自净作用。几乎所有国家都存在水污染问题，而且不仅限于一国范围之内，但大部分水资源的污染是由于人为因素造成的。

4.1.2 中国水资源形势分析

中国河川径流总量居世界第六位。我国水资源可利用量、人均和亩均的水资源数量极为有限，降雨时空分布严重不均，地区分布差异性极大。比如，水资源总量的81%集中分布于长江及其以南地区，其中 40%以上又集中于西南五省，人均占有淡水资源量南方最高和北方最低可以相差 10 倍。南方地区水资源虽然比较丰富，但由于水体污染，存在水质型缺水。目前全国干旱性缺水越来越严重，尤其是北方地区。

目前全国 600 多个城市中，400 多个缺水，其中 100 多个严重缺水，北方有 9 个省市人均占水量约占全国平均水平的 1/4，约为国际规定人均最低标准 1000 立方米的一半，我国被列为世界贫水国之一。此外，中国还有 40 多条河流最终流向国外，占全国总流量的 40%，一年流失的淡水量超过了 4000 亿立方米。

我国水污染较为严重，主要由于农业灌溉排水、生活及工业废水排放的污染物导致的水污染。我国是农业大国，农业用水量占总用水量的 62.4%，农田灌溉水流经农田后携带化肥农药等下渗，易导致地下水污染。我国工业用水量也十分巨大，且生产主要集中在江河沿岸的大城市，人口密度相对较大，易造成城市下游河流水环境恶化。

我国水资源整体重复利用率较低。主要在农业灌溉方面，节水灌溉面积约占总灌溉面积的 45%，加上灌溉技术的不成熟、灌溉方式的不合理，目前农田灌溉水有效利用系数为 0.54；同时生活用水占我国总用水量的 1/4，长期以来水价较低，居民缺少"水贵，节约用水"的意识，使水的重复利用率不高。

相关阅读：仙湖的消逝

罗布泊（Lop Nor），中国新疆维吾尔自治区东南部湖泊。在塔里木盆地东部，海拔 780 公尺左右，位于塔里木盆地的最低处，塔里木河、孔雀河、车尔臣河、疏勒河等汇集于此，为中国第二大咸水湖。公元 330 年以前湖水较多，西北侧的楼兰城为著名的"丝绸之路"咽喉。由于形状宛如人耳，罗布泊被誉为"地球之耳"；又被称作"死亡之海"，又名罗布淖（nào）尔。后来经过地质工程者的改造，这里变成了"希望之城"。由于气候变迁及人类水利工程影响，导致上游来水减少，直至干涸。这片水域于 20 世纪 70 年代完全消失，现仅为大片盐壳。

目前我国已认识到水资源短缺和水污染严重的严峻形势，推出了水资源保护的多种措施和方法，从技术、经济、制度、工程和管理等诸多方面共同着手，保护水资源，改善水管理，保证水安全。

4.2 土 地 资 源

土地资源是指已经被人类利用和可预见未来能被人类利用的土地。土地资源既包括自然范畴，即土地的自然属性，也包括经济范畴，即土地的社会属性，是人类的生产资料和劳动对象，人们通过对土地的特性、质量及数量等问题研究，让土地资源得到有效合理的利用及保护。

4.2.1 世界土地资源分析

土地资源主要指陆地面积，目前世界陆地面积约为 14950 平方千米，占地球表面的 29.2%。其中陆地的 2/3 集中在北半球，1/3 分布在南半球。由于分布的不同位置，加之其组成的复杂性和地区的特殊性，导致了不同类型土壤可耕种面积的差异（表 4-1）。同时由于水土流失、海平面上升、填海造田等原因，世界土地资源面积也在逐年变化中。

表 4-1 世界主要土壤类型资源概况表

土壤类型	总面积（万平方千米）	占世界土地面积（%）	可耕地面积（平方千米）	可耕地占该类型土壤面积（%）
冻沼土	459	3.3	——	——
灰壤	1295	9.3	130	10.0
棕壤	605	4.4	393	65.0
褐土和地中海型棕壤	112	0.8	15	13.4
红壤和黄壤	2170	15.6	1200	55.3
湿草原土和淋溶黑钙土	465	3.3	400	86.0
黑钙土和红色黑钙土	380	2.7	282	74.2
黑钙土、棕钙土和红棕壤	1204	8.7	400	33.2
灰钙土、荒漠土	2800	20.2	14	0.5
砖红壤和热带灰壤	1040	7.5	83	8.0
热带黑土和黑黏土	300	2.2	150	50.0
冲积土	590	4.2	320	54.2
山地土壤	2465	17.8	15	0.6
共计	13885	100.0	3402	——

地带性是世界土地资源分布的主要特征，从整体上看，它们沿纬向延伸。高纬度极地气候主要是冰沼土，占世界土地面积的 3.4%，可耕地面积为零。主要分布在亚欧大陆和北美大陆的最北部和北极与南极地区的若干岛屿，气候严寒，处于永冻层。中纬度冷温地带土壤类型为灰土和棕土。其中灰土占世界土地面积的 9.3%，可耕地面积占该类型土壤面积的 10%，棕土占世界土地面积的 4.4%，可耕地面积占该类型土壤面积的 64%。中纬度温暖气候带的地中海型气候地区为褐土和地中海型棕壤。低纬度的湿热地区分布砖红壤和热带灰壤，农业生产潜力大，耕地利用率大。

从部分国家的耕地分布情况来看，耕地面积最大的国家是美国，其次是印度、俄罗斯和中国，这四个国家的耕地面积都大于 1 亿公顷。耕地面积占土地面积比例最高的国家是印度，超过 1/2，其次是法国和德国，约 1/3，美国约 1/5，中国和日本 1/8 左右，新西兰、加拿大则更低。

全世界土地资源变化的五大趋势：一是耕地面积普遍减少，土壤恶化严重；二是森林面积逐年减少，下降速度明显减缓；三是土地城市化快于人口城市化，城市人口密度总体下降；四是土地利用效益提升，土地平均 GDP 和粮食单位产出量普遍提高；五是跨国土地交易活跃，引起国际社会普遍关注。

土地质量的恶化，生态失调，土地退化等都直接导致土地质量的下降，这种下降是对土地生态系统结构性、功能性和稳定性的破坏。

① 土壤盐碱化。指土壤底层或地下水的盐分随毛管水上升到地表，水分蒸发后，使盐分积累在表层土壤中的过程（图 4-2）。其主要发生在干旱、半干旱和半湿润地区，气候、地形和地貌、地下潜水位和水质，以及盐生植物等会对土壤盐碱化产生影响。

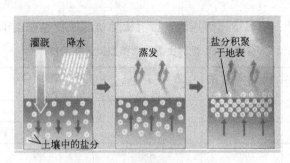

图 4-2　土壤盐碱化示意图

②　水土流失。指由于自然或人为因素的影响、雨水不能就地消纳、顺势下流、冲刷土壤，造成水分和土壤同时流失的现象。主要原因是地面坡度大、土地利用不当、地面植被遭破坏、耕作技术不合理等。水土流失会导致土壤耕作层被侵蚀破坏，土地肥力下降，河道淤塞，严重影响工农业生产。

③　土地污染和环境恶化。"三废"排放，以及化肥和农药的大量投入，会导致土地污染。土壤被污染后，土壤生物直接从污染的土壤中吸收有害物质，随食物链传播而最终影响到人体的健康。同时环境污染也会破坏土壤原有的生态平衡，导致土壤生态系统破坏。

④　土地退化。指土地受到人为或自然因素的干扰、破坏而改变土地原有的内部结构、理化性状，土地环境日趋恶劣，逐步减少或失去该土地原先所具有的综合生产潜力的演替过程。据资料显示，全球土地退化问题较为突出，地球上超过 75%的土地面积存在退化趋势。

4.2.2　中国土地资源分析

我国位于亚欧大陆的东部，太平洋的西岸。我国土地的主要特点表现为疆域辽阔宽广、资源类型多样、山地多、平地少。我国土地资源的基本概况：

（1）经纬度差大，以中纬度为主。中国最北边的黑龙江省漠河附近，最南端的南沙群岛的曾母暗沙，南北跨纬度约 49°。虽然中国疆土约有 98%位于北纬 20°～50°的中纬度地区，但按温度差异，可以划分出 9 个温度带，从南到北依次为赤道热带、中热带、边缘热带、南亚热带、中亚热带、北亚热带、暖温带、温带和寒温带，此外还有由于青藏高原干扰热量带分布而形成的特殊高寒区。中国经度位置对地理环境的影响远不如纬度位置所起的作用明显，特别在中国的北部地区，起主要作用的是海陆因素与季风的影响。

（2）季风作用强烈。中国位于欧亚大陆与太平洋之间，西南境内又有全球最高的青藏高原，季风气候异常发达，对自然地理环境的形成及差异，起着非常重要的作用。

（3）地形复杂多样，山地面积大。中国地形总的特点是：高度差大，西高东低，阶梯状下降，类型多样，山地面积大，结构复杂，地形骨架呈网格状结构。

我国现存土地资源人均占有量少、分布不均；土地总体质量不高，耕地面积较少；可开发利用土地资源不足；土地利用粗放，利用率和产出率较低；土地退化、损毁严重，生态环境遭到破坏。

中国有相当一部分土地是难以开发利用的。据统计在全国国土总面积中，沙漠占 7.4%，戈壁占 5.9%，石质裸岩占 4.8%，冰川与永久积雪占 0.5%，加上居民点、道路占用的 8.3%，全国不能供农林牧业利用的土地占全国土地面积的 26.9%。

此外，还有一部分土地质量较差。有资料统计在现有耕地中，涝洼地占 4.0%，盐碱地占 6.7%，水土流失地占 6.7%，红壤低产地占 12%，次生潜育性水稻土为 6.7%。

从人类长远利益和可持续发展角度，应合理开发利用土地资源，保护生态环境。一是要严格落实耕地占补平衡制度，加快推进永久基本农田全面划定和特殊保护工作，做到数量质量生态并重；二是科学实施耕地休耕轮作制度，减少或停止对土壤不当耕作，加强土壤污染调查监测，加大土壤修复治理技术研发和投入，恢复土壤肥力，稳定土壤有机质；三是落实严格的节约用地制度，严控新增建设用地规模、用地标准和空间管控，盘活存量建设用地和低效闲置用地，提高土地利用的质量和效率；四是加强生态用地管控和保护，加大林地、草地、湿地等资源保护，严守生态用地红线，为环境友好和生态宜居提供资源保障和修复空间；五是加强土地资源领域国际交流与合作，特别是土地科学基础理论和土地工程技术合作研究，借鉴国外土地利用与管理的成功经验，积极参与全球土地资源治理，推动我国乃至全球粮食安全、生态安全和可持续发展。

4.3　矿　产　资　源

矿产资源是指天然赋存于地壳内部或地表，由地质作用形成的，呈固态、液态或气态的，具有经济价值或潜在经济价值的富集物。矿产资源属于不可再生资源，其储量有限。目前世界已知的矿产有 160 多种，其中 80 多种应用较广泛，按其特点和用途，通常有石油、煤炭、金属和非金属四类。

4.3.1　矿产资源分布及特点

矿产一般分为能源矿产（或称燃料矿产）和非能源矿产资源两大类。

能源矿产指石油、天然气、煤炭等。

（1）世界七大储油区

包括中东波斯湾（世界最大石油储藏区、生产区、出口区）、南美洲（墨西哥、委内瑞拉等）、非洲（撒哈拉沙漠和几内亚湾沿岸）、俄罗斯、亚洲（东南亚、中国）、北美（美国、加拿大）、西欧（北海地区的英国和挪威）。

（2）世界煤炭主要分布在三大地带

① 世界最大煤带是在亚欧大陆中部，从我国华北向西经新疆横贯中亚和欧洲大陆，直到英国；

② 北美大陆的美国和加拿大；

③ 南半球的澳大利亚和南非。

非能源矿产资源又分为黑色金属矿产（或称铁合金金属）资源，指铁、锰、铬等；有色金属矿产（或称非铁金属）资源，按物理化学、价值和在地壳中的分布状况，有色金属分为五类，即重、轻、贵、半金属和稀有金属等。还有非金属矿产，其中又把钾盐、磷、硫等称为农用矿产资源。其中用途广、产值大的非能源矿产有铁、镍、铜、锌、磷、铝土、黄金、锡、锰、铅等。

世界矿产资源基本特点：世界上矿产资源的分布和开采主要在发展中国家，而消费量最多的是发达国家。世界非能源矿产资源分布很不平衡，主要集中在少数国家和地区。这与各国和地区的地质构造、成矿条件、经济技术开发能力等密切相关。矿产资源最丰富的国家有：美国、中国、俄罗斯、加拿大、澳大利亚、南非等，较丰富的国家有：巴西、印度、墨西哥、秘鲁、智利、赞比亚、刚果、摩洛哥等。

4.3.2 中国矿产资源分析

1. 中国矿产资源概况

截至 2020 年底，中国现已发现的矿产有 173 种，其中石油、天然气、煤、铀、地热等能源矿产 13 种，铁、锰、铜、铝、铅、锌等金属矿产 59 种，石墨、磷、硫、钾盐等非金属矿产 95 种，地下水、矿泉水等水气矿产 6 种，探明储量潜在价值居世界前列，是世界上矿产资源最丰富、矿种配套齐全的少数几个国家之一。其中，煤炭查明资源储量居世界第 3 位，铁矿居第 4 位，铜矿居第 6 位，铝土矿居第 3 位，铅、锌、钨、锡、锑、稀土、菱镁矿、石膏、石墨、重晶石等居第 1 位，原油和天然气产量分别居世界第 14 位和第 6 位，原煤、铁矿石、钨、锡、锑、稀土、菱镁矿、石膏、石墨、重晶石、滑石、萤石开采量连续多年居世界第一。

2. 中国矿产资源地区分布

我国地质发育的特点决定了我国矿产资源地区分布的不均衡性。以我国三列东西走向山脉为例：天山-阴山及秦岭构造带在历次造山运动中，均受到岩浆活动的影响，形成了以稀土、镍、铬、铜、钼、铅、锌、金、铁等为主的多种金属矿带；南岭构造带则成为我国著名的钨、锑、锡、铅、锌、汞等有色金属矿带。

从主要矿种来看，目前我国煤炭北方 17 省区占 89%，南方 14 省区只占 11%。其中，山西、陕西、内蒙古三省区占全国的 70%以上。全国 1/2 以上的铁矿集中在辽宁、河北、四川三省；铬矿则主要分布在西藏和新疆；磷资源的 79%集中在湖南、湖北、云南、贵州、四川 5 省；铜矿主要集中在江西、西藏、云南、甘肃等；铝土矿主要分布在山西、河南、广西、贵州；铅锌矿主要分布在滇西、川滇、西秦岭、祁连山、内蒙古狼山和大兴安岭、南岭等成矿集中区；钨矿主要集中在湖南、江西地区，钼矿主要集中在陕西、河南、吉林；锡锑矿主要分布在湖南、云南、广西等，稀土主要集中在内蒙古、江西、四川；陆上石油分布在黑龙江、山东、河北、新疆等少数省区。据统计，我国铁、锰、铜、铝、锌、钨等 15 种重要的金属矿产资源中，有 37%分布在西部地区，38.8%分布在中部地区，而经济发达的东部地区仅拥有其中的 24.2%。青海省有 37 种矿产的储量居全国前 10 位，居首位的就有 8 种，其中，全国探明储量 78%的锶和一半以上的盐矿分布在柴达木盆地。新疆则拥有全国 99%的稀有金属铍和 80%的石棉。

3. 中国矿产资源的主要特点

矿产资源总量丰富，人均资源相对不足，我国已查明矿产资源总量占世界总量的 12%，其潜在价值居世界前三，但人均占有量很低，仅为世界人均占有量的 53%。中国矿产资源有如下特点：

① 富矿少，贫矿多。中国拥有一批优质矿种，如低灰、低硫、高发热量的煤炭及钨。但就大宗矿种而论，中国铁矿、铜矿、磷矿、铝土矿、锰矿储量属于贫矿的较多。

② 共生矿多，单一矿少。中国 80%的矿产为共生与伴生矿，如能充分回收，能带来较大效益。但中国目前对矿产品的综合利用技术水平较低，冶炼损失大。

③ 中、小型矿多，大型、特大型矿少。目前中国拥有近万座国有矿山和 27 万多个乡镇集体矿山和个体小矿，但大型矿仅占 11%，小型矿比重则占到 70% 以上。

④ 地区分布不均。煤炭、石油等能源 80% 分布在北方，化工原料的硫和磷矿 80% 以上则分布于南方地区，黑色冶金矿产资源大部分蕴藏在北方东部地区，而有色金属 70% 以上集中在南方。由于中国的自然资源地域分布不理想，因而形成北矿南运，同时还需西电东送、南水北调，进行资源的合理开发。

⑤ 建设所需的支柱性矿产储备不足，存在一定程度的结构性短缺。据估计，随着中国的发展，在矿产远景供求方面有充分保证的，只有煤、稀土、铝土和磷；能基本保证的有铁、铅、锌、钨、硫等；而缺口比较大的则有石油、天然气、金、铜、铀、铬、钴、铂、金刚石、钾盐矿等。

目前在矿产开发方面存在的问题有：

① 矿产探明储量增长缓慢，不能保证远景需要。

② 多数矿山生产能力投入少、设备陈旧、管理不当，生产能力下降。

③ 资源浪费破坏严重，国营矿山采选回收率低。如铜矿回收率 50%，煤回收率 32%，钨仅回收 28%。至于个体经营小矿由于滥采乱挖，浪费尤为惊人。

④ 资源消耗过大。中国一些主要工业产品单位产值的资源消耗量高出世界平均水平，如能源为 4.8 倍，钢材为 3.6 倍，铜 2.2 倍，铅 2.4 倍，锌 2.7 倍。

⑤ 矿井开发污染环境十分严重。如矿业产生的固体废物，占到全国固体废物总量的 70%。在矿石的采、选、冶炼过程中产生的大量废石、尾矿、尾砂堆积占用矿山附近大片土地，漫流的废水又污染河道和良田，带来不少污染防治方面的后遗症。

为了持续开发利用矿产资源，在对策上要做到：①开发与节约并举，依靠科技进步提高利用率，开展资源的再生利用，降低消耗；②增加对地质矿产勘探工作的投入，扩展储量，提高资源的保证程度；③实施矿产资源的有效开发与管理，严禁滥采乱挖，切实保护资源和环境。

4.4　能源概况

能源是指自然界中能为人类提供某种形式能量的物质资源，在《中华人民共和国节约能源法》中所称的能源，是指煤炭、石油、天然气、生物质能和电力、热力以及其他直接或者通过加工、转换而取得有用能的各种资源。它包括从自然界直接取得的具有能量的物质，如煤炭、石油、核燃料、水、风、生物体等；也包含这些物质中再加工制造出的新物质，如焦炭、煤气、液化气、煤油、汽油、柴油、电、沼气等。

4.4.1　能源的分类

能源种类繁多，而且经过人类不断的开发与研究，更多新型能源已经开始能够满足人类需求。根据不同的划分方式，能源也可分为不同的类型。主要有以下几种方法。

1. 按来源分类

（1）来自地球外部天体的能源（主要是太阳能）

人类所需能量的绝大部分都直接或间接地来自太阳。正是各种植物通过光合作用把太阳能转变成化学能在植物体内储存下来。煤炭、石油、天然气等化石燃料也是由古代埋在地下的动植物经过漫长的地质年代形成的。它们实质上是由古代生物固定下来的太阳能。此外，水能、风能、波浪能、海流能等也都是由太阳能转换来的。

（2）地球本身蕴藏的能量

通常指与地球内部的热能有关的能源和与原子核反应有关的能源，如原子核能、地热能等。地球可分为地壳、地幔和地核三层，它是一个大热库，地壳就是地球表面的一层，一般厚度为几千米至 70 千米不等。地壳下面是地幔，它大部分是熔融状的岩浆，厚度为 2900 千米。火山爆发一般由这部分岩浆喷出。地球内部为地核，地核中心温度为 2000℃。地球上的地热资源储量丰富，温泉和火山爆发喷出的岩浆就是地热的表现。

（3）地球和其他天体相互作用而产生的能量，如潮汐能。

2. 按产生分类

按能源的产生分类，有一次能源和二次能源（表 4-2）。一次能源是指自然界中以天然形式存在并没有经过加工或转换的能量资源，主要包括可再生的水力资源和不可再生的煤炭、石油、天然气资源，其中水、石油和天然气是一次能源的核心；除此以外，太阳能、风能、地热能、海洋能、生物能及核能等也被包括在一次能源的范围内。二次能源则是指由一次能源直接或间接转换成其他种类和形式的能量资源，如电力、煤气、汽油、柴油、焦炭、洁净煤、激光和沼气等能源都属于二次能源。

表 4-2　能源类型

类别		常规能源	新能源
一次能源	可再生能源	水能、生物质能	太阳能、风能、光能、地热能、潮汐能
	不可再生能源	煤、石油、天然气	核能
二次能源		煤气、电力、酒精、汽油、柴油、液化石油气	

3. 按再生和非再生分类

目前全世界能源年总消费量约为 134 亿吨标准煤，其中石油、天然气、煤等化石能源占 85%，大部分电力也是依赖化石能源生产的，核能、太阳能、水力、风力、潮汐能、地热等能源仅占 15%。化石能源价格比较低廉，开发利用的技术也比较成熟，并且已经系统化和标准化。虽然各国都在千方百计摆脱对石油的过度依赖，但目前石油仍然是最主要的能源，全球需求量将以年均 1.9% 的速度增长，同时煤仍然是电力生产的主要燃料，全球需求量将以每年 1.5% 的速度增长。可见化石能源仍然是我们在这个星球上赖以生存和发展的能源基础。

人们对一次能源又进一步加以分类。凡是可以不断得到补充或能在较短周期内再产生的能源称为再生能源，反之称为非再生能源。风能、水能、海洋能、潮汐能、太阳能和生物质能等是可再生能源；煤、石油和天然气等是非再生能源。地热能基本上是非再生能源，但从地球内部巨大的蕴藏量来看，又具有再生的性质。核聚变最合适的燃料重氢（氘）又大量地存在于海水中，可谓"取之不尽，用之不竭"，因此核能是未来能源系统的支柱之一。

4.4.2　世界能源形势

目前世界上常规能源的供应始终跟不上人类对能源的需求。当前世界能源消费以化石资源为主，其中中国等少数国家以煤炭为主，其他国家大部分则以石油与天然气为主。专家预测按目前的消耗速度，石油、天然气最多只能维持半个世纪，煤炭也只能维持一两个世纪。

人类面临的能源危机日趋严重。一方面由于气候变化、局部战争、自然灾害、社会动乱、恐怖活动等导致能源生产增长缓慢。据统计，在近 20 年来，世界范围内发现的油田越来越少，特别是特大油田。世界现有的四个超级油田中，墨西哥的坎塔雷尔、科威特的布尔干、中国的大庆油田产量早已开始下降，只有沙特阿拉伯的加瓦尔油田还保持高产。但另一方面，随着世界经济持续发展，特别是新兴经济体的迅速发展，全球能源消费呈现快速增长，近年来几乎各种能源的消费增长率都超出了过去 10 年平均增长率 1 倍以上，上升幅度超过了产量的增长速度。

如今，能源问题已经上升为一个国家能否安全、全面、协调、可持续发展的重大战略问题，各国都从安全和发展两个方面制定了国家能源战略。

首先，各国将石油保障纳入国家安全战略。美国等发达国家为了减轻对欧佩克石油的依赖，转而开辟西非、中亚和俄罗斯等地区和国家的新油源；中国、印度、东盟、韩国、巴西等经济发展较快的国家和地区积极寻求多渠道石油来源；沙特阿拉伯、俄罗斯等老、新产油国都把石油作为本国经济腾飞的"金钥匙"，纷纷制定了"石油兴国"、"石油强国"的战略；世界各国都对石油运输保障和战略储备予以高度重视，例如中国、俄罗斯、哈萨克斯坦、日本、美国等都在建设长距离输油管线，马来西亚、新加坡和印度尼西亚联合维护马六甲海峡安全，中国和印度筹建石油战略储备设施。

其次，世界各国都制定了能源发展战略，将合理利用和节约常规能源、研发清洁的新能源和切实保护生态环境作为基本国策，以实现经济持续发展、社会全面进步、资源有效利用、环境不断改善的目标，从而形成如下发展趋势：

① 高新技术成果在能源工业迅速推广应用。能源工业正在由低技术向高技术过渡，新技术已迅速渗透到能源勘探、开发、加工、转换、输送、利用的各个环节，例如自动化生产设备使煤矿开采效率成倍提高，新工艺和新技术促进了深海油田的开发。

② 化石燃料正在向高效节能、洁净环保的方向发展。全球范围的节能技术革命已经展开，各国都在通过节约能源和提高能效来降低能源需求量，机动车的燃油效能提高了近一倍。清洁能源技术迅速提高，各国纷纷推进清洁煤计划。

③ 天然气的开发利用迅速增长并且前景广阔。天然气水合物是深藏海底的固体天然气，测算储量是化石能源储量的 2 倍，而且杂质少，无污染，是一种新型的清洁能源。天然气储量丰富，迄今仅开采了全球总储量的 16%，而且污染较小，可以作为石油的替代品，消费量将以年均 10% 的速度增长，有望超越煤炭成为第二大能源载体。

④ 各种新能源的开发利用引人瞩目。太阳能、风能、地热能、海洋能、生物质能等可再生能源的研发迅速展开，尤其是美、日、中等国都在大力开发氢燃料电池技术。

⑤ 核能的开发利用重新受到重视。由于技术的进步，核电站的安全性、核废物处理等技术逐渐成熟，中国、芬兰、美国都着手建设新一代核电站，国际原子能机构实施了先进核燃料计划，日、法、美、俄等国推动了核聚变能的远期商业应用，核能将进入新一轮发展期。

4.4.3　中国能源形势分析

作为世界上最大的发展中国家，中国是一个能源生产和消费大国。能源生产量仅次于美国和俄罗斯，居世界第三位。中国又是一个以煤炭为主要能源的国家，发展经济与环境污染的矛盾比较突出。近年来能源安全问题成为国家生活乃至全社会关注的焦点，也成为中国战略安全的隐患和制约经济社会可持续发展的瓶颈。煤炭、电力、石油和天然气等能源在中国都存在缺口，其中，石油需求量的大增以及由其引起的结构性矛盾日益成为中国能源安全所面临的最大难题。

长期来看，兼顾绿色发展和低碳环保，以煤炭、天然气和可再生能源为三大支柱特色能源结构显现。我国煤炭储量丰富，在清洁利用和深加工技术成熟后，煤炭将作为清洁能源，重新在我国能源产业中扮演重要角色。天然气是清洁能源中不可或缺的重要组成部分，我国页岩气储量较大，探明储量连年上升，能够保障能源供应的稳定可靠，也能满足重工业用能需求，随着技术进步，天然气在我国能源消费中的比重将逐渐提高，是最现实可行的清洁能源方案。我国地热资源十分可观，干热岩储量占全球的 1/6；地势西高东低，水量充沛，具有开发水电的天然优势；西部海拔高，阳光辐射量大，风力资源丰富，太阳能和风能利用具有良好的资源基础。

我国现在能源资源有以下特点：

（1）能源资源总量比较丰富。我国拥有较为丰富的化石能源资源。其中，煤炭占主导地位。已探明的石油、天然气资源储量相对不足，油页岩、煤层气等非常规化石能源储量潜力较大。中国拥有较为丰富的可再生能源资源。

（2）人均能源资源拥有量较低。我国人口众多，人均能源资源拥有量在世界上处于较低水平，极大地限制了我国的能源利用。

（3）能源资源分布不均衡。我国能源资源分布广泛但不均衡。煤炭资源主要蕴藏在华北、西北地区，水力资源主要分布在西南地区，石油、天然气资源主要分布在东、中、西部地区和海域。而我国主要的能源消费地区集中在东南沿海经济发达地区，资源分布与能源消费地域存在明显差别。

（4）能源资源开发难度较大。我国虽然能源丰富，但是常规化石能源可利用率低，开采难度大，例如煤炭很多需要深处开采，很少可以直接进行露天开采。

我国现在在能源利用结构方面表现出以下特点：

（1）能源消费以煤为主，环境压力加大。煤炭是我国的主要能源，以煤炭为主的常规化石能源现在利用比较广泛，受限于我国现在的发展状况以及科技水平，以煤炭为主的能源结构在未来相当长时期内难以改变。煤炭消费是造成煤烟型大气污染的主要原因，也是温室气体排放的主要来源。随着中国机动车保有量的迅速增加，部分城市大气污染已经变成煤烟与机动车尾气混合型的，给生态环境带来更大的压力。由于煤炭的使用率比较高，而我国现在天然气的使用普及率低，市场价格体系不完善，因此我国能源利用方面出现了瓶颈，严重地制约了我国经济的科学发展。

（2）资源约束突出，能源效率偏低。我国优质能源资源相对不足，制约了供应能力的提高；能源资源分布不均，也增加了持续稳定供应的难度；经济增长方式粗放、能源结构不合理、能源技术装备水平低和管理水平相对落后，导致单位国内生产总值能耗和主要产品能耗高于主要能源消费国家平均水平，进一步加剧了能源供需矛盾。单纯依靠增加能源供应，难以满足持续增长的消费需求。同时中国能源市场体系有待完善，能源价格机制未能完全反映资源稀缺程度、供求关系和环境成本。能源资源勘探开发秩序有待进一步规范，能源监管体制尚待健全。煤矿生产安全监管不完善，电网结构不够合理，石油储备能力不足，有效应对能源供应中断和重大突发事件的预警应急体系有待进一步完善和加强。

　　面对现在我国对能源的大量需求，只有提高能源的利用率，淘汰高耗能的企业，才可以实现科学发展。

相关阅读：新能源汽车

　　新能源汽车是指采用非常规的车用燃料作为动力来源（或使用常规的车用燃料、采用新型车载动力装置），综合车辆的动力控制和驱动方面的先进技术，形成的技术原理先进、具有新技术、新结构的汽车。新能源汽车包括四大类型混合动力电动汽车（HEV）、纯电动汽车（BEV，包括太阳能汽车）、燃料电池电动汽车（FCEV）、其他新能源汽车等。非常规的车用燃料指除汽油、柴油之外的燃料。

　　在能源和环保的压力下，新能源汽车无疑将成为未来汽车的发展方向。如果新能源汽车得到快速发展，以 2020 年中国汽车保有量 1.4 亿辆计算，可以节约石油 3229 万吨，替代石油 3110 万吨，节约和替代石油共 6339 万吨，相当于将汽车用油需求削减 22.7%。2020 年以前节约和替代石油主要依靠发展先进柴油车、混合动力汽车等实现。到 2030 年，新能源汽车的发展将节约石油 7306 万吨、替代石油 9100 万吨，节约和替代石油共 16406 万吨，相当于将汽车石油需求削减 41%。届时，生物燃料、燃料电池在汽车石油替代中将发挥重要的作用。

思 考 题

（1）简述我国矿产资源的主要特点有哪些？

（2）简述我国在土地利用方面存在的问题有哪些？

（3）简述能源的基本分类及未来的能源利用发展方向。

（4）我国在能源利用方面存在哪些主要问题？

（5）根据所学内容，分析家乡的水资源情况及存在的主要问题。

第 5 章　生态系统与保护

本章要求：掌握生态系统、食物链、食物网的定义，了解生态系统的基本结构、生态系统的组成、生态因子及其生态作用，熟知生态平衡与生态系统的稳定性、生态系统保护和修复方法。

5.1　生态系统与生态环境

生态系统是指在自然界一定的空间内，生物与环境构成的统一整体。在这个统一整体中，生物与环境之间相互影响、相互制约，并在一定时期内处于相对稳定的平衡状态。地球上最大的生态系统是生物圈，最复杂的生态系统是热带雨林，人类主要生活在以城市和农田为主的人工生态系统中。生态系统是生态学领域的一个主要结构和功能单位，属于生态学研究的最高层次。

5.1.1　生态系统的基本结构和特征

（1）生态系统的基本结构

生态系统结构是指生态系统各种成分在空间上和时间上相对有序稳定的状态。生态系统的基本结构主要包括三个方面。

① 组分结构：组分结构是指生态系统中由不同生物类型或品种以及它们之间不同的数量组合关系所构成的系统结构。组分结构中主要讨论的是生物群落的种类组成及各组分之间的量比关系，生物种群是构成生态系统的基本单元，不同物种（或类群）以及它们之间不同的量比关系，构成了生态系统的基本特征。例如，平原地区的"粮、猪、沼"系统和山区的"林、草、畜"系统，由于物种结构的不同，形成功能及特征各不相同的生态系统。即使物种类型相同，但各物种类型所占比重不同，也会产生不同的功能。此外，环境构成要素及状况也属于组分结构。

② 时空结构：时空结构也称形态结构，是指各种生物成分或群落在空间上和时间上的不同配置和形态变化特征，包括水平分布上的镶嵌性、垂直分布上的成层性和时间上的发展演替特征，即水平结构、垂直结构和时空分布格局。

③ 营养结构：营养结构是指生态系统中生物与生物之间，生产者、消费者和分解者之间以食物营养为纽带所形成的食物链和食物网，它是构成物质循环和能量转化的主要途径。

（2）生态系统的基本特征

① 生态系统内部具有自我调节的能力，但这种自我调节能力是有限度的；

② 生态系统的四大功能是生物生产、能量流动、物质循环和信息传递；

③ 生态系统各营养级的数目一般不超过 6 个；

④ 生态系统是一个动态系统，其早期阶段和晚期阶段具有不同的特性。

5.1.2　食物链和食物网

（1）食物链

食物链是指生态系统中各种生物为维持其本身的生命活动，必须以其他生物为食物，由食物联结起来的链锁关系（图 5-1）。物质、能量通过食物链的方式流动和转换。一个食物链一般包括 3～5 个环节：1 个植物，1 个以植物为食料的动物和 1 个或更多的肉食动物。食物链不同环节的生物数量相对恒定，以保持自然平衡。

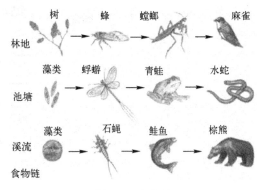

图 5-1　食物链

（2）食物网

食物网（Food Web）又称食物链网或食物循环，是生态系统中生物间错综复杂的网状食物关系。实际上多数动物的食物不是单一的，因此食物链之间可以相互交错相联，构成复杂网状关系（图 5-2）。在生态系统中生物之间实际的取食和被取食关系并不像食物链所表达的那么简单，食虫鸟不仅捕食瓢虫，还捕食蝶蛾等多种无脊椎动物，食虫鸟本身不仅被隼捕食，而且也是猫头鹰的捕食对象，甚至鸟卵也常常成为鼠类或其他动物的食物。

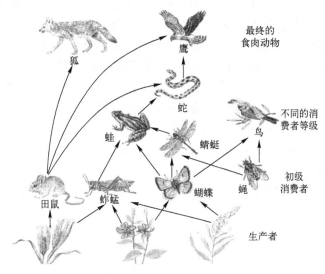

图 5-2　食物网

（3）食物链对污染物的富集作用

生物富集作用亦称"生物放大作用"，是通过生态系统中食物链或食物网的各营养级，使某些污染物，如放射性化学物质和合成农药等，在生物体内逐步浓集的趋势。而且随着营养级的不断提高，有害污染物的浓集程度也越高，最高营养级的肉食动物最易受害。

5.1.3　生态系统的组成

生态系统包括下列 4 种主要组成部分（图 5-3）。

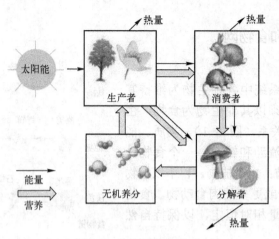

图 5-3　生态系统的组成

（1）非生物环境

非生物环境（Abiotic Environment）包括参加物质循环的无机元素和化合物，联系生物和非生物成分的有机物质（如蛋白质、糖类、脂类和腐殖质等）、气候或其他物理条件（如温度、压力）。

（2）生产者

生产者（Producers）指能利用简单的无机物质制造食物的自养生物（Autotroph），主要包括所有绿色植物、蓝绿藻和少数化能合成的细菌等自养生物。

这些生物可以通过光合作用把水和二氧化碳等无机物合成为碳水化合物、蛋白质和脂肪等有机化合物，并把太阳辐射能转化为化学能，储存在合成有机物的分子键中。植物的光合作用只有在叶绿体内才能进行，而且必须是在阳光的照射下。但是当绿色植物进一步合成蛋白质和脂肪的时候，还需要有氮、磷、硫、镁等多种元素和无机物参与。生产者通过光合作用不仅为本身的生存、生长和繁殖提供营养物质和能量，而且它所制造的有机物质也是消费者和分解者唯一的能量来源。生态系统中的消费者和分解者是直接或间接依赖生产者为生的，没有生产者也就不会有消费者和分解者。可见，生产者是生态系统中最基本和最关键的生物成分。太阳能只有通过生产者的光合作用才能源源不断地输入生态系统，然后再被其他生物所利用。

（3）消费者

消费者（Consumers）是针对生产者而言的，即它们不能从无机物质制造有机物质，而是直接或间接地依赖于生产者所制造的有机物质，因此属于异养生物（Heterotroph）。消费者归根结底都是依靠植物为食的（直接取食植物或间接取食以植物为食的动物）。直接吃植物的动物叫植食动物（Herbivores），又叫一级消费者（如蝗虫、兔、马等）；以植食动物为食的动物叫肉食动物（Carnivores），也叫二级消费者，如食野兔的狐和猎捕羚羊的猎豹等；后面还有三级消费者（或叫二级肉食动物）、四级消费者（或叫三级肉食动物），直到顶位肉食动物。消费者也包括那些既吃植物也吃动物的杂食动物（Omnivores），有些鱼类是杂食性的，它们吃水藻、水草，也吃水生无脊椎动物。有许多消费者的食性是随着季节和年龄而变化的，麻雀在秋季和冬季以吃植物为主，但是到夏季的生殖季节就以吃昆虫为主。食碎屑者也应属于消费者，它们的特点是只吃死的动植物残体。

（4）分解者

分解者是异养生物，它们分解动植物的残体、粪便和各种复杂的有机化合物，吸收某些分解产物，最终将有机物分解为简单的无机物，而这些无机物参与物质循环后可被自养生物重新利用。分解者主要是细菌和真菌，也包括某些原生动物和蚯蚓、白蚁、秃鹫等大型腐食性动物。

分解者在生态系统中的基本功能是把动植物死亡后的残体分解为比较简单的化合物，最终分解为最简单的无机物并把它们释放到环境中去，供生产者重新吸收和利用。由于分解过程对于物质循环和能量流动具有非常重要的意义，所以分解者在任何生态系统中都是不可缺少的组成成分。由于有机物的分解过程是一个复杂的逐步降解的过程，因此除了细菌和真菌两类主要的分解者之外，其他大大小小以动植物残体和腐殖质为食的各种动物在物质分解的总过程中都在不同程度上发挥着作用，如专吃兽尸的秃鹫，食朽木、粪便和腐烂物质的甲虫、白蚁、皮蠹、粪金龟子、蚯蚓和软体动物等。有人把这些动物称为大分解者，而把细菌和真菌称为小分解者。

生态系统中的非生物成分和生物成分是密切交织在一起、彼此相互作用的，土壤系统就是这种相互作用的一个很好实例。土壤的结构和化学性质决定着什么植物能够在它上面生长、什么动物能够在它里面居住。但是植物的根系对土壤也有很大的固定作用，并能大大减缓土壤的侵蚀过程。动植物的残体经过细菌、真菌和无脊椎动物的分解变为土壤中的腐殖质，增加了土壤的肥沃性，反过来又为植物根系的发育提供了各种营养物质。缺乏植物保护的土壤（包括那些受到人类破坏的土壤）很快就会遭到侵蚀和淋溶，变为不毛之地。

5.2 生态因子及其生态作用

（1）生态因子的概念及分类

生态因子（Ecological Factor）指对生物有影响的各种环境因子，常直接作用于个体和群体，主要影响个体生存和繁殖、种群分布和数量、群落结构和功能等。各个生态因子不仅本身起作用，而且相互发生作用，既受周围其他因子的影响，反过来又影响其他因子。

生态因子的类型多种多样，分类方法也不统一。简单、传统的方法是把生态因子分为生物因子（biotic factor）和非生物因子（abiotic factor）。前者包括生物种内和种间的相互关系；后者则包括气候、土壤、地形等。根据生态因子的性质，可分为以下五类：

① 气候因子。气候因子也称地理因子，包括光、温度、水分、空气等。根据各因子的特点和性质，还可再细分为若干因子。如光因子可分为光强、光质和光周期等，温度因子可分为平均温度、积温、节律性变温和非节律性变温等。

② 土壤因子。土壤是气候因子和生物因子共同作用的产物、土壤因子包括土壤结构、土壤的理化性质、土壤肥力和土壤生物等。

③ 地形因子。地形因子如地面的起伏、坡度、坡向、阴坡和阳坡等，通过影响气候和土壤，间接地影响植物的生长和分布。

④ 生物因子。生物因子包括生物之间的各种相互关系，如捕食、寄生、竞争和互惠共生等。

⑤ 人为因子。把人为因子从生物因子中分离出来是为了强调人的作用的特殊性和重要性。人类活动对自然界的影响越来越大，分布在地球各地的生物都直接或间接受到人类活动

的巨大影响。

（2）生态作用

生态作用指人为活动造成的环境污染和环境破坏引起生态系统结构和功能的变化。生物与环境关系密切，两者相互作用，相互协调，保持动态平衡。如人为活动排放出的各种污染物（二氧化氮、二氧化硫和氟化物等）会对大气环境造成污染。

5.3　生态系统的功能

（1）生物生产

生物生产是生态系统的基本功能之一。生物生产就是把太阳能转变为化学能，生产有机物，经过动物的生命活动转化为动物能的过程。生物生产经历了两个过程：植物性生产和动物性生产。两种生产彼此联系，进行着能量和物质交换，同时，两者又各自独立进行。

（2）能量流动

能量通过食物链和食物网逐级传递，太阳能是所有生命活动的能量来源，它通过绿色植物的光合作用进入生态系统，然后从绿色植物转移到各种消费者。能量流动的特点是：①单向流动：生态系统内部各部分通过各种途径放散到环境中的能量，再不能为其他生物所利用。②逐级递减：生态系统中各部分所固定的能量是逐级递减的。一般情况下，越向食物链的后端，生物体的数目越少，这样便形成一种金字塔形的营养级关系。

（3）物质循环

生态系统的物质循环是指无机化合物和单质通过生态系统的循环运动。生态系统中的物质循环可以用库（Pool）和流通（Flow）两个概念来加以概括。库是由存在于生态系统某些生物或非生物成分中的一定数量的某种化合物所构成的。对于某一种元素而言，存在一个或多个主要的蓄库。在库里，该元素的数量远远超过正常结合在生命系统中的数量，并且通常只能缓慢地将该元素从蓄库中放出。物质在生态系统中的循环实际上是在库与库之间彼此流通的。在单位时间或单位体积的转移量就称为流通量。

（4）信息传递

生态系统具有物质循环、能量流动和信息传递的作用，其中，信息传递具有重要的作用。生命活动的正常进行，离不开信息传递；生物种群的繁衍，也离不开信息的传递。信息还可以调节生物的种间关系，以维持生态系统的稳定。我们将生态系统的信息分为物理信息、化学信息和行为信息。

5.4　生态平衡与生态系统的稳定性

5.4.1　生态平衡失调

生态平衡是指在一定时间和相对稳定的条件下，生态系统各部分的结构与功能处于相互适应与协调的动态平衡之中。当一个生态系统中的能量流动和物质循环过程，在一个相当长期而不是暂时地保持稳态，该生态系统中的有机体种类和数量最多，生物量最大，生产力也最高，这就是平衡状态的标志。

生态平衡失调的基本标志可以从结构和功能两个方面进行度量。

生态系统具有自我调节和自我维持的能力，使系统保持稳定的状态，表现出结构上的协调、功能上的和谐、输入和输出的物质和能量的平衡。当外界干扰与破坏超过了生态系统自身的调节能力时，就导致该系统生物种类和数量发生变化，生物量下降，生产力衰退，营养结构破坏，食物链关系消失，金字塔营养级紊乱，使结构和功能失调，物质循环、能量流动与信息传递受到阻碍，从而引起逆行演替，破坏了生态系统的稳定性，造成生态失调。这种外界干扰有自然的也有人为的。

根据生态系统结构、功能的受损程度，可将生态失调分为三个层次。一是生态平衡失调，指生态系统功能异常而系统的结构未受损害，稳定性仍保持原有水平，发展方向未受影响，如洪涝、干旱造成作物生理暂时性的生态平衡失调。二是生态平衡破坏，指生态系统功能严重异常，结构受到一定程度的破坏，稳定性降低，必须在自然或人为作用下，才有可能使结构逐步恢复，如森林部分受到破坏后逐步演替恢复。三是生态平衡崩溃，指生态系统功能和结构受到彻底破坏，生物生存和繁育条件完全丧失，一般难以恢复，须经较长时间的环境进化和有效的人工控制才能逐步发展，如土地荒漠化。

5.4.2 生态系统退化

由于海平面上升加剧、环境污染、外来物种入侵、海岸带围垦等自然和人为因素的影响，海岸带湿地受到的威胁日趋严重，海岸带湿地生态系统不断退化甚至消失。海岸带湿地生态系统位于海陆交互界面，是受陆海相互作用最为显著的生态系统，包括潮间带盐水沼泽、红树林以及海草床等，是世界上生产力最高的生态系统之一。由于其独特的生态系统结构和生物地球化学循环过程，海岸带湿地生态系统为全球人类活动最为活跃的海岸带地区提供了海岸防护、侵蚀控制、蓝碳固定、水质净化、污染物降解、区域气候调节、动植物栖息地等。单位面积的海岸带生态系统为海岸带地区提供的服务功能价值可达 10 000 \$/m^2，其生态环境的价值与意义非同一般。但海岸带湿地是脆弱的生态敏感区，也是我国湿地保护的薄弱环节。

全球森林生态系统退化主要表现为森林面积减少，林分结构单一，林地土壤质量变差，初级生产力降低，生物多样性减少，生态服务功能下降等。农田占有是全球森林面积减少的主要原因，伐木搬运、采矿、道路和基础设施的建设也严重威胁着森林生态系统的持续发展。图 5-4 为砍伐的森林植被。虽然国家要求砍伐后的森林应进行补种或重建植被，使得森林面积有一定增加，但新建森林生态系统的林分质量和生态服务功能却不断下降。

图 5-4 砍伐森林植被

草原退化、碱化和沙化、气候恶化以及鼠害等一系列生态问题，使得全国绝大多数草原均程度不同地退化，产草量下降。据调查，全国各类草原的牧草产量普遍比 20 世纪五六十年代下降 30%～50%。同时可食性牧草减少，毒草和杂草增加，牧场的使用价值下降。草原退化，植被疏落，导致气候恶化，许多地方的大风天数和沙暴次数逐渐增加。气候的恶化又加速了草原的退化和沙化过程。我国是世界上沙漠化受害最重的国家之一，目前沙漠及沙漠化土地面积约为 262.2 万平方千米，约占国土面积的 27.3%。但近年来，我国沙漠治理成效显著。草原鼠害也日益严重，据估计全国每年因鼠害损失的牧草约有 50 亿公斤，直接经济损失有十几亿元。鼠害的发生既是草原生态系统平衡失调的恶果，也是造成草原生态环境进一步恶化的原因之一。

5.5 生态环境保护

1. 次生生态系统和退化生态系统

次生生态系统（又称第二类环境）指人类的社会经济活动造成对自然环境的破坏，改变了原生环境的物理、化学或生物学的状态。次生生态系统是原生环境演变成的一种人工生态环境，其发展和演变仍受自然规律的制约。次生生态系统常分布在耕地、种植园、鱼塘、人工湖、牧场、工业区、城市、集镇等。如图 5-5 所示为水生态环境系统。

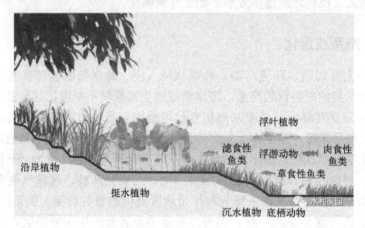

图 5-5　水生态环境系统

生态系统的正常状态在干扰的作用下失衡，生态系统的结构发生负向变化，与原正常生态系统比较其功能低下，这样的生态系统则被称之为受害生态系统或退化生态系统。退化生态系统常分布在裸地（又称光板地）、森林采伐迹地、弃耕地、荒漠化地、矿山废弃地和垃圾堆放场。

2. 生态系统保护和修复方法

生态修复是指在生态学原理指导下，以生物修复为基础，结合各种物理修复、化学修复以及工程技术措施，通过优化组合，使之达到最佳效果和最低耗费的一种综合的修复污染环境的方法。生态修复的顺利施行，需要生态学、物理学、化学、植物学、微生物学、分子生物学、栽培学和环境工程等多学科的参与。

生态系统保护和修复方法：

（1）建立健全生态保护法律法规和标准体系。制定有关生态保护、遗传资源、生物安全、土壤污染等方面的法律，制定生态环境质量评价、矿山生态恢复、生态脆弱区评估、自然保护区管理评估、生态旅游管理等法规和标准。把生态环境保护和建设纳入国家法制化管理体系之中，加大对重点区域和流域的重大生态破坏案件的查处力度。

（2）制定和完善生态保护经济政策。将生态破坏和环境污染损失纳入国民经济核算体系，引导社会经济发展从单纯追求经济增长转到注重经济、社会、环境、资源协调发展上来，建立生态保护经济政策体系。建立生态补偿机制，研究下游对上游、开发区域对保护区域、受益地区对受损地区、受益人群对受损人群以及自然保护区内外的利益补偿，积极探索建立遗传资源获取与惠益共享机制。

（3）构建生态系统监测体系。建立并逐步完善生态系统监测网络。加强对重点生态系统的科学研究，开展生态系统脆弱区和敏感区的监测，建立生态监测和预警网络，提高生态系统监测能力，在此基础上对生态环境质量进行评价。优先建立国家重要生态功能区的生态状况监控系统，建立重大生态破坏事故应急处理系统。

（4）加大生态保护和建设的投入。充分利用市场机制建立合理的、多元化的投入机制，不断拓展生态保护和建设投融资渠道。在加大政府投入的同时，积极引导和鼓励企业、社会参与生态保护和建设。建立健全生态审计制度，对生态治理工程实行充分论证和后评估，确保投入与产出的合理性和生态效益、经济效益与社会效益的统一。

（5）大力开展生态保护宣传教育。加大生态环境保护宣传力度，弘扬环境文化，倡导生态文明，努力营造节约自然资源和保护生态环境的舆论氛围。加强对各级领导决策者的培训，开展全民生态科普活动，提高全民保护生态环境的自觉性。

（6）大力开展国际交流与合作。积极引进吸收国外资金、先进技术与管理经验，提高中国生态环境保护的技术和管理水平。积极参与气候变化、生物多样性保护、荒漠化防治、湿地保护、臭氧层保护等国际公约，履行相应的国际义务，维护国家环境与发展权益。建立环境风险评估机制和监控体系，严格防范污染转入、废物非法进口、有害外来物种入侵和遗传资源流失。

生态系统的保护和修复可以运用生态工程技术、微生物生态修复技术、植物生态修复技术、物理生态修复技术、化学生态修复技术。一般分为下列几个步骤：①首先要明确被恢复对象，并确定系统边界；②退化生态系统的诊断分析，包括分析退化主导因子、退化过程、退化类型、退化阶段与强度的诊断与辨识；③生态退化的综合评判，确定恢复目标；④退化生态系统恢复与重建的自然-经济-社会-技术可行性分析；⑤恢复与重建的生态规划与风险评价，建立优化模型，提出决策与具体的实施方案；⑥进行实地恢复与重建的优化模式试验与模拟研究，通过长期定位观测试验，获取在理论和实践中具有可操作性的恢复重建模式；⑦对一些成功的恢复与重建模式进行示范与推广，同时要加强后续的动态监测与评价。

思 考 题

（1）什么是食物链、食物网？
（2）生态系统的组成有哪些？每个部分的作用是什么？
（3）什么是生态因子？每种生态因子的作用是什么？
（4）生态修复技术主要有哪些？各有什么优缺点？
（5）城市河流属于何种生态系统？应如何加以保护？

第6章　环境污染及其防治技术

6.1　水污染防治

本节要求：了解目前水资源状况以及水体污染的概念，熟知主要污染物的种类、来源及危害，掌握水环境污染防治对策和典型污水处理方法的基本原理。

6.1.1　水污染概况

水污染是指水体因某种物质或能量的进入，导致其化学、物理、生物等方面特性的改变，从而影响水的有效利用，危害人体健康或者破坏生态环境，造成水质恶化的现象。

水污染的危害主要有以下几点：

（1）危害人体健康。水污染直接影响饮用水源的水质。当饮用水源受到污染时，若原有的自来水处理工艺不能保证饮用水的安全可靠，将会导致如腹水、腹泻、肠道线虫、肝炎、胃癌、肝癌等很多疾病的产生。与不洁的水接触也会染上如皮肤病、沙眼、血吸虫病、钩虫病等疾病。近来很多人谈到环境污染导致雌激素增加，影响人类的繁殖能力；还有人指出水污染会造成自然流产或先天残疾。总之，水污染危害人体健康是不容置疑的（图 6-1）。据世界银行调查资料，与其他收入水平相当的发展中国家相比，中国的安全饮用水供给水平及卫生设施水平是比较高的，因此与水污染有关的疾病的发病率相对较低。

图 6-1　饮用不健康的水易引发的各种疾病

（2）降低农作物的产量和质量。由于污水提供的水量和肥分，很多地区的农民，有采用污水灌溉农田的习惯。但惨痛的教训表明，含有有毒有害物质的废水或污水污染了农田土壤，造成作物枯萎死亡，使农民受到极大的损失。尽管不少地区也有获得作物丰收的现象，但在作物丰收背后，掩盖的是作物受到污染的危机。研究表明，在一些污水灌溉区生长的蔬菜或粮食作物中，可以检出微量有毒有害有机物，它们必将危及消费者健康。

（3）影响渔业生产的产量和质量。渔业生产的产量和质量与水质直接紧密相关。淡水渔场由于水污染而造成鱼类大面积死亡事故，已经不是个别案例，还有很多天然水体中的鱼类和水生物正濒临灭绝或已经灭绝。海水养殖业也受到了水污染的破坏和威胁。水污染除了造成鱼类死亡影响产量外，还会使鱼类和水生物发生变异。此外，在鱼类和水生物体内还发现了有害物质的积累，使它们的食用价值大大降低。

（4）制约工业的发展。由于很多工业（如食品、纺织、造纸、电镀等）需要利用水作为原料或洗涤产品或直接参加产品的加工过程，水质的恶化将直接影响产品的质量。工业冷却水的用量最大，水质恶化也会造成冷却水循环系统的堵塞、腐蚀和结垢问题，水硬度的增高还会影响锅炉的寿命和安全。

（5）加速生态环境的退化和破坏。水污染造成的水质恶化，对于生态环境的影响十分严峻。水污染除了对水体中天然鱼类和水生生物造成危害外，对水体周围生态环境的影响也是一个重要方面。污染物在水体中形成的沉积物，对水体的生态环境也有直接的影响。

（6）造成经济损失。水污染对人体健康、工农渔业生产以及生态环境的负面影响，都会表现出经济损失。例如，人体健康受到危害将降低劳动生产率，疾病多发需要支付更多医药费；对工农渔业产量质量的影响更是直接的经济损失；对生态环境的破坏意味着对污染治理和环境修复费用的需求将大幅度增加。

世界银行曾对中国大气污染和水污染所造成的损失做了估算，其结论是与大气污染和水污染对人体健康的影响相当的经济损失是每年 2422.8 亿美元，占我国国民年生产总值的3.5%，这个数字还没有包括水资源短缺和水环境污染对工农渔业所造成的直接经济损失。

6.1.2 水体污染源及其主要污染物

1. 水体污染源

人类活动所排放的各类污水是水体主要的污染源之一。由于这些污水、废水多由管道收集后集中排除，因此常被称为点污染源。大面积的农田地面径流或雨水径流也会对水体产生污染，由于其进入水体的方式是无组织的，通常被称为非点污染源或面污染源。

（1）点污染源

水体主要的点污染源有工业点源、城镇点源以及规模养殖点源。由于产生废水的过程不同，这些来源的污水、废水的成分和性质有很大的差别。

① 工业点源：主要指工业废水。工业废水产自工业生产过程，其水量和水质随生产过程而异。根据工业废水来源可以将其分为工艺废水、原料或成品洗涤水、场地冲洗水以及设备冷却水等；根据废水中主要污染物的性质，可分为有机废水、无机废水、兼有有机物和无机物的混合废水、重金属废水、放射性废水等；根据产生废水的行业性质，又可分为造纸废水、印染废水、焦化废水、农药废水、电镀废水等。

不同工业排放废水的性质差异很大，即使是同一种工业，由于原料工艺路线、设备条件、操作管理水平的差异，废水的数量和性质也会不同。一般来讲，工业废水有以下几个特点：废水中污染物浓度大，某些工业废水含有的悬浮固体或有机物浓度是生活污水的几十甚至几百倍；废水成分复杂且不易净化，如工业废水常呈酸性或碱性；废水中常含不同种类的有机物和无机物，有的还含重金属、氰化物、多氯联苯、放射性物质等有毒污染物；带有颜色或异味，如刺激性的气味，或呈现出令人生厌的外观，易产生泡沫，含有油类污染物等；废水水量和水质变化大，废水水量和水质常随工艺或时间不同有变化；某些工业废水的水温高，甚至高达 40℃以上。

② 城镇点源：主要指城镇生活污水，这些污水来自家庭、商业、学校、旅游服务业及其他城市公用设施，包括厕所冲洗水、厨房洗涤水、洗衣机排水、沐浴排水及其他排水等。

城镇生活污水中主要含有悬浮态或溶解态的有机物质（如纤维素、淀粉、糖类、脂肪、蛋白质等），还含有氮、硫、磷等无机盐类和各种微生物，可生化性好。一般生活污水中悬浮固体的含量在 100～200mg/L 之间，由于其中有机物种类繁多，性质各异，常以生化需氧量（BOD$_5$）或化学需氧量（COD）来表示有机物含量。一般生活污水的 BOD$_5$ 在 100～300mg/L 之间。

③ 规模养殖点源：主要针对规模化养殖排放的养殖废水，产生的废水量巨大，含有大量的氮、磷物质和有机污染物，易造成水体污染。

（2）面污染源

面污染源又称非点污染源，主要指农村灌溉水形成的径流，农村中无组织排放的废水、地表径流及分散养殖等产生的其他污水、废水。分散排放的小量污水，也可列入面污染源。

农村废水一般含有机物、病原体、悬浮物、化肥、农药等污染物；畜禽分散养殖业排放的废水，常含有很高浓度的有机物；由于过量施用化肥和农药，农田地面径流中含有大量的氮、磷等营养物质和有毒物质。大气中含有的污染物随降雨进入地表水体，也可认为是面污染源，如酸雨。此外，天然性的污染源，如水与土壤之间的物质交换，风刮起的泥沙、粉尘进入水体等，也是一种面污染源。

对面污染源的控制，要比对点污染源难得多。其污染量大、分散，氮、磷等营养负荷高，难以控制。例如，对于湖泊的富营养化，面污染源所做的贡献常会超过 50%。

2. 水体污染物

造成水体污染的污染源有多种，不同污染源排放的污水、废水具有不同的成分和性质，但其所含的污染物主要有以下几类：

（1）悬浮物

悬浮物主要指悬浮在水中的污染物质，包括无机的泥沙、炉渣、铁屑，以及有机的纸片、菜叶等。水力冲灰、洗煤、冶金、屠宰、化肥、化工、建筑等工业废水和生活污水中都含有悬浮状的污染物，排入水体后除了会使水体变得浑浊，影响水生植物的光合作用以外，还会吸附有机毒物、重金属、农药等，形成危害更大的复合污染物沉入水底，日久后形成淤泥，会妨碍水上交通或减少水库容量，增加挖泥负担。

（2）耗氧有机物

生活污水和某些工业废水中含有糖、蛋白质、氨基酸、酯类、纤维素等有机物质，这些物质以悬浮状态或溶解状态存在于水中，排入水体后能在微生物作用下分解为简单的无机物，在分解过程中消耗氧气，使水体中的溶解氧减少，微生物繁殖。当水中溶解氧降至 4mg/L 以下时，将严重影响鱼类和水生生物的生存；当溶解氧降至零时，水中厌氧微生物占据优势，造成水体变黑发臭，水体功能丧失。耗氧有机物的污染是当前我国最普遍的一种水污染。由于有机物成分复杂，种类繁多，一般用综合指标生化需氧量（BOD$_5$）、化学需氧量（COD）或总有机碳（TOC）等表示耗氧有机物的量。清洁水体中 BOD$_5$ 含量应低于 3mg/L，BOD$_5$ 超过 10mg/L 则表明水体已经受到严重污染。

（3）植物性营养物

植物性营养物主要指含有氮、磷等植物所需营养物的无机、有机化合物，如氨氮、硝酸盐、亚硝酸盐、磷酸盐和含氮磷的有机化合物。这些污染物排入水体，特别是流动较缓慢的湖泊、海湾，容易引起水中藻类及其他浮游生物大量繁殖，形成富营养化污染，会给自来水处理厂运行带来困难，造成饮用水异味以及产生藻毒素等问题，严重时还会使水中溶解氧下降，鱼类大量死亡，甚至会导致湖泊的干涸消亡。

（4）重金属

很多重金属不仅对生物有显著毒性，而且能被生物吸收后通过食物链浓缩千万倍，最终进入人体造成慢性中毒或严重疾病。例如，著名的日本水俣病就是由于甲基汞破坏了人的神经系统而引起的，骨痛病则是镉中毒造成骨骼中钙的减少的后果，这两种疾病最终都导致人的死亡。

（5）酸碱污染物

酸碱污染物主要来自矿山排水及许多工业废水，排入水体会使水体 pH 值发生变化，破坏水体自然缓冲作用。当水体 pH 值小于 6.5 或大于 8.5 时，水中微生物的生长会受到抑制，致使水体自净能力减弱，并影响渔业生产，严重时还会腐蚀船只、桥梁及其他水上建筑。用酸化或碱化的水浇灌农田，会破坏土壤的理化性质，影响农作物的生长。酸碱对水体的污染，还会使水的含盐量增加，提高水的硬度，对工业、农业、渔业和生活用水都会产生不良的影响。

（6）石油类

含有石油类产品的废水进入水体后会漂浮在水面并迅速扩散，形成一层油膜，阻止大气中的氧进入水中，妨碍水生植物的光合作用。石油在微生物作用下的降解也需要消耗氧，造成水体缺氧。同时，石油还会使鱼类呼吸困难直至死亡。食用在含有石油的水中生长的鱼类，还会危害人身健康。

（7）难降解有机物

难降解有机物是指那些难以被微生物降解的有机物，它们大多是人工合成的有机物质，例如有机氯化合物、有机芳香胺类化合物、多环有机物等。这些难降解有机物能在水中长期稳定地存留，并通过食物链富集最后进入人体。它们中的一部分化合物具有致癌、致畸和致突变的作用，对人类的健康构成了极大的威胁。

（8）放射性物质

放射性物质主要来自核工业和使用放射性物质的工业或民用部门。放射性物质能从水中或土壤中转移到生物、蔬菜或其他食物中，并发生浓缩和富集进入人体。放射性物质释放的射线会使人的健康受损，最常见的放射病就是血癌，即白血病。

（9）热污染

废水排放引起水体的温度升高，被称为热污染。热污染会影响水生生物的生存及水资源的利用价值。水温升高还会使水中溶解氧减少，同时加速微生物的代谢速率，使溶解氧的下降更快，最后导致水体的自净能力降低。热电厂、金属冶炼厂、石油化工厂等常排放高温的废水。

（10）病原体

生活污水、医院污水和屠宰、制革、洗毛、生物制品等工业废水，常含有病原体，会传播霍乱、伤寒、胃炎、肠炎、痢疾以及其他病毒传染的疾病和寄生虫病。

6.1.3　水环境标准

水环境基准是科学研究的结果，指污染物在一定时间内，按一定方式与受试对象接触，用最现代的检测方法和最灵敏的观测指标，都不能发现任何损害的最高剂量。水环境基准不考虑社会、政治、经济等因素，不具有法律效力。水环境标准是以水环境基准为基本科学依据，并考虑社会经济和技术条件，由国家或地方环境保护行政主管部门批准颁布的，具有法律效力。水环境基准是制定水环境标准的科学依据，水环境标准是水环境保护的法定标准。

为防止污（废）水任意向水体排放，各国政府除了颁布一系列的水环境法规外，还制定了水质污染控制标准，控制标准分为环境质量标准和排放标准两类。其中排放标准是对污染源排放污染物的允许水平所做的强制实行的具体规定；环境质量标准针对水环境系统，规定污染物在某一水环境中的允许浓度，以达到控制划定区域的水环境质量、间接控制污染源排放的目的。

环境质量标准和排放标准是水体污染控制的两个方面，环境质量标准是目标，排放标准可看作实现环境质量目标的控制手段。两类标准各有不同控制对象，但相互联系、互为因果。

我国已经颁布执行的水质标准有《地表水环境质量标准》（GB 3838-2002）；《海水水质标准》（GB 3097-1997）；《渔业水质标准》（GB 11607-89）；《农田灌溉水质标准》（GB 5084-2021）；《生活饮用水卫生标准》（GB 5749-2006）等。控制水体污染物排放的标准有《污水综合排放标准》（GB 8978-1996）；《城镇污水处理厂污染物排放标准》（GB 18918-2002）。各行业废水污染物排放标准有：《制浆造纸工业水污染物排放标准》（GB 3544-2008）；《钢铁工业水污染物排放标准》（GB 13456-2012）等。

（1）生活饮用水卫生标准（Sanitary Standard for Drinking Water）

生活饮用水卫生标准致力于向居民供应符合卫生要求的生活饮用水，是保障人群身体健康的基本限制和要求。目前世界上具有国际权威性、代表性的有三部：世界卫生组织（WHO）的《饮用水水质准则》、欧盟（EC）的《饮用水水质指令》和美国环保局（USEPA）的《国家饮用水水质标准》。

在我国，由国家标准委和卫生部门联合发布的经过修订的《生活饮用水卫生标准》（GB5749-2006）和 13 项生活饮用水卫生检验方法国家标准于 2007 年 7 月 1 日实施，属于强制性国家标准，指标由原标准的 35 项增至 106 项，并对原标准 35 项指标中的 8 项进行了修订。其中常规检验项目 42 项，非常规检验项目 64 项，全部指标于 2012 年 7 月 1 日实施。另外，13 项生活饮用水检验方法标准均属推荐性国家标准，包括总则、水样的采集和保存、水质分析质量控制、感官现状和物理指标、无机非金属指标、金属指标、有机物综合指标、有机物指标、农药指标、消毒副产物指标、消毒剂指标、微生物指标、放射性指标等，是《生活饮用水卫生标准》实施的重要保证。

（2）工业用水水质标准（Water Quality Requirement for Industrial Water）

工业种类繁多，对用水要求也不尽相同，但其共同点就是水质必须保证产品质量，保障生产正常运行。工业用水除饮用水外，主要有生产技术用水、锅炉用水、冷却水。各种工业用水往往由同行业自身做出规定。

如食品、酿造及饮料工业的原料用水，水质要求应当高于生活饮用水的要求；纺织、造纸工业用水，要求水质清澈，且对易于在产品上产生斑点从而影响印染质量或漂白度的杂质含量，加以严格限制。如铁和锰会使织物或纸张产生锈斑；水的硬度过高也会使织物或纸张产生钙斑；对锅炉补给水水质的基本要求则是，凡能导致锅炉、给水系统及其他热力设备腐蚀、结垢及引起汽水共腾现象的各种杂质，都应该大部或全部去除。锅炉压力和构造不同，水质要求也不同。在电子工业中，零件的清洗及药液的配制等，都需要纯水。特别是半导体器件及大规模集成电路的生产，几乎每道工序均需"高纯水"进行清洗。此外，许多工业部门在生产过程中都需要大量冷却水，用以冷凝蒸汽以及工业流体或为设备降温。

总之，工业用水的水质优劣，与工业生产的发展和产品质量的提高关系极大，各种工业用水对水质的要求由有关工业部门制定。

（3）农业用水与渔业用水水质标准（Water Quality Requirement for Agricultural Water and Fisheries Water）

农业用水约占地球用水的70%，主要是灌溉用水，要求在农田灌溉后，水中各种盐类被植物吸收后不会因食用而中毒或造成其他影响。渔业用水除保证鱼类的正常生存、繁殖外，还要防止因水中有毒有害物质通过食物链在鱼体内的积累、转化引起鱼类死亡或人类中毒现象发生。我国现行的相关标准有《渔业水质标准》（GB 11607-89）；《景观娱乐用水水质标准》（GB 12941-91）；《农田灌溉水质标准》（GB 5084-2021）。

（4）其他用水水质标准

优质饮水（如直饮水、罐装水等）：在生活饮用水水质标准的基础上有所提高，《饮用净水水质标准》（CJ94-2005）。城市杂用水水质标准：城市污水再生回用作为城市杂用水，《城市杂用水水质标准》（GB/T18920-2020）。游泳池用水：符合生活饮用水水质标准。

（5）水体污染物控制标准（Control Standard for Water Body Pollution）

水体污染物控制标准是为保护天然水体免受污染，为饮用水、工农业用水、渔业用水等提供优质合格水资源的重要控制措施。

我国修订实施的《地表水环境质量标准》和《污水综合排放标准》就是为保护水域水质、控制污染物排放、保证受纳水体水质符合用水要求而制定的具体措施和法规。

在《地表水环境质量标准》（GB 3838-2002）中依据地面水水域使用目的和保护目标将地面水环境划分为五类：

Ⅰ类　主要适用于源头水、国家自然保护区；

Ⅱ类　主要适用于集中式生活饮用水地表水源地一级保护区、珍稀水生生物栖息地、鱼虾类产卵场、仔稚幼鱼索饵场等；

Ⅲ类　主要适用于集中式生活饮用水地表水源地二级保护区、鱼虾类越冬场、洄游通道、水产养殖区等渔业水域及游泳区；

Ⅳ类　主要适用于一般工业用水及人体非直接接触的娱乐用水区；

Ⅴ类　主要适用于农业用水区及一般景观要求水域。

同一水域兼有多类功能的，执行最高功能类别对应的标准值。

同时，该标准中还规定了一些环境内分泌干扰物的具体指标。环境内分泌干扰物（也称作环境激素）是指环境中存在的干扰人类和动物内分泌系统导致异常效应的物质。其主要特点是，即使在浓度很低的情况下，也能对人或动物造成极其严重的危害，如有机卤化物、杀虫剂、邻苯二甲酸酯、金属化合物等，这类污染物的危害性受到的关注度与日俱增，对于这类污染物的生产和使用的限制也越来越严格。

《污水综合排放标准》（GB 8978-1996）中将排放的污染物按其性质及控制方式分为两类，两类污染物的最高允许排放浓度必须达到其标准要求。第一类污染物，指能在环境和生物体内蓄积，对人体健康产生长远不良影响的污染物，不分行业和污水排放方式，也不分受纳水体的功能类别，一律在车间或车间处理设施排放口采样。第二类污染物，长远影响小于第一类污染物，在排污单位排放口采样。

6.1.4 水污染控制的"三级控制"模式

1. 源头控制手段

利用法律、管理、经济、技术、宣传教育等手段，对生活污水、工业废水、农村面源和城市径流等进行综合控制，防止污染发生，削减污染排放。

法律手段：环境保护法、环境影响评价法、清洁生产促进法、水环境标准、循环经济促进法（草案）等。

管理手段：环境功能区划、环境管理制度、环境影响评价、居民进小区、企业进园区等。

经济手段：排污收费、罚款、资源税、绿色信贷。

宣教手段：绿色消费、健康消费、节约用水、6·5环境日。

技术手段：清洁生产、生态产业（园）、绿色化学、产品设计、末端治理。

（1）工业水污染防治对策

在我国总污水排放量中，工业污水排放量约占60%左右。工业水污染的防治是水污染防治的首要任务。国内外工业水污染防治的经验表明，工业水污染的防治必须采取综合性对策，从宏观性控制、技术性控制以及管理性控制3个方面着手，才能收到良好的整治效果。

① 宏观性控制对策：应把水污染防治和保护水环境作为重要的战略目标，优化产业结构与工业结构，合理进行工业布局。目前我国的工业生产正处在一个关键的发展阶段。应在产业规划和工业发展中，贯穿可持续发展的指导思想，调整产业结构，完成结构的优化，使之与环境保护相协调。工业结构的优化与调整应按照"物耗少、能源少、占地少、污染少、运量少、技术密集程度高及附加值高"的原则，限制发展那些能耗大、用水多、污染大的工业，以降低单位工业产品或产值的排水量及污染物排放负荷。积极发展第三产业，优化第一、第二与第三产业之间的结构比例，达到既促进经济发展，又降低污染负荷的目的。在人口、工业的布局上，也应充分考虑对环境的影响，从有利于水环境保护的角度进行综合规划。

② 技术性控制对策：主要包括推行清洁生产、节水减污、实行污染物排放总量控制、加强工业废水处理等。

③ 管理性控制对策：进一步完善废水排放标准和相关的水污染控制法规和条例，加大执法力度，严格限制废水的超标排放。健全环境监测网络，在不同层次，如车间、工厂总排出口和收纳水体进行水质监测，并增强事故排放的预测与预防能力。

（2）城市水污染防治对策

尽管当前全国城市环境基础设施水平进一步提高，城市生活污水集中处理率在50%以上，但仍有部分中小城市基础设施落后，城市污水的集中处理率低于全国平均水平。大量未经妥善处理的城市污水肆意排入江河湖海，造成严重的水污染。因此，加强城市污水的治理是十分重要的。

① 将水污染防治纳入城市的总体规划。各城市应结合城市总体规划与城市环境总体规划，将不断完善下水道系统作为加强城市基础设施建设的重要组成部分予以规划、建设和运行维护。对于旧城区已有的污水/雨水合流制系统应做适当改造，新城区建设在规

划时应考虑配套建设雨水/污水分流制下水道系统。应有计划、有步骤地建设城市污水处理厂。

② 城市污水的防治应遵循集中与分散相结合的原则。一般来讲，集中建设大型城市污水处理厂与分散建设小型污水处理厂相比，具有基建投资少、运行费用低、易于加强管理等优点。但在人口相对分散的地区，城市污水厂的服务面积大，废水收集与输送管道敷设费用增加，适当分散治理可以减少污水收集管道和污水厂建设的整体费用。此外，从污水资源化的需要来看，分散处理便于接近用水户，可节省大型管道的建设费用。因此，在进行城市污水处理厂的规划与建设时，应根据实际情况，遵循集中与分散相结合的原则，综合考虑确定其建设规模。

③ 在缺水地区应积极将城市水污染的防治与城市污水资源化相结合。随着世界城市化进程加快，许多城市严重缺水，特别是工业和人口过度集中的大城市和超大城市，情况更加严重。例如，美国洛杉矶市、得克萨斯州、亚利桑那州、内华达州的一些城市，墨西哥的墨西哥市，我国的大连、青岛、天津、北京、太原等城市普遍缺水。因此，在水资源短缺地区，在考虑城市水污染防治对策时应充分注意与城市污水资源化相结合，在消除水污染的同时，进行污水再生利用，以缓解城市水资源短缺的局面。这对于我国北方缺水城市有重要意义。例如北京市在城市污水防治规划中考虑了城市污水的回用需求，污水处理厂的位置是根据回用的需要决定的，这便于就地消纳净化出水，以缓解北京市水资源的紧张状况。

④ 加强城市地表和地下水源的保护。由于大量污水的排放，许多城市的饮用水源都受到了不同程度的污染。调查资料表明，我国约 17%的居民饮用水中有机污染物浓度偏高。淮河流域一些城镇的饮用水大部分不符合卫生标准。城市水污染的防治规划应将饮用水源的保护放在首位，以确保城市居民安全饮用水的供给。

⑤ 大力开发低耗高效污水处理与回用技术。城市污水传统的活性污泥法处理工艺虽然能有效地去除污水中的有机物，但具有基建费大、运行费较高等缺点，而且该工艺还不能有效地去除污水中的氮、磷等营养物质。因此，必须根据各地情况，因地制宜地开发各种高效低耗的污水处理与回用技术，例如，厌氧生物处理技术、天然净化系统等。尽可能地降低基建投资，节省运行费用，以更快地提高城市污水的处理率，有力地控制水污染。

（3）农村水污染防治对策

最常见的农村水污染是各类面污染源，如农田中使用的化肥、农药，会随雨水径流流入到地表水体或渗入地下水体；畜禽养殖粪尿及乡镇居民生活污水等，也往往以无组织的方式排入水体，其污染源面广而分散，污染负荷也很大，是水污染防治中不容忽视而且较难解决的问题。应采取的主要对策如下：

① 发展节水型农业。农业是我国的用水大户，其年用水量约占全国用水量的 80%。节约灌溉用水，发展节水型农业不仅可以减少农业用水量，减少水资源的使用，同时可以减少化肥和农药随排灌水流失，从而减少其对水环境的污染，此外还可节省肥料，因此具有十分重要的意义。农业节水可以采取的各种措施有：大力推行喷灌、滴灌等各种节水灌溉技术；制定合理的灌溉用水定额，实行科学灌水；减少输水损失，提高灌溉渠系利用系数，提高灌溉水利用率。

② 合理利用化肥和农药。化肥污染防治对策有：改善灌溉方式和施肥方式，减少肥料流失；加强土壤和化肥的化验与监测，科学定量施肥，调整化肥品种结构，采用高效、复合、缓效新化肥品种；增加有机复合肥的施用；大力推广生物肥料的使用；加强造林、植树、种草，增加地表覆盖，避免水土流失及肥料流入水体或渗入地下水；加强农田工程建设（如修建拦水沟埂以及各种农田节水保田工程等），防止土壤及肥料流失。

农药污染防治对策有：开发、推广和应用生物防治病虫害技术，减少有机农药的使用量；研究采用多效抗虫害农药，发展低毒、高效、低残留量新农药；完善农药的运输与使用方法，提高施药技术，合理施用农药；加强农药的安全施用与管理，完善相应的管理办法与条例。

③ 加强对畜禽排泄物、乡镇企业废水及村镇生活污水的有效处理。对畜禽养殖业的污染防治应采取以下措施：合理布局，控制发展规模；加强畜禽粪尿的综合利用，改进粪尿清除方式，制定畜禽养殖场的排放标准、技术规范及环保条例；建立示范工程，积累经验逐步推广。

对乡镇企业废水及村镇生活污水的防治应采取以下措施：对乡镇企业的建设统筹规划，合理布局，并大力推行清洁生产，实施废物最少量化；限期治理某些污染严重的乡镇企业（如造纸、电镀、印染等企业），对不能达到治理目标的工厂，要坚决关、停、并、转，以防止对环境的污染及危害；切合实际地对乡镇企业实施各项环境管理制度和政策；在乡镇企业集中的地区以及居民住宅集中的地区，逐步完善下水道系统，并兴建一些简易的污水处理设施，如地下渗滤场、稳定塘、人工湿地以及各种类型的土地处理系统。

2. 污水集中处理手段：集中式污水处理厂

水污染控制的集中处理手段是建设集中式污水处理厂，其主要任务是去除污水中含有的悬浮物和溶解性有机物。一般处理工艺流程如图6-2所示，根据污（废）水不同处理程度可将处理流程分为一级处理、二级处理、三级处理。

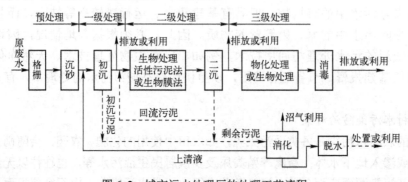

图6-2 城市污水处理厂的处理工艺流程

① 一级处理：去除污（废）水中漂浮物和部分悬浮状态的污染物，调节污（废）水的pH值，减轻后续处理的负担。采用的方法主要有调节、中和、过滤、截留、沉淀、气浮、预曝气等单元操作，处理后进入二级处理。

② 二级处理：去除污（废）水中大部分溶解性和胶体状有机污染物，使水质进一步改善。主要采用生物处理，如活性污泥法、生物膜法等。

③ 三级处理：进一步去除二级处理未能彻底去除的污染物，其中包括未能被微生物降

解的有机物，或磷、氮等营养物。主要采取的方法有生物处理、活性炭吸附、离子交换、电渗析、反渗透、臭氧氧化等。

3. 尾水的深度处理与安全处置

常采用的手段包括人工深度处理、调度处理、生态工程、节约资源、中水回用等，常采用的是污水生态工程，利用土壤-微生物-植物系统的自我调控机制和对污染物的综合净化功能，既达到对城市污水及部分工业废水的高级净化处理，又可利用其中的有用物质，实现污废水的资源化（图6-3、图6-4）。

图6-3　海口某河流利用水生植物处理污水的 生态恢复工程　　　　　　图6-4　钦州市某污水处理厂尾水生态深度 净化工程

污水生态工程具有如下特点：
① 运行费用低，主要依靠水、土、高等植物、细菌和阳光进行，无须动力和药剂；
② 效果好，达到或超过常规系统的处理程度；
③ 空间大、时间长。

6.1.5　废水处理的基本方法

废水中污染物多种多样。从污染物形态分有溶解性的、胶体状的和悬浮状的污染物；从化学性质分为有机污染物和无机污染物，其中有机污染物从生物降解的难易程度又可分为可生物降解的有机物和不可生物降解的有机物。废水处理即利用各种技术措施将各种形态的污染物从废水中分离出来，或将其分解、转化为无害和稳定的物质，从而使废水得以净化的过程。

根据所采用的技术措施的作用原理和去除对象，废水处理方法可分为物理处理法、化学处理法和生物处理法三大类。

1. 物理处理法

物理法是利用废水中污染物的物理性质（如比重、尺寸、表面张力等），将废水中主要呈悬浮态的物质分离出来。在处理过程中不改变污染物的化学性质，对回收的物质可加以利用，具有简单、易行、经济等优点。常用的物理处理法如下：

（1）筛滤

筛滤的目的是去除废水或源水中粗大的悬浮物和杂物，以保护后续处理设施能正常运行的一种预处理方法。筛滤的构件包括平行的棒、条、金属网、格网或穿孔板，由平行的棒和条构成的称为格栅，由金属丝织物或穿孔板构成的称为筛网，它们的去除物称为栅渣或筛余物。

格栅一般斜置在进水泵站集水井的进口处，它本身的水流阻力不大，阻力主要产生于筛余物堵塞栅条，一般当格栅的水头损失达到 10～15cm 时就该清洗。格栅在污水处理中用得最多（图 6-5）。筛网的孔的形状和大小与格栅不同，最常用的是使用金属丝编织成的方孔筛网，其作用是除去粒度更小的悬浮物，如纤维、藻类、纸浆等。

（2）均衡与调节

调节的目的主要是给处理设备创造良好的工作条件，使其处于最优的稳定运行状态，同时，还能减小设备容积，降低成本，包括单纯的水量调节池和水质调节池（均和池、匀质池）（图 6-6）。调节池的位置必须根据每个处理系统的情况而定，因为调节池的最佳位置随废水处理方法、废水的特性和集水系统不同而不同。一般是把调节池设置在初级处理（格栅、沉砂池）之后、其他处理之前，这样可以减少污泥和浮渣的问题。如果把调节池设在初级处理之前，就必须考虑设置足够的混合和搅拌设备以防止固体沉淀，同时应设置曝气设备以防止产生气味。

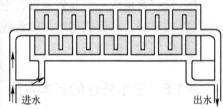

图6-5　某污水处理厂的粗格栅和细格栅　　　　图6-6　污水处理中的差流式水质调节池

（3）重力分离

沉淀与上浮都属于重力分离法。重力分离是依靠废水中悬浮物密度与水密度不同这一特点来分离废水中固体悬浮物的。当悬浮物的密度大于水的密度时，在重力作用下，悬浮物下沉形成沉淀物。当悬浮物的密度小于水的密度时，悬浮物将上浮到水面形成浮渣，通过收集沉淀物与浮渣，使废水得到净化的过程。因此重力分离法又分为沉淀法和上浮法。

沉淀可以去除水中的泥沙、化学沉降物、混凝处理所形成的絮凝体和生物处理的微生物絮凝体（污泥）。沉淀法是水处理最基本的方法之一，是水处理系统不可缺少的预处理或后续处理工序，应用非常广泛。例如废水预处理阶段用以去除废水中的砂粒等无机颗粒物的沉砂池；生物处理构筑物前的初次沉淀池，以及生物处理后的二次沉淀池等，甚至污泥处理阶段的污泥浓缩池，也是沉淀池的一种。按照水在池内的总体流向，沉淀池有平流式、竖流式和辐流式三种型式（图 6-7）。

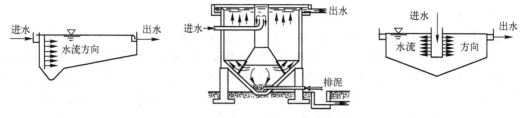

图 6-7 平流式、竖流式、辐流式沉淀池

（4）气浮

上浮是借助于水的浮力，使废水中相对密度小于 1 的固态或液态污染物浮出水面加以分离去除的处理技术。根据分散相物质的亲水性强弱和电荷密度大小，上浮法可分为：

自然浮上法：针对强疏水性物质，自发地浮升到水面，主要用于分离水中粒径大于50～60μm 的粗分散性浮油（隔油）。

气泡浮升法：针对乳化油或弱亲水性悬浮物，需要借助细微气泡浮升到水面（气浮）。

药剂浮选法：针对强亲水性物质，需要投加药剂，使其变成疏水性，再气浮去除（浮选）。

废水的气浮法处理是将空气以微小气泡形式通入水中，使微小气泡与在水中悬浮的颗粒黏附，形成水-气-颗粒三相混合体系，颗粒黏附上气泡后，密度小于水即上浮水面，从水中分离，形成浮渣层（图 6-8）。因此，气浮法主要用于自然沉淀难于去除的乳化油类、相对密度接近 1 的悬浮固体等，主要设备是气浮池。

从底部通入大量气泡

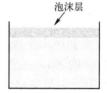
溶质吸附在气泡上并随之上升

图 6-8 气浮法的基本原理

（5）离心分离

高速旋转物体能产生离心力，依靠惯性离心力的作用而实现的沉降过程称为离心沉降，利用快速旋转所产生的离心力使含有悬浮固体（或乳状油）的废水进行高速旋转，由于悬浮固体和废水的质量不同，因而所受到的离心力也将不同，质量大的悬浮固体，被甩到废水的外侧，质量轻的做向心运动，集中于离心设备最里面（图 6-9）。

当离心分离设备中分离颗粒密度大于介质密度时，分离颗粒被沉降在离心设备的最外侧；而当颗粒密度小于介质密度时，分离颗粒被"浮上"在离心设备最里面。因此，离心设备包括离心沉降和离心浮上两种，适于分离两相密度差较小，颗粒粒度较细的非均相物系。

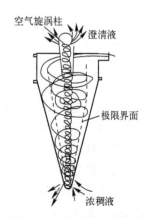

图 6-9 压力式水力旋流器

（6）过滤

过滤是指混合物中的流体在推动力（重力、压力、离心力）作用下，通过能让液体流过而截留固体颗粒的多孔介质（过滤介质），使悬浮液得到分离的单元操作（图6-10）。在水处理中，过滤一般是指以石英砂等粒状颗粒的滤层截留水中悬浮杂质，从而使水获得澄清的工艺过程。在给水处理中，过滤一般置于沉淀池或澄清池之后，是保证净化水质的一个不可缺少的关键环节，滤池的进水浊度一般在10NTU以下，经过滤后的出水浊度可以降到小于1NTU，满足饮用水要求。在废水处理中，过滤主要用于深度处理，二级生物出水可经混凝沉淀后再进行过滤，以进一步去除残存有机物、悬浮杂质等，出水可回用作市政杂用水和一般的工业冷却水；过滤还可以作为活性炭吸附、离子交换、膜分离等工艺的前处理。

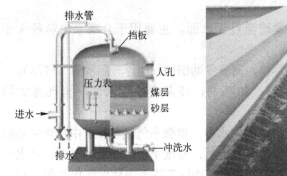

图6-10　压力滤池的结构简图和运行中的V型滤池

2. 化学处理法

化学处理法是利用化学反应的作用，净化污水中处于各种形态的污染物质（包括悬浮的、溶解的、胶体的等）。主要方法有混凝、中和、化学沉淀、电解、氧化还原、吸附、离子交换、膜分离等。各处理单元所使用的处理设备，除相应的池、罐、塔外，还有一些附属装置。化学处理法多用于处理工业废水。

（1）混凝

混凝法是通过向废水中投入一定量的混凝剂，使废水中难以自然沉淀的胶体状污染物和一部分细小悬浮物经脱稳、凝聚、架桥等反应过程，形成具有一定大小的絮凝体，在后续沉淀池中沉淀分离，从而使胶体状污染物得以与废水分离的方法。通过混凝，能够降低废水的浊度、色度，去除高分子物质、呈悬浮状或胶体状的有机污染物和某些重金属物质。

（2）中和

中和法是利用化学方法使酸性废水或碱性废水中和达到中性的方法。在中和处理中，应尽量遵循"以废治废"的原则，优先考虑废酸或废碱的使用，或酸性废水与碱性废水直接中和的可能性。其次才考虑采用药剂（中和剂）进行中和处理。

（3）化学沉淀

化学沉淀法是通过向废水中投入某种化学药剂，使之与废水中的某些溶解性污染物质发生反应，形成难溶盐沉淀下来，从而降低水中溶解性污染物浓度的方法。化学沉淀法一般用于含重金属工业废水的处理。根据使用的沉淀剂的不同和生成的难溶盐的种类，化学沉淀法可分为氢氧化物沉淀法、硫化物沉淀法和钡盐沉淀法。

（4）氧化还原

氧化还原法是利用溶解在废水中的有毒有害物质，在氧化还原反应中能被氧化或还原的性质，把它们转变为无毒无害物质的方法。废水处理使用的氧化剂有臭氧、氯气、次氯酸钠等，还原剂有铁、锌、亚硫酸氢钠等。

（5）吸附

吸附法是采用多孔性的固体吸附剂，利用固-液相界面上的物质传递，使废水中的污染物转移到固体吸附剂上，从而使之从废水中分离去除的方法。具有吸附能力的多孔固体物质称为吸附剂。根据吸附剂表面吸附力的不同，可分为物理吸附、化学吸附和离子交换性吸附。在废水处理中所发生的吸附过程往往是几种吸附作用的综合表现。废水中常用的吸附剂有活性炭、吸附树脂、木炭、硅藻土、沸石、黏土等（图6-11）。

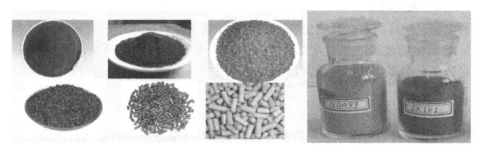

图6-11　水处理中常用的吸附剂（活性炭、吸附树脂）

（6）离子交换

离子交换是指在固体颗粒和液体的界面上发生的离子交换过程。利用固相离子交换剂功能基团所带的可交换离子，与接触交换剂的溶液中相同电性的离子进行交换反应，以达到离子置换、分离、去除、浓缩等目的。离子交换是一种特殊的吸附过程，也称可逆性化学吸附。离子交换水处理法即是利用离子交换剂对物质的选择性交换能力去除水和废水中的杂质和有害物质的方法。水处理中常用的离子交换剂有无机离子交换剂和有机离子交换剂（即离子交换树脂）两大类（图6-12）。

图6-12　水处理中常用的离子交换树脂

（7）膜分离

可使溶液中一种或几种成分不能透过，而其他成分能透过的膜，称为半透膜。膜分离是利用特殊的半透膜的选择性透过作用，将废水中的颗粒、分子或离子与水分离的方法，包括电渗析、扩散渗析、微过滤、超过滤、纳滤和反渗透。

3. 生物处理法

自然界中栖息的微生物具有氧化分解有机物并将其转化成稳定无机物的能力。废水的生物处理法就是利用微生物的这一功能，并采用一定的人工措施，营造有利于微生物生长、繁殖的环境，使微生物大量繁殖，以提高微生物氧化、分解有机物的能力，从而使废水中有机污染物得以净化的方法。

根据采用微生物的呼吸特性，生物处理法可分为好氧生物处理和厌氧生物处理两大类。根据微生物的生长状态，生物处理法又可分为悬浮生长型（如活性污泥法）和附着生长型（生物膜法）。好氧生物处理广泛用于处理城市污水，其中包括活性污泥法和生物膜法；厌氧生物处理多用于处理高浓度有机废水与污水处理过程中产生的污泥。

（1）好氧生物处理法

好氧生物处理是利用好氧微生物，在有氧环境下，将废水中的有机物分解成二氧化碳和水。好氧生物处理处理效率高，使用广泛，是废水生物处理中的主要方法。好氧生物处理的工艺很多，包括活性污泥法（图 6-13）、生物滤池、生物转盘、生物接触氧化等工艺。

（2）厌氧生物处理法

厌氧生物处理是利用兼性厌氧菌和专性厌氧菌在无氧条件下降解有机污染物的处理技术，最终产物为甲烷、二氧化碳等。

厌氧生物处理法多用于有机污泥、高浓度有机工业废水，如啤酒废水、屠宰厂废水等的处理，也可用于低浓度城市污水的处理。污泥厌氧处理构筑物多采用消化池，最近二十多年来，开发出了一系列新型高效的厌氧处理构筑物，如升流式厌氧污泥床（图 6-14）、厌氧流化床、厌氧滤池等。

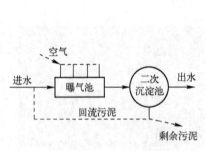

图 6-13 活性污泥法的基本流程

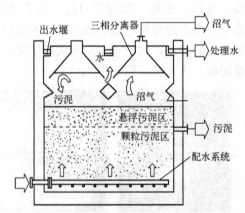

图 6-14 升流式厌氧污泥床（UASB）

（3）自然生物处理法

自然生物处理法即利用在自然条件下生长、繁殖的微生物处理废水的技术。主要特征是工艺简单，建设与运行费用都较低，但净化功能易受到自然条件的制约。主要的处理技术有稳定塘和土地处理法。

废水处理的基本方法见表 6-1。

表 6-1　废水处理的基本方法

分类	处理方法	处理对象	主要设备	适用范围
物理法	调节	均衡水质和水量	调节池	预处理
	截留	粗大悬浮物和漂浮物	格栅和筛网	预处理
	沉淀	悬浮物	沉淀池	预处理或深度处理
	离心	乳化物、固体物	离心机	预处理或中间处理
	气浮	乳化油、悬浮物	气浮池	预处理或中间处理
	过滤	细小的悬浮物、乳化物	过滤池	中间或深度处理
化学法	中和	酸、碱	反应池、沉淀池	预处理
	混凝	胶体、细小悬浮物	混凝池、沉淀池、浮选池	中间或深度处理
	化学沉淀	溶解性有害金属	反应池	中间或深度处理
	氧化还原/高级氧化	溶解性有害物质	反应池	中间或深度处理
	萃取	溶解性有机物	萃取塔	预处理或中间处理
	电解	可电解的物质	电解池	中间或深度处理
	吸附	溶解性物质	吸附塔	中间或深度处理
	离子交换	可离解物质	离子交换器	深度处理
	电渗析	可离解物质	电渗析器	深度处理
	反渗析	盐类	反渗析器	深度处理
	超滤	溶解性物质	超滤器	深度处理
生物法	好氧生物处理	胶体和溶解的有机物	活性污泥反应器、生物滤池	中间处理
	厌氧生物处理		厌氧消化池、厌氧滤池	中间处理
	土地处理及稳定塘	含氮、磷有机物	好氧塘、厌氧塘、地下渗滤	深度处理
	人工湿地		人工湿地	深度处理

6.2　大气污染防治技术

本节要求：了解目前我国的大气污染现状及有关的法律法规，熟悉我国目前大气污染的主要类型及其成因，掌握目前我国主要大气污染治理技术原理及适用范围。

大气污染是指人类活动或自然过程使某些物质介入大气，呈现出一定的浓度，达到一定的时间，并因此破坏生态系统和人类正常生存和发展条件，对人和生物造成危害的现象。

6.2.1　大气污染概况

1. 大气污染源

大气污染源可分为两类：天然源和人为源。天然源指自然界自行向大气环境排放物质的场所。人为源指人类的生产活动和生活活动所形成的污染源。目前，大气污染主要是由人类活动造成的。

大气污染的来源极为广泛，为了满足污染调查、环境评价、污染治理等不同方面研究的需要，对大气污染源的人为源进行了多种分类。

（1）按污染源存在形式分

固定污染源——排放污染物的装置所处位置固定，如发电厂、烟囱等。

移动污染源——排放污染物的装置所处位置是移动的，如汽车、轮船等。

（2）按污染物的排放形式分

点源——集中在一点或在可当作一点的小范围内排放污染物，如烟囱。

线源——沿着一条线排放污染物，如公路上的汽车流。

面源——在一个大范围内排放污染物。

（3）按污染物排放的空间分

高架源——在距地面一定高度上排放污染物，如烟囱。

地面源——在地面上排放污染物，如汽车、火车。

（4）按污染物排放的时间分

连续源——连续排放污染物，如火力发电厂的排烟。

间断源——间歇排放污染物，如工厂里间歇生产过程的排气。

瞬时源——无规律地短时间排放污染物，如工厂的事故排放。

（5）按污染物发生类型分

工业污染源——主要包括工业用燃料燃烧排放的废气及工业生产过程的排气等。

农业污染源——农用燃料燃烧的废气、某些有机氯农药对大气的污染、施用的氮肥分解产生的氮氧化物。

生活污染源——民用炉灶及取暖锅炉燃煤排放的污染物、焚烧城市垃圾的废气、城市垃圾在堆放过程中排出的二次污染物。

交通污染源——交通运输工具燃烧燃料排放的污染物。

2. 大气污染物

大气污染物是指由于人类活动或自然过程排入大气，并对人和环境产生有害影响的物质。大气污染物的种类很多，按其来源可分为一次污染物和二次污染物。一次污染物是指直接由污染源排放的原始污染物，其物理化学性质没有发生变化。而在大气中一次污染物之间或一次污染物与大气的正常成分之间发生化学作用生成的污染物，常称为二次污染物，它常比一次污染物对环境和人体的危害更为严重。目前，在地区性的大气污染中，影响较大的是粉尘（烟尘）、SO_x、NO_x、CO、总氧化剂（O_3）、C_xH_y 和重金属等，在全球性大气污染中影响较大的则是飘尘、CO_2、Pb 和 Hg 等重金属。作为二次污染物质，则主要是指光化学烟雾和硫酸烟雾。

大气污染物按其存在状态可分为两大类：气溶胶状态污染物（亦称颗粒物）和气体状态污染物（简称气态污染物）。

（1）气溶胶污染物

它是指由悬浮于气态介质中的固体或液体粒子所组成的空气分散系统。按其物理性质又分为粉尘、烟和雾。

① 粉尘：也称灰尘，尘埃，指悬浮于气体介质中的小固体粒子，能因重力作用发生沉降，但在一段时间内能保持悬浮状态。它通常是由于固体物质的破碎、研磨、分级、输送等机械过程，或土壤、岩石的风化等自然过程形成的。粒子的形状往往是不规则的。粒子的尺寸范围一般在 $1 \sim 200 \mu m$ 左右，而超微粉尘则小于 $1 \mu m$。属于粉尘类的大气污染物的种类很

多，如黏土粉尘、石英粉尘、煤粉、水泥粉尘、各种金属粉尘等。它是固态粒子的分散性气溶胶。

② 烟：它是固态粒子的凝聚性气溶胶，是由熔融物质挥发后生成的气态物质的冷凝物。在生成过程中总是伴有诸如氧化之类的化学反应。烟颗粒的粒子尺寸很小，一般为0.01～1μm 左右。烟的产生是一种较为普遍的现象，如有色金属冶炼过程中产生的氧化铅烟、氧化锌烟和在核燃料后处理厂中的氧化钙烟等。粉尘与烟的界限难于划分，常统称为烟尘。

③ 雾：它是液态粒子的凝聚性气溶胶，其粒径范围为 1～100μm。实际上，通常遇到的是既含有分散性粒子又含有凝聚性粒子的气溶胶。例如，在工业中心的空气中大都含有煤烟、粉尘、煤干馏产物和大气中的水蒸气所形成的集合体，这种气溶胶称为烟雾，如硫酸烟雾和光化学烟雾等。

上述的气溶胶污染物，当粒径大于 10μm 时，由于本身的重力作用，迅速沉降于地面，称为降尘。粒径小于 10μm 时，能在大气中长期飘浮，称为飘尘。由于飘尘粒径小，能被人直接吸入呼吸道内造成危害，加上其在大气中长期飘浮，易将污染物带到很远的地方，使污染范围扩大，同时在大气中还可为化学反应提供反应床，因此，飘尘是最引人注目的研究对象之一。

在我国的环境空气质量标准（GB3095-2012）中，还根据粉尘颗粒的大小，将其分为：总悬浮颗粒物（Total Suspended Particle, TSP），指环境空气中空气动力学当量直径小于等于100μm 的颗粒物；可吸入颗粒物（particulate matter, PM10），指环境空气中空气动力学当量直径小于等于10μm 的颗粒物；细颗粒物（particulate matter, PM2.5），指环境空气中空气动力学当量直径小于等于2.5μm 的颗粒物。

（2）气体状态污染物

目前受到人们关注的有害气体有：

① 硫氧化物：主要指二氧化硫（SO_2）和三氧化硫（SO_3），它们是目前大气污染物中数量较大、影响面较广的一种气态污染物，大都是由燃烧含硫的煤和石油等燃料时产生的。黑色冶炼、有色冶炼、硫酸化工厂等生产过程也排放大量的硫氧化物。在燃烧过程中，硫先被氧化产生 SO_2，其中约有 5%在空气中又被氧化成 SO_3。若烟尘中含有锰、铁等金属的氧化物时，SO_2 会更多地催化转化为 SO_3。它与大气中的水雾结合在一起，便形成二次污染物硫酸烟雾。后者的毒性比 SO_2 大 10 倍，对人体、生物、建筑物的危害更大。

② 氮氧化物：氮和氧的化合物有 N_2O、NO、NO_2、N_2O_3、N_2O_4 和 N_2O_5，用氮氧化物（NO_x）表示。其中，大气污染物主要指 NO 和 NO_2。NO 的毒性不大，但进入大气中能缓慢地氧化为 NO_2，其毒性为 NO 的 5 倍。当 NO_2 参与大气中的光化学反应，形成光化学烟雾后，其毒性更强。人类活动产生的氮氧化物主要来源于燃料的燃烧过程、机动车和柴油机的排气，其次是生产和使用硝酸（HNO_3）的工厂、氮肥厂、有机中间体厂及黑色和有色金属冶炼厂等排放的尾气中均含有氮氧化物。

③ 碳氧化物：二氧化碳（CO_2）和一氧化碳（CO）是各种大气污染物中发生量最大的一类污染物。我国居民采用的小炉灶，排放的 CO 含量很高，工业炉窑，如高炉、平炉、转炉、冲天炉等，也排放一定量的 CO；国外则主要来源于汽车尾气，其中含有 4%～8%的CO。当 CO 进入大气后，由于大气的扩散稀释作用和氧化作用，一般不造成危害。但在城市冬季采暖季节或在交通繁忙的十字路口，在不利的气象条件下，也可能危害人体健康。当

燃料在有足够氧的情况下燃烧时产生 CO_2，CO_2 是一种无色无味的气体。高浓度 CO_2 的积累可导致人的麻痹中毒，甚至死亡。CO_2 含量超过 6%时，将威胁人的生命安全。地球上 CO_2 浓度的增加，加剧了"温室效应"，使全球气温升高，生态系统和气候发生变化，目前各国政府已经开始进行控制。

④ 碳氢化合物：主要指烷烃、烯烃和芳烃，其中有挥发性烃及其衍生物，也有多环芳烃等。挥发性烃由含碳燃料不完全燃烧、石油裂解等过程产生，在光化学反应中产生的衍生物有丙醛、甲醛等。碳氢化合物的主要危害是在臭氧的存在下，与原子氧 O、O_2、NO 等能发生一系列复杂的光化学反应，生成诸如过氧乙酰硝酸酯（PAN）等氧化物以及甲醛、酮、丙烯醛等还原性物质。这些污染物能在太阳光的照射下产生浅蓝色烟雾，称为光化学烟雾，它的毒性比 NO_2 要强烈得多。

⑤ 卤素化合物：氟主要以 HF 的形式存在于空气中，有时也以 SiF_4 的形式存在。在潮湿的空气中，后者缓慢地转变为 HF。冶炼工业中的钢铁厂和电解铝过程、化学工业的磷肥和氟塑料生产等都排放氟。

⑥ 臭氧：大气中臭氧层对地球生物的保护作用广为人知，它可有效地阻挡紫外线对人体和农作物的伤害，但近地面的臭氧却因为它的强氧化性，对人类的呼吸系统、神经系统、皮肤和免疫系统造成损害，同时也危害生态环境，近年来作为环境污染物之一，被越来越多的学者所关注。近地面的臭氧大多是由大气层中氮氧化物和碳氢化合物在高温光照条件下催化作用产生的，属于典型的二次污染物。2012 年，我国修订实施的《环境空气质量标准》增加了臭氧控制指标，以每日臭氧浓度 8 小时滑动平均值的最大值进行臭氧污染的日评价，若 8 小时滑动平均值的最大值超过 $160\mu g/m^3$，空气质量就不达标。

3. 大气污染的危害

许多证据表明，大气污染影响人类和动物的健康、危害植被、腐蚀材料、影响气候、降低能见度。虽然其中有些影响是明确的并可以定量化，但大多数影响尚难以量化。

（1）对人体健康的危害

大气污染物对人体健康危害严重，如细颗粒物与硫的氧化物、一氧化碳、光化学氧化剂和铅等重金属均对人体健康产生不利影响。污染物对健康的影响随污染物强度、感染时间以及人体健康状况而异。

① 大气颗粒物：大气颗粒物对人体健康的影响一方面取决于沉积于呼吸道中的位置，这与颗粒的大小有关。粒径 $0.01\sim1.0\mu m$ 的细小粒子在肺泡的沉积率最高，粒径大于 $10\mu m$ 的颗粒吸入后绝大部分阻留在鼻腔和鼻咽喉部，只有很少部分进入气管和肺内。另一方面，大气颗粒物在沉积位置上对组织的影响，取决于颗粒物的化学组成。在颗粒物表面浓缩和富集有多种化学物质，其中多环芳烃类化合物等随呼吸吸入体内成为肺癌的致病因子；许多重金属（如铁、铍、铝、锰、铅、镉等）的化合物也可对人体健康造成危害。因此，人体长期暴露在飘尘浓度高的环境中，呼吸系统发病率增高，特别是慢性阻塞性呼吸道疾病，如气管炎、支气管炎、支气管哮喘、肺气肿等发病率显著增高，且又可促进这些患者的病情恶化，提早死亡。一些研究表明短期污染事故也会导致死亡率的显著增加。

② 二氧化硫：世界上许多城市发生过 SO_2 危害人体健康的事件，使很多人中毒或死亡。在我国的一些城镇大气中 SO_2 的危害普遍而又严重。SO_2 进入呼吸道后，因其易溶于水，故大部分被阻滞在上呼吸道，在潮湿的黏膜上生成具有刺激性的亚硫酸、硫酸和硫酸

盐，增强了刺激作用。上呼吸道对 SO_2 的这种阻滞作用，在一定程度上可以减轻 SO_2 对肺部的侵袭，但进入血液的 SO_2 仍可随血液循环抵达肺部产生刺激作用。进入血液循环的 SO_2 也会对全身产生不良反应，它能破坏酶的活力，影响碳水化合物及蛋白质的代谢，对肝脏有一定损害，在人和动物体内均使血中蛋白与球蛋白比例降低。动物实验证明，SO_2 慢性中毒后，机体的免疫机能受到明显抑制。大气中的 SO_2 与多种污染物共存，其危害有协同效应。特别是在 SO_2 与颗粒物气溶胶同时吸入时，对人体危害更严重。这是因为颗粒物上的 SO_2 被氧化成 SO_3，而 SO_3 与水蒸气形成极细（小于 $1\mu m$）的硫酸雾，对肺泡有更强的毒性作用，硫酸雾造成的生理反应比 SO_2 大 4～20 倍。不同浓度下 SO_2 对人体的影响见表 6-2。

③ 一氧化碳：CO 是所有大气污染物中散布最广的一种，其全球排放量可能超过所有其他主要大气污染物的总排放量。CO 是无色无嗅的有毒气体。CO 和血中血红蛋白的亲和力是氧的约 210 倍，它们结合后生成碳氧血红蛋白（HbCO），将严重阻碍血液输氧，引起缺氧，发生中毒。当人体暴露在 $600～700mL/m^3$ 的 CO 环境中，1 小时后会出现头痛、耳鸣和呕吐等症状；当人体暴露在 $1500mL/m^3$ 的 CO 环境中，1 小时便有生命危险。长期吸入低浓度 CO 可发生头痛、头晕、记忆力减退、注意力不集中、对声光等微小改变的识别力降低、心悸等现象。

④ 氮氧化物：构成大气污染物的氮氧化物主要是 NO 和 NO_2，其中 NO_2 毒性最大，其对人体的影响见表 6-3。NO_2 与 SO_2 和悬浮颗粒物共存时对人体影响有协同作用。吸附了 NO_2 的悬浮微粒最容易侵入肺部，沉积率很高，可导致呼吸道及肺部病变，出现气管炎、肺气肿及肺癌。

表 6-2　不同浓度下 SO_2 对人体的影响

SO_2（mg/m^3）	SO_2 对人体的影响
1.0	对于初接触者或习惯接触者均无反应
1.8	吸入 10min 无明显感觉，但呼吸次数有增加
3～5	能嗅到臭味
5.0	吸入 10min 对某些人有不适感
6.5～11.5	吸入 10～15min 鼻腔有刺激感
10	工业卫生最大允许浓度
10～15	吸入 1h，从咽喉纤毛排出黏液
20	有明显刺激感，刺激眼睛，引起咳嗽
25	咽喉纤毛运动有 60%～70%发生障碍
30～37	初接触者吸入 15min 后会打喷嚏和咳嗽
100	每日吸入 8h，有明显刺激症状，引起肺组织障碍
100～200	吸入 30min 就会出现打喷嚏和流泪的症状
400	呼吸困难

表 6-3　不同浓度下 NO_2 对人体的影响

NO_2（mg/m^3）	NO_2 对人体的影响
0.12	人会嗅到臭味。当与 SO_2 共存时，嗅阈值更低
1.6～2.0	15min 慢性支气管炎患者会出现呼吸阻力增大
5.0	暴露 2h 后出现呼吸道阻力增大和动脉血液中氧的分压降低
13.0	眼和鼻会再现刺激感及胸部不适感
25～75	1h 以内会引起支气管炎和肺炎
80	3～5min 胸部会出现绞痛感
300～500	数分钟后会引起支气管炎和肺水肿患者死亡

⑤ 光化学氧化剂：其对人体的影响类似氮氧化物，但比氮氧化物的影响更强。光氧化剂有臭氧和过氧乙酰基硝酸酯等多种物质，其中臭氧是主要的氧化剂之一。动物实验证实，臭氧可直接侵入呼吸道深处。与体积分数为 $1mg/m^3$ 的臭氧接触 1 小时能使肺细胞

蛋白质发生变化；接触 4 小时，在 24 小时后会出现肺水肿；接触时间更长，支气管炎和肺水肿更加恶化。当体积分数为 $0.25\sim0.5mg/m^3$ 时，接触 3 小时就会出现呼吸道阻力增大。在实验室对人曾做过短时臭氧接触实验，当臭氧体积分数为 $0.1mg/m^3$ 时接触 1 小时未见明显症状；当臭氧为 $0.5\sim1mg/m^3$ 时，接触 $1\sim2$ 小时引起呼吸道阻力增加，肺活量降低。当人在运动状态时与臭氧接触将产生更加恶劣的影响。在生产过程中长期与小于 $0.2mg/m^3$ 臭氧接触的工人不见有明显的影响。当臭氧为 $0.3mg/m^3$ 时，对鼻子和咽喉有刺激作用。当臭氧为 $50mg/m^3$ 时，每周工作 6 天，每天接触 3 小时，连续 12 周后，肺的换气机能将下降。

⑥ 铅：环境污染中铅主要来源于汽车中的四乙基铅防爆剂。目前大气的铅污染已遍及全球。铅是生物体酶的抑制剂，进入人体中的铅随血液分布到软组织和骨骼中。急性铅中毒较少见；慢性铅中毒可分为轻度、中度和重度。轻度铅中毒的症状有神经衰弱综合征、消化不良；中度中毒会出现腹绞痛、贫血及多发性神经病；重度中毒会出现肢体麻痹和中毒性脑病例。儿童铅中毒可推迟大脑发育或感染急性脑症。

（2）大气污染对植物的危害

大气污染对植物的危害可归纳为以下几个方面：损害植物酶的功能组织；影响植物新陈代谢的功能；破坏原生质的完整性和细胞膜。此外，还会损害根系生长及其功能；减弱输送作用与导致生物产量减少。

大气污染物对植物的危害程度决定于污染物剂量、污染物组成等因素。例如，环境中的 SO_2 能直接损害植物的叶子，阻碍植物生长；氟化物会使某些关键的酶催化作用受到影响；O_3 可对植物气孔和膜造成损害，导致气孔关闭，也可损害三磷酸腺苷的形成，降低光合作用对根部的营养物的供应，影响根系向植物上部输送水分和养料。

大气是多种气体的混合物，大气污染经常是多种污染物同时存在，对植物产生复合作用。在复合作用中，每种气体的浓度、各种污染物之间浓度的比率、污染物出现的顺序（即它们是同时出现还是间歇出现）都影响植物受害的程度。单独的 NO_x 似乎对植物不大可能构成直接危害，但它可与 O_3 及 SO_2 反应后，通过协同途径产生危害。

（3）大气污染对材料的危害

大气污染可使建筑物、桥梁、文物古迹和暴露在空气中的金属制品及皮革、纺织等物品发生性质的变化，造成直接和间接的经济损失。SO_2 与其他酸性气体可腐蚀金属、建筑石料及玻璃表面。SO_2 还可使纸张变脆、褪色，使胶卷表面出现污点、皮革脆裂并使纺织品抗张力降低。O_3 及 NO_x 会使染料与绘画褪色，从而对宝贵的艺术作品造成威胁。

（4）大气污染对大气环境的影响

长期以来人们一直把对能见度的影响作为城市大气污染严重性的定性指标。随着研究的深入，人们更多地认识到污染物的远距离迁移和由此引起的区域性危害，对能见度影响的关心已经远远超出城市地区，能见度成为一个区域性的重要指标。

大气污染还会导致降水规律的改变。水循环对于地球上人类的生存是至关重要的。大气污染影响凝聚作用与降水形成，有可能导致降水的增加或减少。大气污染对降水化学组成的影响表现在酸性化合物的输入，即出现酸雨。酸雨会导致土壤变化，继而引起水体的 pH 值变化和化学组成变化。

大气污染还会产生全球性的影响。这些影响包括大气中 CO_2 等温室气体浓度增加导致的全球变暖、人们大量生产氟氯烃化合物等导致的臭氧层破坏等。

4. 大气污染控制的综合措施

大气污染综合防治是指为了达到区域环境空气质量控制目标，对多种大气污染控制方案的技术可行性、经济合理性、区域适应性和实施可能性等进行最优化选择和评价，从而得出最优的控制技术方案和工程措施方案。大气污染综合防治的基本点是防与治的综合，这种综合立足于环境问题的区域性、系统性和整体性基础之上。大气污染作为环境污染的一个方面，也只有纳入区域环境综合防治之中，才能较好地解决大气污染问题。

大气污染控制综合防治措施主要包括两方面：全局性措施和工程技术措施。

（1）全局性措施

① 全面规划、合理布局：影响大气环境质量的因素很多，在建设前必须进行全面环境规划，采取区域性综合防治措施。它的主要任务一是解决区域的经济发展和环境保护之间的矛盾；二是对已造成环境污染和环境问题的项目，提出改善和控制污染的最优化方案。因此，做好城市和大工业区的环境规划设计工作，采取区域性综合防治措施，是控制环境污染（包括大气污染）的重要途径之一，须由各方面的专家组成专门的规划委员会，统一对城市和工业区进行全面规划、合理布局，既要考虑各企业间以及生活区和行政区之间的联系、配合和协调，又要考虑各企业间污染源对环境的复合影响等。

② 严格环境管理：完整的环境管理体制是由环境立法、环境监测和环境保护管理三部分组成的。环境立法是进行环境管理的依据，它以法律、法令、条例、规定、标准等形式构成一个完整的体系。环境监测是环境管理的重要手段，在主要环境领域内建立完善的监测网和提供及时、准确的监测数据，保障环境管理和监督有效进行。环境保护管理机构是实施环境管理的领导者和组织者。

③ 控制大气污染的技术措施：主要包括实施清洁生产；合理利用能源，改革能源结构，改进燃烧设备和燃烧条件，开发利用新能源和可再生资源，是节约能源和控制大气污染的重要途径；建立综合性工业基地；开展综合利用，使废气、废水、废渣资源化，减少污染物的排放总量。

④ 控制环境污染的经济政策：主要包括保证必要的环境保护设施的投资；从经济上对治理环境污染企业给予鼓励；对综合利用废物产品实行利润留成和减免税政策；贯彻"谁污染谁治理"的原则，并把排污收费的制度和行政、法律制裁措施具体化。

⑤ 绿化造林：植物具有美化环境、调节气候、截留粉尘、吸收大气中有害气体等功能。森林和绿地也因此被喻为天然的除尘器、消毒器、空调器、制氧厂，是个巨大的节能器。绿化造林能在大面积的范围内、长时间、连续地净化大气，尤其是在大气中污染物影响范围和浓度比较低的情况下，森林净化是行之有效的方法。在城市和工业区有计划、有选择地扩大绿地面积可以使大气污染综合防治具有长效性和多功能性，而且对美化环境，调节空气温度和小气候，保持水土，防风防沙也有显著作用。

（2）工程技术措施

① 高烟囱扩散稀释：此法主要是利用大气传输、扩散来稀释污染物，使大气污染物向更高、更广的范围扩散，减轻局部地区大气污染。因为即使采用最好的气体净化装置，其排气中也会含有少量有害物质，至少其中惰性气体含量高、不含氧气，所以不能直接排到地面

上。目前世界上很多国家主要采用高烟囱扩散的方法防止 SO_2 污染。但是利用高烟囱扩散的方法，只能减轻局部地区大气污染，而大气污染物的绝对量并没有减少，而且烟囱越高，造价越高（一般情况下，烟囱的造价与其高度的平方成正比）。所以在实际工作中，应根据各地区大气污染情况，确定合适的烟囱高度，同时控制污染物的总排放量。

② 局部技术控制：它是对污染源采取的工程治理技术，即在污染源处直接采取有效的净化措施来进行处理，控制污染物的浓度，或者回收利用。在采用了各种大气污染防治措施后，若污染物排放浓度（排放量）或地面浓度仍达不到大气环境标准时，则必须安装废气净化装置，对污染源进行治理。安装废气净化装置是控制大气环境质量的基础，也是实行环境规划等综合防治措施的前提。

6.2.2　大气质量控制标准

大气质量控制标准是环境保护法的重要组成部分，是执行环境保护法和大气污染防治法、实施大气环境质量科学管理及防治大气污染的依据和手段。

1. 大气质量控制标准的种类和作用

各国制定的大气质量控制标准虽然在形式上有所不同，但按其用途可分为以下四类。

（1）大气环境质量标准

大气环境质量标准（简称大气质量标准）以保障人体健康和一定的生态环境为目标，规定出大气环境中主要污染物的最高允许浓度，是进行环境空气质量管理、大气环境质量评价和制定大气污染防治规划及污染物排放标准的依据。

近十几年来，美国、瑞典、日本、德国等国家先后建立了各自的环境质量标准。美国首先颁布了大气质量标准，对常见的飘尘、二氧化硫、氮氧化物、碳氢化合物、一氧化碳等污染物分别制定出第一标准和第二标准。第一标准是为了保护公共卫生；第二标准是为保护公共福利，防止对土壤、水体、农作物、畜牧、商品、运输，以及对个人的财产、舒适和安宁产生不利影响而制定的。对第一标准要求在规定期限内达到；对第二标准未规定严格期限，只要求在一定时间内达到。

我国于 1956 年制定了《工业企业设计暂行卫生标准》，目的是为了做好建国后的工业基地的设计和建设。该标准属于专业性的环境质量标准。虽然多年来这个标准起着大气环境质量标准的作用，但它只规定出居住区、车间及操作点等局部区域的大气质量标准，用它来评价、管理或控制区域性的大气质量是不适宜的。因此，我国在 1982 年制定并于 1996 年第一次修订、2000 年第二次修订、2012 年第三次修订了第一个国家级的大气环境质量标准——《环境空气质量标准》（GB3095-2012），并在 2018 年进行了部分修改。

（2）大气污染物排放标准

大气污染物排放标准以实现环境空气质量为目标，限制污染物的排放，直接控制污染源排出的污染物浓度和排放量，以防止大气污染。制定大气污染物排放标准是控制大气污染物排放量和进行净化装置设计的依据。

（3）大气污染物控制技术标准

大气污染物控制技术标准是根据大气污染物排放标准引申出来的辅助标准。它根据大气污染物排放标准的要求，结合生产工艺特点，明确规定必须采取的污染控制措施。例如，燃料、原料的使用标准，净化装置选用标准，排气筒高度标准及卫生防护距离标准等。制定该标准有利于实施环境保护措施和检查造成大气污染的原因，同时它还可以作为技术设计标准，使生产、管理和设计人员容易掌握和执行。

（4）大气污染警报标准

大气污染警报标准是为保护大气环境质量不致恶化或根据大气污染发展趋势，预防污染事故发生而规定的大气中污染物含量的极限值。达到这一极限值时就发出警报，以便采取必要的措施。这类标准在防止污染事故、减少公众受损方面起到一定的作用。美国按单一污染物浓度或两种污染物联合浓度的高低，将标准分警告、紧急和危险三级。

2. 大气环境质量标准的制定

制定大气环境质量标准，首要的原则是要保证人体健康和维护生态系统不被破坏，其次是要考虑本国的技术和经济条件。根据这两个原则，选择出最佳方案，制定出大气环境质量标准。制定大气环境质量标准时，不仅要充分掌握大气环境中各种污染物对人体、动植物及建筑物等产生的影响和危害，而且还要知道各种污染物（特别是主要污染物）的毒性、剂量对环境承受者所产生的效应。通常人们将这些相关数据称作环境基准。环境基准随污染物对不同承受者所产生的效应可分为卫生基准和生物基准等。污染物剂量对人体产生的效应的相关数据可作为生物基准。卫生基准是依据科学实验和社会调查结果而建立的，是环境污染物剂量与保护对象（人、动植物和建筑物等）间效应的定量关系的科学总结。世界卫生组织（WHO）在总结各国资料的基础上，提供了一系列污染物的卫生标准。这是各国制定大气质量标准的重要依据。1963 年世界卫生组织将大气质量分为四级：

第一级：低于或处于所规定的浓度和接触时间内，观察不到直接或间接反应（包括反射性或保护性反应）。

第二级：在达到或高于所规定的浓度和接触时间内，对人的感觉器官有刺激，对植物有损害或对环境产生其他有害作用。

第三级：在达到或高于所规定的浓度和接触时间内，可以使人的生理功能发生障碍或衰退，引起慢性病和缩短寿命。

第四级：在达到或高于所规定的浓度和接触时间内，敏感的人发生急性中毒或死亡。

我国大气环境质量标准制定原则和方法与其他一些国家类似，初期多从保护人体健康考虑，相继制定出各类环境卫生标准，这类卫生标准是制定大气环境质量标准的重要依据。

我国的大气环境质量标准是依据《中华人民共和国环境保护法》及我国大气污染的状况和特性，并参照世界卫生组织 1963 年提出的判断大气质量的四级水平而制定的，1982 年颁布《中华人民共和国大气环境质量标准》（GB3095-82），并于 2012 年第三次修订为《环境空气质量标准》（GB3095-2012）。该标准规定了二氧化硫、二氧化氮、一氧化碳、臭氧、可吸入颗粒物、细颗粒物、总悬浮微粒物、氮氧化物、铅、苯并[a]芘（BaP）九种主要污染物的浓度限值，并将环境空气功能区分为二类：一类区为自然保护区、风景名胜区和其他需要特殊保护的地区；二类区为居民区、商业交通居民混合区、文化区、工业区和农村地区。一类区适用一级浓度限值，二类区适用二级浓度限值。一、二类环境空气功能区质量要求见表 6-4。

表 6-4　环境空气污染物项目浓度限值

序号	污染物项目	平均时间	浓度限值		单位
			一级	二级	
1	二氧化硫（SO_2）	年平均	20	60	$\mu g/m^3$
		24 小时平均	50	150	
		1 小时平均	150	500	
2	二氧化氮（NO_2）	年平均	40	40	
		24 小时平均	80	80	
		1 小时平均	200	200	
3	一氧化碳（CO）	24 小时平均	4	4	mg/m^3
		1 小时平均	10	10	
4	臭氧（O_3）	日最大 8 小时平均	100	160	
		1 小时平均	160	200	
5	颗粒物（粒径小于等于 10μm）	年平均	40	70	
		24 小时平均	50	150	
6	颗粒物（粒径小于等于 2.5μm）	年平均	15	35	
		24 小时平均	35	75	
7	总悬浮颗粒物（TSP）	年平均	80	200	$\mu g/m^3$
		24 小时平均	120	300	
8	氮氧化物（NO_x）	年平均	50	50	
		24 小时平均	100	100	
		1 小时平均	250	250	
9	铅（Pb）	年平均	0.5	0.5	
		季平均	1	1	
10	苯并[a]芘（BaP）	年平均	0.001	0.001	
		24 小时平均	0.0025	0.0025	

在制定大气质量标准时，要进行环境损益分析，合理地协调实现标准所需付出的代价和社会经济效益之间的关系。因此，应充分估计在一定时期内，国家科学技术水平的发展及经济条件的可能性，符合国情地制定出恰如其分的大气质量标准。总而言之，制定大气质量标准应遵循的原则是既要满足一定环境基本要求，又要适当地考虑到国家在一定时期内的技术水平和经济发展条件。只有综合分析多种因素，选择出最佳的方案，才能制定出可行的大气环境质量标准。

3. 大气污染物排放标准的制定

制定污染物排放标准应遵循的原则是：以大气质量标准和卫生标准为依据，综合考虑控制技术的可能性、经济合理性和区域差异性。制定大气污染物排放标准的方法主要有：

（1）按最佳实用技术制定排放标准

所谓最佳实用技术是指在现阶段对污染物的控制效果最好、经济又合理的技术。按最佳实用技术确定污染物排放标准，就是依据污染现状、最佳控制技术的效果和对现有控制很好的污染源进行的经济损益分析来确定排放标准。该排放标准便于实施、监督和管理。由于这类标准是对单个污染源进行控制，对单个污染源有可能达到排放标准，但不一定能达到区域性的环境空气质量标准，特别是在工业区污染源较多较集中的区域。有时也不能充分利用大气的自净能力，显得管理过严。按最佳实用技术确定排放标准的表现形式有浓度法、林格曼黑度图法和单位产品允许排放量标准等。

（2）按污染物扩散规律计算并制定排放标准

该方法以大气环境质量标准或以卫生标准为依据，应用污染物在大气中的扩散规律和计算模式推算出不同污染源容许的排放量或排放浓度，或者根据污染源的排放量推算出最低烟囱高度。这样确定的排放标准，由于计算模式中参数选择的误差较大，且计算模式的准确性受到各地区的气象条件、地理环境、污染源密集程度等影响，使得计算结果往往相差很大。我国 1973 年颁布的《工业"三废"排放试行标准》（GBJ4-73）中，暂定 13 类有害物质的排放标准，就是按此法制定的。经过 20 多年的试行和修改，于 1996 年制定的《大气污染物综合排放标准》（GB16297-1996）规定了 33 种大气污染物的判断限值，其标准体系为最高允许排放浓度、最高允许排放速率和无组织排放监控限值。

（3）按环境总量控制法制定排放标准

"总量控制标准"是指对整个地区排放的污染物总量加以限定的方法。它是根据地区环境的自净能力即环境容量，确定出该地区允许排放的总量的。环境管理部门再按一定的标准计算出各个污染源的容许排放量。总量控制法较为科学，但确定地区环境容量的工作十分复杂和困难。因此，在计算"总量"时，需对该地区内一切污染物的状况以及污染物在该地区与毗邻地区之间的交换情况全面考虑。根据地区环境容量值，利用大气扩散模式和污染控制数学模型，在不利的气象条件下，为满足各项环境标准，各污染源容许造成的地面最大浓度，以此来确定该地区的容许排放总量。

6.2.3　大气中污染物的扩散和输送

1. 影响大气污染物扩散的气象因素

一个地区大气污染的程度，不仅与该地区的污染源所排放的污染物的成分和数量密切相关，而且受气象因素的影响。同样的污染源和污染物，在不同气象条件下，大气污染的程度显著不同，因为大气污染物输送、扩散和稀释程度不同。影响大气污染扩散的气象因素有：

（1）风和湍流

风和湍流对污染物在大气中的输送、扩散、稀释起着决定性的作用。大气的运动包括了有规则的平直的水平运动和不规则的、紊乱的湍流运动。气象上把水平方向的空气运动称为风，垂直方向的空气运动则称为升降气流。

大气湍流是大气短时间的、不同尺度的无规则运动。处于湍流中的污染物，被不同大小的湍涡携带而逐渐扩散。尺度小于污染物烟团的小湍涡不能改变烟团的整体位置，尺度大于污染物烟团的大湍涡能够移动整个污染物烟团。尺度大小与污染物烟团相当的湍涡最有利于污染物扩散，它能把污染物烟团拉开、撕裂，使之变形，加速污染物烟团的扩散过程。大气中的湍流运动使各部分气体得到充分的混合，所以进入大气的污染物，因湍流混合作用而逐渐分散稀释，我们称这一过程为大气扩散。大气湍流强弱与下垫面状况密切相关：下垫面粗糙起伏不平，湍流较强；下垫面光滑平坦，湍流较弱。

（2）温度层结

温度层结是指垂直方向的温度梯度，它对大气湍流的强弱有很大的影响。稳定层结会造成湍流抑制，扩散不畅；而在无稳定层结时，由于热力湍流得到加强，扩散强烈，因而气温的垂直分布（温度层结）与大气污染有十分密切的联系。

气温随高度的变化通常以气温垂直递减率（r）来表示，指在垂直方向上升高 100m 气温的变化值。在标准大气情况下，对流层的下层 r 为 0.3～0.4℃/100m，中层 r 为 0.5～0.6℃/100m，上层 r 为 0.65～0.75℃/100m，整个对流层中的气温垂直递减率平均为 0.6℃/100m。实际上，在贴近地面的低层大气中，气温垂直变化远比上述情况复杂得多。气温垂直分布有以下三种情况：

气温随高度增加而递减（$r>0$），这种情况一般出现在风速不大的晴朗白天，地面受太阳照射，贴近地面的空气增温混合较弱。

气温基本不随高度变化（$r=0$），这种情况一般出现在阴天，风速比较大的情况下，这时下层空气混合较好，气温分布较均匀。

气温随高度增加而递增（$r<0$），这种情况出现在风速比较小的晴朗夜间，即出现逆温。

实际上气温的垂直分布除上面所讲的三种基本情况外，还存在着介于这几种情况之间的过渡状况，它们不仅受太阳辐射变化的影响，还受天气形势、地形条件等因素的影响。

（3）逆温

通常情况下，大气的温度随高度的上升而降低，但在某些情况下，大气的温度随着高度升高反而增加，即气温产生逆转，这种情况称作逆温（图 6-15）。

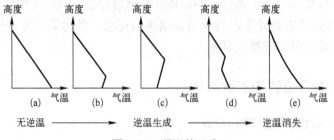

图 6-15　逆温的形成

逆温是发生大气污染的重要气象因素。逆温层的气温垂直分布是下面为冷空气，上面为热空气，很难使大气发生上下扰动，不利于排入大气的污染物冲破逆温层的束缚向上扩散，只能在逆温层的下面依靠有限的一层空间中的水平运动（风），使污染物扩散；但是，在强逆温存在时，往往又伴随着静风或小风天气状态，所以污染物极不容易扩散稀释。随着逆温层厚度的增加、强度的增大、维持时间的延长，逆温层的这种作用也就越大。根据逆温形成的原因，可以把逆温分成辐射逆温、地形逆温、下沉逆温、湍流逆温、锋面逆温和平流逆温六类。

要了解某地区上空大气的温度层结或是否存在逆温层，可以通过气象观测，了解大气在各个高度上的温度状况，从而知道有无逆温层存在、逆温层的高度和厚度。目前常用的气象探测工具有系留气球、铁塔观测、红外线、激光、微波、声雷达、多普勒雷达等。此外，在实践应用上，通常还有一个简易方法，就是利用烟囱排出的污染物扩散的烟流形状来判断温度层结。

2. 影响大气污染物扩散的地理因素

地形和地物状况的不同，即下垫面情况的不同，会影响当地的气象条件，形成局部地区的热力环流，从而影响大气污染扩散，其影响分为动力效应和热力效应。动力效应主要是地形和地物的粗糙度不同，改变了机械湍流、局地流场和气流运动，影响了污染物扩散。热力效应是由于下垫面的性质不同，使得地面受热和散热不均匀，引起温度场和风场的变化，从而影响污染物的扩散的。下面介绍三种由于地形和地物状况影响而产生的气流运动。

（1）山谷风

山谷风是山风和谷风的总称。它发生在山区，是以 24 小时为周期的局地环流。山谷风主要是山坡和谷底受热不均形成的，风向有明显的昼夜变化：白天太阳先照射到山坡，所以山坡上的空气受热增温快，密度小；而与山坡同高度的自由大气增温较慢，密度大，风从谷口吹向山上，称为谷风。夜间，山坡空气辐射冷却比同高度的自由大气快，空气密度增大，冷空气就由山坡向下滑，流向山口，称为山风。这种昼夜循环交替的风叫山谷风（图 6-16）。山风和谷风的方向是相反的，但比较稳定。在山风与谷风的转换期，风向是不稳定的，山风和谷风均有机会出现，时而山风，时而谷风。这时若有大量污染物排入山谷中，由于风向的摆动，污染物不易扩散，在山谷中停留时间很长，特别是夜晚，山风风速小，并伴随有逆温出现，大气稳定，污染物停滞少动，最不利于颗粒物和有害气体的扩散，造成严重的大气污染。

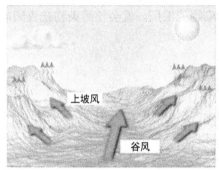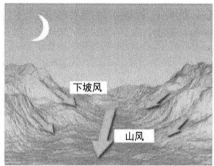

图 6-16　山谷风的形成

（2）海陆风

海陆风是海风和陆风的总称。它发生在海陆交界地带，是以 24 小时为周期的一种局地环流。它是由海洋和陆地之间的热力差异引起的，风向也有明显的昼夜变化：白天，由于太阳辐射，地表受热，陆地比海面增温快，陆地气温高于海面气温，热空气上升，使高空的气压增高，因此在海陆大气之间产生了温度差、气压差，使低空大气由海洋流向陆地，称为海风；夜晚，由于有效辐射发生了变化，陆地散热冷却比海面快，空气冷却，密度变大，空气下沉，上层气压减低，而此时海面上的气温较高，空气上升，上空气压增高，形成热力环流，上层风向岸上吹，而在地面就由陆地吹向海洋，称为陆风（图 6-17）。海陆风的环状气流不能把污染源排出的污染物完全扩散出去，而使一部分污染物在大气中循环往复，对大气污染扩散极其不利。

由上述可知，在海边建工厂时，必须考虑海陆风的影响，因为有可能出现在夜间随陆风吹到海面上的污染物，在白天又随海风吹回来，或者进入海陆风局地环流中，使污染物不能充分地扩散稀释而造成严重的污染。

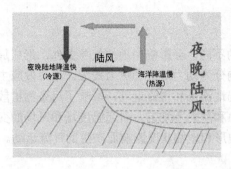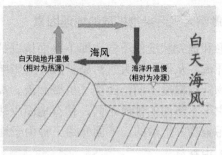

图 6-17　海陆风的形成

（3）城市热岛效应

气温除随高度变化外，还有水平差异。城市热岛效应就是气温的水平差异产生的局地环流。产生城乡温度差异的主要原因是：①城市人口密集、工业集中，使得能耗水平高；②城市的覆盖物（如建筑、水泥路面等）热容量大，白天吸收太阳辐射热，夜间放热缓慢，使低层空气冷却变缓；③城市上空笼罩着一层烟雾和二氧化碳，使地面有效辐射减弱。因此，城市净热量收入比周围乡村多，城市气温比周围郊区和乡村高。人们把这个气温较高的市中心区叫"城市热岛"。这种局地环流的气流从城市热岛上升而在周围乡村下沉，风从城市四周吹向城市中心，这种风称为"城市风"（图 6-18），它能把郊区污染源排出的大量污染物输送到市中心。因此，若城市周围有较多产生污染物的工厂，就会使污染物在夜间向市中心输送，造成严重的污染。

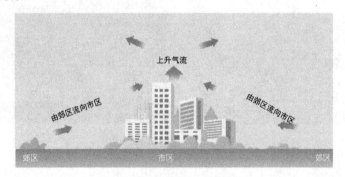

图 6-18　城市风的形成

6.2.4　颗粒污染物的防治技术

大气中颗粒污染物与燃料燃烧关系密切，由燃料或其他物质燃烧或以电能加热等过程产生的烟尘都以固态或固液共存的形式存在于气体中。减少这些工业生产排出的颗粒状污染物的排放方法有两大类：一是改变燃料的构成，以减少颗粒物的生成；二是在固体颗粒物排放到大气之前，采用控制设备防尘，以降低对大气的污染。根据除尘设备的工作原理，除尘方式大致可分为机械式除尘、湿式洗涤除尘、过滤式除尘和静电除尘等。

1. 机械式除尘

机械式除尘是利用重力、惯性、离心力等机械力将颗粒物从气流中分离出来，达到净化的目的。根据三种作用力的不同，机械式除尘器分为重力沉降室、惯性除尘器和旋风除尘器。

（1）重力沉降室

它是通过重力作用使粉尘从气流中沉降分离的除尘装置。含尘气流进入重力沉降室后，由于扩大了流动横断面积而使气体流速大大降低，使较重的颗粒得以缓慢降落到灰斗中（图 6-19）。重力沉降室可有效地捕集 50μm 以上的粒子，除尘效率约 40%～60%。它具有结构简单、投资低、维护管理容易及压力损失小等优点；但有占地面积大、除尘效率低（只对 40μm 以上的粉尘具有较好的捕集作用）的缺点，故一般只能作为预除尘装置。

图 6-19　重力沉降室

（2）惯性除尘器

为了改善沉降室的除尘效果，可在沉降室内设置各种形式的挡板，使含尘气流冲击在挡板上，气流方向发生急剧改变，借助粉尘本身的惯性力作用（气流中的粉尘惯性较大，不能随气流急剧转变）使其从气流中分离出来（图 6-20）。一般情况下，惯性除尘器中的气流速度越高，气流方向转变角度越大，气流转换方向次数越多，粉尘的净化效率就越高，但压力损失也越大。惯性除尘器主要用于净化密度和粒径较大的金属或矿物性粉尘。该方法设备结构简单，阻力较小，但分离效率较低，约为 50%～70%，只能捕集 10～20μm 的粉尘。

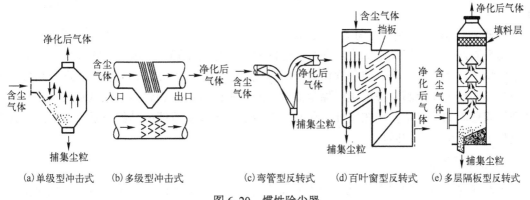

(a)单级型冲击式　(b)多级型冲击式　(c)弯管型反转式　(d)百叶窗型反转式　(e)多层隔板型反转式

图 6-20　惯性除尘器

（3）旋风防尘器

也称离心式除尘器，它使含尘气流沿某一方向做连续的旋转运动，让粒子在随气流旋转中获得离心力，从而将粉尘从气流中分离出来。离心力除尘器是三种机械式除尘器中效率最高的一种，也是应用最为广泛的一种。它具有历史悠久、结构简单、应用广泛、种类繁多等特点。

普通旋风除尘器由进气管、简体、锥体和排气管等部件组成，如图 6-21 所示。含尘气流进入除尘器后，沿外壁由上向下做旋转运动，同时有少量气体沿径向运动到中心区域；当旋转气流的大部分到达锥体底部后，转而向上沿轴心旋转；最后经排出管排出。通常将旋转向下的外围气流称为外涡旋，而旋转向上的中心气流称为内涡旋，两者的旋转方

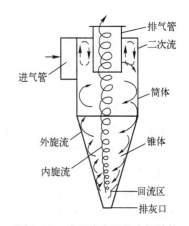

图 6-21　旋风除尘器的内部结构及内部气流

向是相同的。气流做旋转运动时，粉尘在离心力作用下逐步移向外壁，到达外壁的粉尘在气流和重力共同作用下沿壁面落入灰斗。

除尘效率与气流旋转速度、颗粒浓度及粒径分布有关。旋风除尘器适用于去除非黏性、非纤维性粉尘及温度在 400℃ 以下的非腐蚀性气体，对大于 $5\mu m$ 以上的颗粒具有较高的去除效率。这类除尘设备构造简单、投资少、动力消耗低、占地面积小、制造安装和维护修理容易，多用来进行锅炉烟气除尘、多级除尘及预除尘，现已广泛应用于各工业部门。旋风除尘器用于高温气体除尘时，需要采取预先冷却措施，或在内壁衬隔热材料；如果用于净化腐蚀性气体，则应采用防腐塑料，或在内壁喷涂防腐材料。

2. 湿式洗涤除尘

湿式除尘器是使含尘气体与水等液体密切接触，利用形成的液膜、液滴与粉尘发生惯性碰撞、黏附、扩散漂移与热漂移、凝聚等作用，从废气中捕集尘粒或使粒径增大，兼备吸收气态污染物作用的装置。

湿式除尘器种类很多，主要有重力喷雾洗涤器、旋风式洗涤分离器、自激喷雾洗涤器、板式洗涤器、填料洗涤器和文丘里洗涤器（图 6-22）等，可以根据不同的防尘要求选择不同类型的除尘器。

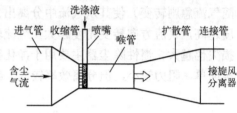

图 6-22　文丘里洗涤器

湿式除尘器可以有效地将直径为 $0.1\sim20\mu m$ 的液态或固态粒子从气流中除去，同时，也能脱除气态污染物。它具有结构简单、造价低、占地面积小、操作及维修方便和净化效率高等优点，能够处理高温、高湿、易燃、易爆的废气及黏性的粉尘和液滴。采用湿式除尘器时，要特别注意设备和管道腐蚀以及污水和污泥的处理等问题。如果设备安装在室外，还必须考虑在冬天设备可能冻结的问题。另外，湿式除尘过程不利于副产品的回收。

3. 过滤式除尘

过滤式除尘器是利用多孔过滤介质分离捕集气体中固体或液体粒子的装置，按滤尘方式有内部过滤与外部过滤之分。近来随着清灰技术和新型材料的发展，过滤式除尘器在冶金、水泥、陶瓷、化工、食品、机械制造等工业和燃煤锅炉烟气净化中得到广泛应用。

内部过滤是把松散多孔的滤料填充在框架内作为过滤层，粉尘在滤层内部被捕集，颗粒层过滤器就属于这一类过滤。这种除尘器的最大特点是耐高温（可达 400℃）、耐腐蚀、滤材可以长期使用，除尘效率比较高，适用于冲天炉和一般工业炉窑。

外部过滤用纤维织物、滤纸等作为滤料，通过滤料的表面捕集粉尘。这种除尘方式的最典型的装置是袋式除尘器，它是过滤式除尘器中应用最广泛的一种（图 6-23）。袋式除尘器的除尘机制是粉尘通过滤布时，因产生筛滤、碰撞、拦截、扩散、静电和重力沉降等作用而被捕集。它的性能不受粉尘浓度、粒度和空气量变化的影响，但不适于处理含油、含水及烧结性粉尘，也不适于处理高温含尘气体。一般情况下，被处理气体温度应低于 100℃，处理高温烟气时需预先

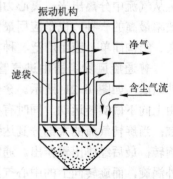

图 6-23　机械振动袋式除尘器

对烟气冷却降温。

4. 静电除尘

静电除尘是利用高压电场产生的静电力的作用实现固体粒子或液体粒子与气流分离的方法，具有独特的性能与特点。静电除尘器有许多不同的型式，如板式电除尘器（图 6-24）和管式电除尘器，其最基本的组成部分都是一对电极（高电位的放电电极和接地的集尘电极）。静电除尘器几乎可以捕集一切细微粉尘及雾状液滴，其捕集粒径范围为 0.01～100μm。当粉尘粒径大于 0.1μm 时，除尘效率可高达 99% 以上。由于电除尘器是利用静电力捕集粉尘的，风机仅仅担负运送烟气的任务，所以风机的动力损耗很小。尽管本身需要很高的运行电压，但是通过的电流却非常小，所消耗的电功率亦很小，净化 1000m³ 烟气大约耗电 0.1～3kW。静电除尘器适用范围广，从低温、低压至高温、高压，尤其能耐高温，最高可达 500℃。静电除尘器的主要缺点是设备庞大、造价偏高、钢材消耗量较大，除尘效率受粉尘比电阻的影响很大，不易实现对高比电阻粉尘的捕集，需要高压变电及整流设备。目前，静电除尘器广泛应用于冶金、化工、水泥、建材、火力发电、纺织等工业部门。

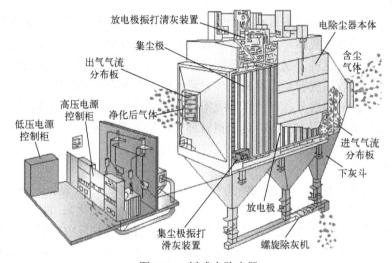

图 6-24　板式电除尘器

6.2.5　气态污染物的防治技术

工农业生产、交通运输和人类生活中所排放的有害气态物质种类繁多。依据这些物质不同的化学性质和物理性质，需采用不同的技术方法进行治理。下面就主要气态污染物的治理做简单介绍。

1. 气态污染物的一般净化方法

（1）燃烧法

利用有机物质可以氧化燃烧的特性，通过氧化作用把废气或废液中的有机化合物有效地转化为 CO_2 和 H_2O。这种方法不仅能将废气中的有机成分转化成可向大气环境排放或容易回收的组分，而且先进的焚烧系统还可以回收燃烧产物和燃烧产生的热量。燃烧法可分为直接燃烧和催化燃烧两种：直接燃烧指将可燃物与空气或氧气直接混合燃烧，催化燃烧指利用催化剂使废气中的可燃物在较低的温度下氧化分解。选择焚烧法时必须考虑以下几种因素：废气的温度、体积、化学组成、热含量和最高允许排放浓度。工业废气燃烧时存在着可燃物与空气混合物，以及高温、明火等危险因素。

（2）吸收法

吸收法是利用某些液体来吸收废气中的有害物质，将其中的一种或几种气态污染物除去。吸收法是控制气态污染物的重要技术措施之一。为增大气体组分的吸收率和吸收速度，人们多采用化学吸收。吸收过程在吸收塔内进行，吸收设备有喷淋塔、填料塔、泡沫塔、文丘里洗涤器等。工业生产中排出的硫氧化物、氮氧化物、氨、硫化氢、氯化氢和氰化氢等都可采用吸收法。特别是当需要处理的气体量较大时，吸收法更具有优越性。

（3）吸附法

利用多孔固体吸附剂吸附气体混合物中一种或数种组分，使其吸附在吸附剂表面上，达到去除有害物质的目的。吸附法常用于回收有机溶剂或处理低浓度、大流量的气体。常用的吸附剂主要有活性炭、分子筛、活性氧化铅、沸石、硅胶等。

（4）冷凝法

利用不同物质在不同温度下具有不同饱和蒸汽压的特性，通过对气体的冷凝，使处于蒸汽状态的有害物质冷凝成液体，从废气中分离出来，从而使废气净化。冷凝法也是常用的工业废气净化方法之一。这种方法所需设备简单，易于管理，回收的物质较为纯净，但其净化效率较低，多用于回收浓度较高的有机气体。若回收某些可利用的纯物质，需要预先去除影响操作、腐蚀设备的有害组分，以及作为吸附、燃烧等净化方法的预处理，以减轻负荷。对于蒸汽压较低的污染物可用水冷凝；对于稍有挥发性的溶剂，可采用二级冷凝：第一级用水冷，第二级进行冷冻。冷凝法不适用于污染物浓度较低的气体。

（5）催化转化法

利用催化剂的催化作用，使废气中的有害组分发生化学反应（氧化、还原、分解），并转化为无害物或易于去除物质。其机理主要包括催化燃烧（氧化）、催化还原、催化分解等。筛选适宜的催化剂是该方法的关键。催化剂性能主要表现在反应的活性和选择性以及使用寿命等方面。气体催化转化过程是正催化过程，催化剂一般采用铂、钨等金属。催化转化法的效率较高，在治理过程中不用将污染物与气流分离，可直接将主流气中的有害物净化，不造成二次污染；但该法也存在贵金属催化剂价格昂贵，操作要求高，废气中污染物难于回收利用等缺点。

2. 二氧化硫（SO_2）治理技术

SO_2 污染的控制是人们关心的大气污染问题之一。大气中的 SO_2 主要来源于燃烧过程及一些工业生产排放的废气。目前，在我国燃料燃烧排放的 SO_2 占 SO_2 总排放量的 90%，是控制 SO_2 污染的主要对象。通常可采用三种方法减少 SO_2 排放：燃烧前进行燃料脱硫，燃烧过程中固硫，燃烧后烟气脱硫。

（1）燃料脱硫

煤中含有的硫主要有无机硫和有机硫。前者主要是硫铁矿，后者以噻吩、硫醚及硫醇等形式存在于煤分子结构中。目前，燃料脱硫主要有以下三种。

① 煤炭的固态加工。主要是采用重力分选法，通过粉碎、分选将煤中的无机硫去除40%以上，脱硫程度取决于煤中黄铁矿硫颗粒的大小及无机硫含量。在有机硫含量大或者煤

中黄铁矿嵌布很细的情况下，仅用重力分选法一般不能达到环保要求。目前煤炭的固态加工方法还有溶剂精制煤（SRC）、型煤固硫、氧化脱硫和化学浸出等。

② 煤炭的转化。主要可以分为汽化和液化。煤的汽化是指以煤炭为原料，采用空气、氧气、CO_2 和水蒸气等汽化剂，在汽化炉中反应，生产出不同组分、不同热值的煤气。煤炭的液化是指把固体的煤炭通过化学加工，使其转化为液体产品的技术。根据不同的加工路线可分为直接液化法和间接液化法两大类。直接液化法是指通过高温高压对煤直接加氢，降低 C/H 的比例，从而得到液体产品。间接液化法是先把煤汽化转化为合成气（$CO+H_2$），再用催化剂转化为液体。煤炭通过液化可以将其中的硫等有害元素以及矿物质去除，产品为洁净燃料。

③ 重油脱硫。由于原油精馏时，有 80%～90% 的硫残留于重油中，所以重油在使用前，须经过一定的处理。重油脱硫是在催化剂作用下，通过高压加氢反应，切断碳与硫的化学键，以氢置换出碳，同时生产的硫化氢气体，可用吸收法去除。重油脱硫可分为直接脱硫和间接脱硫两种。直接脱硫：选用抗中毒性能好的催化剂（Co、Ni），对重油直接加氢进行脱硫。间接脱硫：对重油先进行减压蒸馏，馏出油催化加氢脱硫后与残油混合，或以丙烷作为溶剂，对残油进行处理，分离出沥青后，再与馏出油混合进行加氢处理。

（2）燃烧过程中固硫

向燃烧室内同时加入煤和固硫剂（例如石灰石），使煤在较低温度下（850～950℃左右）燃烧。煤中以硫酸盐形态存在的无机硫不会分解，留在灰渣中，而煤中的有机硫和硫化物均能与石灰石中的钙反应，以硫酸钙的形式固定在灰渣中。目前，普遍采用流化床燃烧技术，根据运行压力的不同，可分为常压流化床和增压流化床两种。常压流化床的钙硫比一般为 1.8～3.0，脱硫率可达 80% 以上；增压流化床的钙硫比一般为 1.5～2.0，脱硫效率可达 90%。流化床燃烧技术能使燃煤锅炉无须添加污染控制装置就能满足 SO_2 的环保排放的要求。同时，由于燃烧温度低，空气中的 N_2 只有少量被氧化，故流化床锅炉燃烧产生的氮氧化物（NO_x）较少。

（3）烟气脱硫

烟气脱硫是目前控制燃煤 SO_2 排放最有效和应用最广的技术。烟气脱硫的方法很多，可按对脱硫产物的处理方法分为抛弃法或回收法两类；也可按脱硫剂是否以溶液（浆液）状态进行脱硫而分为湿法和干法。烟气脱硫的主要困难在于 SO_2 浓度低、烟气体积大、硫的总量大，需要根据烟气系统的大小等多种因素选择适宜的脱硫方法。目前湿法脱硫工艺应用最多，占脱硫电厂装机容量的 83%，湿干法（喷雾干燥法）约占 10% 左右，其他各类方法的市场占有率不足 10%。

① 湿法。湿法脱硫先用石灰或石灰石浆液吸收 SO_2 废气，生成亚硫酸钙，再与氧反应生成硫酸钙，经固液分离后排除。这种方法脱除二氧化硫，同时副产石膏。反应方程式如下：

石灰石：$\qquad SO_2+CaCO_3+2H_2O \longrightarrow CaSO_3 \cdot 2H_2O+CO_2$

石灰：$\qquad SO_2+CaO+2H_2O \longrightarrow CaSO_3 \cdot 2H_2O$

由于石灰和石灰石来源广，价格较低，脱硫产物可以回收，也可以抛弃，因而用它们脱硫的运行费用低。石灰、石灰石法的脱硫效率一般在 85% 左右。该法的缺点是设备腐蚀严重（特别是烟气中含有氯化物）、结垢和堵塞（影响吸收洗涤塔操作）。为防止结垢，在吸收过程中应控制亚硫酸盐的氧化率在 20% 以下，同时选用的吸收器应具有通气量大、气液相间的相对速度高、有较大的液体表面积、内部构件少、压力损失小等条件。

湿法脱硫还包括改进的石灰石/石灰湿法（加入乙二酸、$MgSO_4$、$CaSO_4$）、钠碱液吸收法、氧化镁法、海水脱硫、氨吸收法等。

② 湿干法。喷雾干燥脱硫法采用雾化的脱硫剂浆液进行脱硫，脱硫过程中雾滴被蒸发干燥，最后的脱硫产物呈干态，因此也称为湿干法或半干法。在该法脱硫过程中，SO_2 被雾化的氢氧化钙浆液或碳酸钠溶液吸收；液滴被高温烟气干燥后，形成的干废物（亚硫酸盐、硫酸盐、飞灰及未反应的吸收剂）由除尘器去除。

湿干法由吸收剂制备、吸收和干燥、固体捕集、固体废物处置四个过程组成。吸收剂制备主要包括吸收剂选择（价格因素和当地是否能够得到）和吸收剂溶液或浆液的现场制备。吸收和干燥是指含 SO_2 的烟气进入喷雾干燥器后，SO_2 与吸收剂反应，同时烟气预热使水分蒸发至干。固体捕集是对来自喷雾干燥系统的固体粉尘的捕集，主要包括飞灰、硫酸钙、亚硫酸钙及过剩的氧化钙。

该法的优点在于所用原料价格低廉，容易得到；缺点在于采用固体物料，并直接生成固体物质，易发生设备的堵塞和磨损。

③ 干法。由于湿法脱硫后烟气温度降低，湿度加大，影响排放后上升的高度，烟气往往笼罩在烟囱周围，难以扩散。为克服这些缺陷，采用以固体粉末或非水的液体作为吸收剂或催化剂进行烟气脱硫的方法，称为干法脱硫。目前，使用较多的是干法喷钙脱硫，它是将脱硫剂（石灰石粉料）喷入锅炉炉膛，碳酸钙在炉膛受热分解成氧化钙和二氧化碳，热解生成的氧化钙随烟气流动，与 SO_2 反应，脱除一部分 SO_2；然后生成的硫酸钙和未反应的氧化钙随烟气进入活化反应器，在这里未反应的氧化钙与起增湿作用的喷水雾中的水反应，产生活性较高的氢氧化钙，再与 SO_2 反应，从而达到去除 SO_2 的目的。反应方程式如下：

$$CaO+SO_2+\frac{1}{2}O_2 \longrightarrow CaSO_4$$

$$Ca+SO_3 \longrightarrow CaSO_3$$

$$Ca(OH)_2+SO_2+\frac{1}{2}O_2 \longrightarrow CaSO_4+H_2O$$

干法喷钙脱硫具有设备简单、投资低、费用少、占地面积小、产物易处理等优点，适用于老电厂改造；缺点是使用和生成的都是固体物质，会影响锅炉效率和传热，增加灰负荷，使过热器易结渣，特别是影响电除尘的除尘性能。

3. 氮氧化物（NO_x）治理技术

氮氧化物的主要处理方法有吸收法、吸附法和催化还原法等。

（1）吸收法

根据所使用的吸收剂，又可分为水吸收法、酸吸收法、碱液吸收法等多种方法，但目前都仅限于处理气体量小的企业。

① 水吸收法：当 NO_x 主要以 NO_2 形式存在时，可用水作为吸收剂。水与 NO_2 反应生成硝酸和亚硝酸。通常情况下，亚硝酸很不稳定，很快发生分解，产生的 NO 不与水发生化学反应，仅能被水溶解很少一部分，所以 H_2O 吸收 NO_2 数量很少。为了高效脱除 NO_2，需要较长的停留时间使 NO 氧化成 NO_2。

② 酸吸收法：浓硫酸和稀硝酸都可用来吸收含 NO_x 的尾气。NO_2 与硫酸生成亚硝基硫酸，亚硝基硫酸可用于硫酸生产及浓缩硝酸。

$$NO+NO_2+2H_2SO_4 \longrightarrow 2NOHSO_4+H_2O$$

亚硝基硫酸（NOHSO$_4$）在浓酸中非常稳定，但对紫外光敏感。操作时应防止烟气中水分被浓硫酸吸收。此系统可在较高温度（>115℃）下使用。

稀硝酸吸收 NO$_x$ 的原理是利用其在稀硝酸中有较高的溶解度而进行的物理吸收。该方法常用来净化硝酸厂尾气，净化率可达 90%。影响吸收效率的主要因素有温度、压力以及稀硝酸的浓度。

③ 碱液吸收法：通常采用 NaOH 和 Na$_2$CO$_3$ 混合溶液作为吸收剂净化 NO$_x$ 尾气；为获得较好的净化效果，可采用氨-碱两级吸收法。首先用氨在气相中与 NO$_x$ 和水蒸气反应，生成白色的 NH$_4$NO$_3$ 和 NH$_4$NO$_2$；然后用碱溶液进一步吸收 NO$_x$、NH$_4$NO$_3$ 和 NH$_4$NO$_2$。碱液吸收法常用的碱液有氢氧化物、碳酸钠、氨水等，该法设备简单、操作容易、投资少，但吸收效率较低，特别是对 NO 吸收效果差，达不到去除所有 NO$_x$ 的目的。

（2）吸附法

吸附法常用的吸附剂为活性炭、分子筛、硅胶、含氨泥煤等。吸附法可以较为彻底地消灭 NO$_x$ 的污染，又能将 NO$_x$ 回收利用。目前用吸附法吸附 NO$_x$ 已有工业规模的生产装置。

活性炭对低浓度 NO$_x$ 具有很高的吸附能力，并且解吸后可以回收，但由于温度高时，活性炭有可能燃烧，给吸附和再生造成困难，因此限制了该法的使用。丝光沸石分子筛是一种极性很强的吸附剂，废气中极性较强的 H$_2$O 和 NO$_2$ 分子被选择性地吸附在吸附剂表面上，反应并生成硝酸放出 NO，新生成的 NO 和废气中原有的 NO 与被吸附的 O$_2$ 反应生成 NO$_2$，生成的 NO$_2$ 与 H$_2$O 反应重复上一个反应步骤，这样不断循环，最后达到去除 NO$_x$ 的目的。该法是一个很有前途的方法，但是由于烟气量大，导致吸附剂用量大、运行动力大，此外吸附剂的再生是影响该技术应用推广的主要因素。

（3）催化还原法

催化还原法是在催化剂的作用下，用还原剂将废气中的 NO$_x$ 还原为无害的 N$_2$ 和 H$_2$O 的方法，通常分为非选择性催化还原和选择性催化还原两类。

非选择性催化还原：在金属铂催化剂作用下，还原剂不加选择地与废气中的 NO$_x$ 与 O$_2$ 同时发生反应。常用还原剂为氢气、尿素和氨基化合物等。该法由于存在着与 O$_2$ 的反应过程，放热量大，因此反应过程中必须使还原剂过量并严格控制废气中的氧含量。工业运行数据表明，非选择性催化还原脱硝工艺中的 NO 还原率较低，通常在 30%～60%之间。

选择性催化还原：所用催化剂的活性材料主要由碱性金属、贵金属和沸石组成。常用还原剂为 NH$_3$。该法适用于硝酸尾气与燃烧烟气的治理，可处理大气量的废气，技术成熟，净化效率高；但存在催化剂价格昂贵、不能回收有用物质等缺点。另外，压力损失、催化转化器空间气体流速、烟气的含尘量以及催化剂失活等问题都必须考虑。

6.3　固废处理及土壤污染

本节要求：了解固体废物的概念及其对环境的危害、危险废物处理处置方法及土壤污染的形成；熟悉目前国内外城市垃圾的处理方法，以及土壤主要污染物的来源；掌握城市垃圾的分类、固体废物处理处置技术，以及常见的土壤污染防治措施。

6.3.1 固废的来源及固废污染的概况与危害

固体废物是指在社会的生产、流通、消费等一系列活动中产生的，在一定时间和地点无法利用而被丢弃的污染环境的固体、半固体废弃物质。不能排入水体的液态废物和不能排入大气的置于容器中的气态废物，由于多具有较大的危害性，一般也归入固体废物管理体系。

1. 固体废物来源

固体废物来自人类活动的许多环节，主要包括生产过程和生活过程的一些环节。表 6-5 列出了从各类发生源产生的主要固体废物。

表 6-5　从各类发生源产生的主要固体废物

发生源	产生的主要固体废物
矿业	废石、尾矿、金属、废木、砖瓦和水泥、砂石等
冶金、金属结构、交通、机械等工业	金属、渣、砂石、陶瓷、涂料、管道、绝热和绝缘材料、黏结剂、污垢、废木、塑料、橡胶、纸、各种建筑材料、烟尘等
建筑材料工业	金属、水泥、黏土、陶瓷、石膏、石棉、砂、石、纸、纤维等
食品加工业	肉、谷物、蔬菜、硬壳果、水果、烟草等
橡胶、皮革、塑料等工业	橡胶、塑料、皮革、纤维、染料等
石油化工工业	化学药剂、金属、塑料、橡胶、陶瓷、沥青、油毡、石棉、涂料等
电器、仪器仪表等工业	金属、玻璃、木、橡胶、塑料、化学药剂、研磨料、陶瓷、绝缘材料等
纺织服装工业	纤维、金属、橡胶、塑料等
造纸、木材、印刷等工业	刨花、锯末、碎木、化学药剂、金属、塑料等
居民生活	食物、纸、木、布、庭院植物修剪物、金属、玻璃、塑料、瓷、燃料灰渣、脏土、碎砖瓦、废器具、粪便等
商业、机关	同上，另有管道、碎砌体、沥青及其他建筑材料，含有易爆、易燃、腐蚀性、放射性废物以及废汽车、废电器等
市政维护、管理部门	碎砖瓦、树叶、死禽畜、金属、锅炉灰渣、污泥等
农业	秸秆、蔬菜、水果、果树枝条、人和禽畜粪便、农药等
核工业和放射性医疗单位	金属、含放射性废渣、粉尘、污泥、器具和建筑材料等

2. 固体废物种类

固体废物种类繁多，按其组成可分为有机废物和无机废物；按其形态可分为固态废物、半固态废物和液态（气态）废物；按其污染特性可分为有害废物和一般废物等。在《固体废物污染环境防治法》中将其分为城市固体废物、工业固体废物和有害废物。

（1）城市固体废物

城市固体废物是指居民生活、商业活动、市政建设与维护、机关办公等过程产生的固体废物，一般分为以下几类：

① 生活垃圾：城市生活垃圾是指在城市居民日常生活中或为城市日常生活提供服务的活动中产生的固体废物。我国城市垃圾主要由居民生活垃圾、街道保洁垃圾和集团垃圾三大类组成。居民生活垃圾数量大、性质复杂，其组成受时间和季节影响大。街道保洁垃圾来自街道等路面的清扫，其成分与居民生活垃圾相似，但泥沙、枯枝落叶和商品包装较多，易腐有机物较少，含水量较低。集团垃圾指机关、学校、工厂和第三产业在生产和工作过程中产

生的废弃物，它的成分随发生源不同而变化，但对某个发生源则相对稳定。例如，来自农贸市场的垃圾以易腐性有机物占绝大多数；旅游、交通枢纽的垃圾以各类性质的商品包装物及瓜果皮核为主；制衣厂、制鞋厂及电子、塑料厂的垃圾一般以该厂主要产品下脚料为主。

② 城建渣土：包括废砖瓦、碎石、渣土、混凝土碎块（板）等。

③ 商业固体废物：包括废纸、各种废旧的包装材料、丢弃的主（副）食品等。

④ 粪便：工业先进国家城市居民产生的粪便，大都通过下水道输入污水处理厂处理。我国目前主要排放到小区的化粪池，然后分流，污水进入污水处理厂，固体杂质再进行清运。因此，粪便是目前我国城市固体废物的重要组成部分。

（2）工业固体废物

工业固体废物是指在工业、交通等生产过程中产生的固体废物。主要包括冶金工业固体废物、能源工业固体废物、石油化学工业固体废物、矿业固体废物、轻工业固体废物、其他工业固体废物。

（3）有害废物

有害废物又称危险废物，泛指除放射性废物以外，具有毒性、易燃性、反应性、腐蚀性、爆炸性、传染性，因而可能对人类的生活环境产生危害的废物。

世界上大部分国家根据有害废物的特性，即急性毒性、易燃性、反应性、腐蚀性、浸出毒性和疾病传染性，制定了自己的鉴别标准和有害废物名录。我国自 2021 年 1 月 1 日起开始施行新制定的《国家危险废物名录》，进行危废的分类管理。

固体废物的类别，除以上三者之外，还有来自农业生产、畜禽饲养、农副产品加工以及农村居民生活所产生的废物，如农作物秸秆、人畜禽排泄物等。这些废物多产于城市外，一般多就地加以综合利用，或做沤肥处理，或做燃料焚化。

3. 固体废物的特点

（1）资源和废物的相对性

固体废物具有鲜明的时间和空间特征，是在错误时间放在错误地点的资源。从时间方面讲，它仅仅是在目前的科学技术和经济条件下无法加以利用，但随着时间的推移，科学技术的发展，以及人们要求的变化，今天的废物可能成为明天的资源。从空间角度看，废物仅仅相对于某一过程或某一方面没有使用价值，而并非在一切过程或一切方面都没有使用价值。一种过程的废物，往往可以成为另一种过程的原料。固体废物一般具有某些工业原材料所具有的化学、物理特性，且较废水、废气容易收集、运输、加工处理，因而可以回收利用。

（2）富集终态和污染源头的双重作用

固体废物往往是许多污染成分的终极状态。例如，一些有害气体或飘尘，通过治理最终富集成为固体废物；一些有害溶质和悬浮物，通过治理最终被分离出来成为污泥或残渣；一些含重金属的可燃固体废物，通过焚烧处理，有害金属浓集于灰烬中。但是，这些"终态"物质中的有害成分，在长期的自然因素作用下，又会转入大气、水体和土壤，故又成为大气、水体和土壤环境的污染"源头"。

（3）危害具有潜在性、长期性和灾难性

固体废物对环境的污染不同于废水、废气和噪声。固体废物呆滞性大、扩散性小，它对环境的影响主要是通过水、气和土壤进行的。其中污染成分的迁移转化，如浸出液在土壤中的迁移，是一个比较缓慢的过程，其危害可能在数年以至数十年后才能发现。从某种意义上讲，固体废物，特别是有害废物对环境造成的危害可能要比水、气造成的危害严重得多。

4. 固体废物的危害

（1）侵占土地，损伤地表。据估算，每堆积 1 万吨固体废物，约需占地 1 亩，而受污染的土壤面积往往比堆存面积大 1~2 倍。据统计 2019 年，我国城市的一般工业固体废物产生量达 15.2 亿吨，其中贮存量 3.6 亿吨，倾倒丢弃量 4.2 万吨，侵占大量土地。2019 年全国 337 个城市的生活垃圾生产量达 3.4 亿吨，虽然自 2010 年以来我国城市生活垃圾清运量逐年上升，但仍妨碍了城市环境卫生，破坏了自然环境的优美景观。

（2）污染土壤、水体和大气。固体废物露天堆存，不但占用大量土地，而且其含有的有毒有害成分也会渗入到土壤之中，使土壤碱化、酸化、毒化，破坏土壤中微生物的生存条件，影响动植物生长发育。许多有毒有害成分还会经过动植物进入人的食物链，危害人体健康。塑料垃圾残留 3.9 克/亩可致玉米减产 11%~13%，小麦减产 9%~16%，大豆减产 5.5%~9%，蔬菜减产 14.4%~54.9%。固体废物产生的渗滤液危害更大，它可进入土壤使地下水受污染，或直接流入河流、湖泊和海洋，杀死水中生物，污染人类饮用水水源。一些有机固体废物在适宜的温度和湿度下可发生生物降解，释放出沼气，一些有毒有害废物还可发生化学反应产生有毒气体，扩散到大气中。

（3）影响环境卫生，传染疾病。固体废物在城市大量堆放而又处理不当，不仅影响市容，而且污染城市环境。垃圾粪便长期弃往郊外，不做无害化处理，简单地作为堆肥使用，会使土壤碱度提高，土质受到破坏；会使重金属在土壤中富集，被植物吸收进入食物链，还能传播大量的病原体，引起疾病。城市下水道的污泥中含有几百种病菌和病毒，会给人类造成长期威胁。

（4）造成巨大的直接经济损失和资源能源的浪费。我国的资源能源会随固体废物的排放流失。矿物资源一般只能利用一半左右，同时废物排放和处置也要增加许多额外的经济负担。目前我国每运输和堆存 1 吨废物，平均能耗都在 10 元左右，造成巨大的经济损失。此外，某些危险废物的不合理处理处置，除造成以上危害以外，还有可能造成燃烧、爆炸、中毒、严重腐蚀等意外事故和特殊损害。

6.3.2 固体废物的处理处置技术

固体废物的处理技术：将固体废物转化为适于运输、储存、利用和处置的过程或操作。

固体废物的处置技术：将无法回收利用且不打算回收的固体废物长期保留在环境中所采取的技术措施。

1. 预处理技术

将固体废物转变成便于运输、储存、回收利用和处置的形态。常采用的方法有：

（1）压实技术

压实技术是利用外界压力作用于固体废物，达到增大密度、减小表观体积的目的，以便于降低运输成本、延长填埋厂寿命的预处理技术。这种方法通过对废物施加 200~250kg/cm² 的压力，将其压成边长约 1m 的固化块，外面用金属网捆包后涂上沥青。这种处理方法不仅可以大大减小废物容积，还可改善废物运输和填埋过程中的卫生条件，并能有效防止填埋场的地面沉降。

压实技术适用于处理压缩性大而恢复性小的固体废物，如金属加工业排出的各种松散废料（车屑等），城市垃圾中的纸箱、纸袋等（图 6-25）。值得注意的是，一些含水率较高的废弃物，在进行压实处理时会产生污染物浓度较高的废液。

图 6-25　固体废物的压实技术

（2）破碎技术

破碎技术是指使用外力把大块固体废物分裂成小块的过程（图 6-26）。破碎的目的是减小固体废物容积、便于运输；为固体废物分选提供所要求的入选粒度，以便回收废物的有用成分；使固体废物的比表面积增加，提高焚烧、热解、熔融等作业的稳定性和热效率；防止粗大、锋利的固体废物对处理设备的损坏；经破碎后，固体废物若直接进行填埋处置，压实密度高而均匀，可以加快填埋处置场的早期稳定化。

固体废物的破碎方式有机械破碎和物理破碎两种。机械破碎是借助于各种破碎机械对固体废物进行破碎，如挤压破碎、剪切破碎、冲击破碎等。挤压破碎结构简单，所需动力

图 6-26　固体废物的破碎技术

消耗少，对设备磨损小，运行费用低，适于处理混凝土等大块物料；剪切破碎适于破碎塑料、橡胶等柔性物料，但处理容量小；冲击破碎适于处理比较大块的硬质物料，但对机械设备磨损较大。对于复合材料的破碎可以采用压缩-剪切或冲击-剪切等组合式破碎方式。物理法破碎有低温冷冻破碎和超声波破碎。低温冷冻破碎的原理是利用一些固体废物在低温（-60～-20℃）条件下脆化的性质而达到破碎的目的，可用于废塑料及其制品、废橡胶及其制品、废电线（塑料或橡胶被覆）等的破碎。

常用的破碎设备有辊式破碎机、锤式破碎机、反击式破碎机和球磨机等，这些破碎方式都存在噪声高，震动大，易产生粉尘等缺点。

（3）分选技术

分选技术是用人工或机械的方法把固体废物分门别类地分开，回收利用有用物质、分离出不利于后续处理工艺的物料的处理方法。固体废物分选是实现固体废物资源化、减量化的重要手段，通过分选可以提高回收物质的纯度和价值，有利于后续加工处理。

根据物质的粒度、密度、磁性、电性、光电性、摩擦性、弹性以及表面润湿性等特性差异，固体废物分选有多种不同的分选方法。常用的分选方法有以下几种：

① 筛分——利用废物之间粒度的差别通过筛网进行分离的操作方法。

② 重力分选（简称重选）——利用废物之间重力的差别对物料进行分离的操作方法。

③ 磁力分选（简称磁选）——利用铁系金属的磁性从废物中分离回收铁金属的操作方法。

④ 涡电流分选——将导电的非磁性金属置于不断变化的磁场中，金属内部会产生涡电流并相互之间产生排斥力。由于这种排斥力随金属的固有电阻、磁导率等特性及磁场密度变化速度而不同，从而起到分选金属的作用。

⑤ 光学分选——利用物质表面对光反射特性的不同进行分选的操作方法。

（4）脱水和干燥技术

脱水主要用于废水处理厂排出的污泥及某些工业企业排出的泥浆状废物的处理。脱水可达到减容及便于运输的目的，便于进一步处理。常用的脱水方法有机械脱水和自然干化两种。前者应用较多，有转鼓真空过滤机、离心式脱水机、板框压滤机等。

当固体废物经破碎、分选之后对所得的轻物料需进行能源回收或焚烧处理时，必须进行干燥处理。常用的干燥器有转筒式干燥器、回转炉等。

2. 资源化处理技术

（1）热化学处理

固体废物的热化学处理是指利用高温破坏和改变固体废物的组成和结构，使废物中的有机有害物质得到分解或转化的处理，是实现有机固废无害化、减量化、资源化的一种有效方法。

目前，常用的热化学处理技术主要有：

① 焚烧技术：是对固体废物高温分解和深度氧化的综合处理过程，其目的在于使可燃的固体废物氧化分解，借以减容、去毒并回收能量及副产品。固体废物经焚烧后，可回收利用固体废物燃烧产生的热能；大幅度减小固体废物的体积（可减少 80%～90%）；彻底消除有害细菌和病毒；破坏有毒废物，使其最终成为化学性质稳定的无害化灰渣。但是焚烧投资和运行管理费用较高，而且只能处理含可燃物成分高的固体废物，否则必须添加助燃剂；燃烧过程中容易造成二次污染，要求焚烧设施必须配置控制污染的设备，这又进一步提高了设备的投资和处理成本。焚烧技术一般用于处理那些不适于安全填埋或不可再循环利用的有害废物，如医院的废弃物，以及难以生物降解的、易挥发和扩散的、含有重金属及其他有害成分的有机物等。

② 热解技术：是指在高温缺氧的条件下将有机物裂解为分子量较小的组分的过程，是处置固体有机废物较新的方法。工业中木材和煤的干馏、重油的裂解就应用了热解技术。热解的优点是将废物中的有机物转化为便于储存和运输的有用燃料；尾气排放量和残渣量较少；是一种低污染的处理与资源化技术。热解技术可用于城市垃圾、污泥、工业废料、农林废料、人畜粪便等的处理。

热解与焚烧相比是两个完全不同的过程。焚烧是放热的，热解是吸热的；焚烧的产物主要是二氧化碳和水，而热解的产物主要是可燃的低分子化合物；气态的氢、甲烷、一氧化碳等可燃气体，液态的焦油、燃料油以及丙酮、醋酸、乙醛等成分，固态产物主要为焦炭或炭黑。

③ 湿式氧化技术：湿式氧化法又称湿式燃烧法，适用于有水存在的有机物料。流动态的有机物料用泵送入湿式氧化系统，在适当的温度和压力条件下进行快速氧化，排放的尾气中主要含二氧化碳、氮、过剩的氧气和其他气体，残余液中包括残留的金属盐类和未反应完

全的有机物。由于有机物的氧化过程是放热过程，所以反应一旦开始，过程就会依靠有机物氧化放出的热量自动进行，不需要再投加辅助燃料。

湿式氧化法的优点是可以不经过污泥脱水过程就能有效地处理污泥或高浓度有机废水，不产生粉尘和煤烟，杀灭病毒比较彻底，有利于生物化学处理；氧化液的脱水性能好；氧化气不含有害成分；耗热量小，反应时间短，不足之处是设备费用和运转费用较高。

（2）生物处理

生物处理是指利用微生物对有机固体废物的分解作用，使有机固体废物转化为能源、食品、饲料、肥料，是固体废物资源化处理的有效而又经济的方法。目前应用比较广泛的技术有：

① 好氧生物转化——堆肥化处理技术。堆肥化是依靠自然界广泛分布的细菌、放线菌、真菌等微生物，人为地促进可生物降解的有机物向稳定的腐殖质转化的生化过程。其产品称为堆肥。堆肥外观呈黑色腐殖质状，结构疏松，植物可利用养分含量增加，具有明显的改良土壤理化性质、提高土壤肥力的作用。

目前，好氧堆肥因其堆肥温度高、病原菌杀灭彻底、基质分解比较完全、堆制周期短、异味小等优点而被广泛采用。我国已应用该技术处理城市生活垃圾。

② 厌氧消化法——沼汽化处理技术。沼汽化处理是指在完全隔绝氧气的条件下，利用厌氧微生物将废物中可降解的有机物分解为稳定的无害物质，同时获得以甲烷为主的沼气，是一种比较清洁的能源，而沼气液、沼气渣又是理想的有机肥料。

该技术在城市污泥、农业固体废物、粪便的处理中得到广泛应用。据估计，我国农村每年产农作物秸秆 5 亿多吨，若用其中的一半制取沼气，每年可生产沼气 500～600 亿立方米，除满足 8 亿农民生活用燃料之外，还可剩余 60～100 亿立方米。所以，固体有机废物的沼气发酵是控制污染、改变农村能源结构的一条重要途径。

③ 废纤维素糖化技术。废纤维素糖化是利用酶水解技术使纤维素转化为单体葡萄糖，再通过生化反应转化为单细胞蛋白及微生物蛋白的一种新型资源化技术。结晶度高的天然纤维素 C1 在纤维素酶的作用下分解成纤维素碎片（降低聚合度），经纤维素酶进一步作用分解成聚合度小的低糖类，最后靠 β-葡萄糖化酶作用分解为葡萄糖。

据估算，世界纤维素年净产量约 1000 亿吨，废纤维素资源化是一项十分重要的世界课题。日本、美国已成功地开发了废纤维素糖化工艺流程，目前技术已较成熟。但如何开发低成本的预处理方法，寻找更好的酶种，提高酶的单位生物分解能力，改善发酵工艺等问题还有待进一步探索。

④ 生物淋滤技术。是指利用自然界中一些化能自养细菌（如氧化亚铁硫杆菌）的直接作用或其代谢产物的间接作用，产生氧化、还原、络合、吸附或溶解作用，将固相中某些不溶性成分（如重金属、硫及其他金属）浸提并分离出来的一种技术。20 世纪 50 年代美国就开始利用生物淋滤技术浸出铜矿，20 世纪 60 年代加拿大浸出铀矿，以及 20 世纪 80 年代对难处理的金矿细菌氧化预处理的工业应用相继成功。目前，全世界通过该法开采的铜、铀、金分别占总量的 15%～30%、10%～15%、20%。它的研究和应用正扩展到环境污染治理等领域。例如，污水污泥或者其焚烧灰分中重金属的去除；重金属污染土壤、河流底泥的生物修复；工业废弃物如粉煤灰中重金属脱毒与钛、铝、钴等贵重金属的回收；煤和石油中硫的生物脱除等。

总之，固体废物由于其来源和种类的多样化和复杂性，它的处理方法应根据各自的特性和组成进行优化组合。例如我国目前积存的主要固体废物煤矸石、粉煤灰、高炉渣、钢渣等多以 SiO_2、Al_2O_3、CaO、MgO、Fe_2O_3 为主要成分，这些废物只要进行适当的调制加工即可制成不同标号的水泥或其他建筑材料；再如，城市生活垃圾经分拣后，玻璃、塑料制品等可回收利用，剩余的有机废物进行堆肥则具有很大潜力。表 6-6 列出了国内外各种固废处理方法的现状和发展趋势。

表 6-6　国内外各种固废处理方法的现状和发展趋势

类别	中国现状	国际现状	国际发展趋势
城市垃圾	填坑、堆肥、无害化处理和制取沼气、回收废品	填地、卫生填埋、焚化、堆肥、海洋投弃、回收利用	压缩和高压压缩成型、填地、堆肥、化学加工、回收利用
工矿废物	堆弃、填坑、综合利用、回收废品	堆弃、焚化、综合利用	化学加工和回收利用、综合利用
拆房垃圾和市政垃圾	堆弃、填坑、露天焚烧	堆弃、露天焚烧	焚化、综合利用、回收利用
施工垃圾	堆弃、露天焚烧	堆弃、露天焚烧	焚化、化学加工、综合利用
污泥	堆肥、制取沼气	填地、堆肥	堆肥、化学加工、综合利用、焚化
农业废弃物	堆肥、制取沼气、回耕、农村燃耕、饲料和建筑材料、露天焚烧	回耕、焚化、堆肥、露天焚烧	堆肥、化学加工、综合利用
有害工业废渣和放射性废物	堆弃、隔离堆存、焚烧、化学和物理固化回收利用	隔离堆存，焚化，土地还原，化学和物理固化，化学、物理和生物处理，综合利用	隔离堆存、焚化、化学固定，化学、物理和生物处理，综合利用

3. 最终处置技术

固体废物处置工程是固体废物污染控制的末端环节，是解决固体废物的归宿问题。一些固体废物经过处理和利用，总还会有部分残渣存在，而且很难再加以利用，这些残渣往往又富集了大量有毒有害成分；还有些固体废物，目前尚无法利用，它们将长期地保留在环境中，是一种潜在的污染源。为了控制其对环境的污染，必须进行最终处理，通过多重屏障（如天然屏障或者人工屏障）实现有害物质同生物圈的有效隔离。

固体废物处置方法分为海洋处置和陆地处置两大类。

（1）海洋处置

海洋处置是指利用海洋对固体废物进行处置的方法。近年来，随着人们对保护生态环境重要性认识的加深和总体环境意识的提高，海洋处置已受到越来越多的限制。

① 深海投弃：是利用海洋的巨大环境容量，将废物直接投入海洋的处置方法。海洋处置需根据有关法规，选择适宜的处置区域，并结合区域的特点、水质标准、废物种类与倾倒方式，进行可行性分析、方案设计和科学管理，以防止海洋受到污染。

② 远洋焚烧：是利用焚烧船将固体废物运至远洋处置区进行船上焚烧的处置方法。远洋焚烧船上的焚烧炉结构因焚烧对象而异，需专门设计。废物焚烧后产生的废气通过净化装置与冷凝器，冷凝液排入海中，废气直接排放，残渣倾入海洋。这种技术适于处置易燃性废物，如含氯有机废物等。

深海投弃和远洋焚烧只允许在规定的海域进行。

（2）陆地处置

根据废物的种类及其处置的地层位置（地上、地表、地下和地层），陆地处置可分为：

① 土地耕作处置：利用表层土壤的离子交换、吸附、微生物降解以及渗滤水浸出、降

解产物的挥发等综合作用机制处置工业固体废物的一种方法。该技术具有工艺简单、费用低廉、能够改善土壤结构、增长肥效等优点，但若长期处置需进行周边环境质量安全评价。该法主要适用于处置含盐量低、不含毒物、可生物降解的有机固体废物。

② 深井灌注处置：指把固体废物液化，将形成的液状废物注入地下与饮用水和矿脉层隔开的可渗性岩层内。一般废物和有害废物都可采用深井灌注方法处置，但目前该法主要还是用来处置那些实践证明难以破坏、难以转化、不能采用其他方法处理处置或者采用其他方法费用昂贵的废物。

③ 土地填埋处置：土地填埋是从传统的堆放和填地处置发展起来的一项最终处置技术，是利用坑洼地（废矿坑、废黏土坑、废采石场等）填埋固体废物的一种方法，可分为卫生填埋和安全填埋等。该技术工艺简单、成本较低，适于处置多种类型的废物，填埋后的土地可重新用作停车处、游乐场、高尔夫球场等，目前已成为处置固体废物的主要方法。但填埋场选址非常严格，必须远离居民区，并具有良好的防渗措施；埋在地下的固体废物，通过分解可能会产生易燃、易爆或毒性气体，需加以控制和处理；恢复的填埋场可能会因为沉降而需不断维修。

卫生土地填埋适于处置一般固体废物。用卫生填埋来处置城市垃圾，不仅操作简单，施工方便，费用低廉，还可同时回收甲烷气体，所以该方法已在国内外得到广泛应用。但卫生土地填埋场除着重考虑防止浸出液的渗漏外，还需解决气体的释出控制、臭味和病原菌的消除等问题。例如垃圾填埋后，会产生甲烷和二氧化碳气体，以及硫化氢等有害或有臭味的气体，当有氧存在时，甲烷气体浓度达到 5%～15%就可能发生爆炸。所以，必须及时排出所产生的气体。

安全土地填埋是一种改进的卫生填埋方法，主要用来处置危险废物，它对防止填埋场地产生二次污染的要求更为严格。图 6-27 为典型的已经完成并已关闭的安全土地填埋场结构剖面图。从图中可以看出，填埋场内必须设置人造或天然衬里，下层土壤或土壤同衬里结合渗透率小于 8～10cm/s；最下层的填埋物要位于地下水位之上；要采取适当措施控制和引出地表水；要配备浸出液收集、处理及监控系统；如果需要，还要采用覆盖材料或衬里以防止气体释出；要记录所处置废物的来源、性质及数量，将不相容的废物分开处置，以确保其安全性。安全土地填埋在国外进行了多年的研究，现已成为危险废物的主要处置方法。

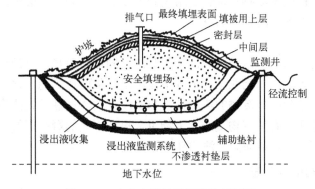

图 6-27　安全土地填埋场结构剖面图

目前，由于固体废弃物数量十分巨大，回收利用资源化所占的比例还十分小，所以必须寻求合理的处理处置方法，以减少日益增多的固体废弃物对环境的污染。表 6-7 给出了目前主要的处置方法。

表 6-7　固体废弃物的主要处置方法

方法	适用范围
一般堆存	不溶解（或溶解度极低）、不飞扬、不腐烂变质、不散发臭气或毒气的块状和颗粒状废物，如钢渣、高炉渣、废石等
围隔堆存	含水率高的粉尘、污泥等，如粉煤灰、尾矿灰等（废物表面应有防扬尘设施）
填埋	大型块状以外的任何形状废物，如城市垃圾、污泥、粉尘、废屑、废渣等
焚化	经焚烧后可体积缩小或质量减轻的有机废物，如污泥、垃圾等
生物降解	微生物能降解的有机废物，如垃圾、粪便、农业废物、污泥等
固化	有毒、有放射性的废物，为防止有毒物质与放射性外溢，用固化或固定基质将其固化或固定起来。常用的固化或固定物质有水泥、有机聚合物等

6.3.3　典型固体废物的处理和利用

一般工矿业固体废物量大，具有再利用的良好性能，可用作建筑材料、冶金原料、回收能源，以及用作农肥、改良土壤等。国外一般认为工业固体废物不再是污染物，但我国目前综合利用率相对较低。

1. 危险固体废物的处理和处置

危险固体废物是多种污染物质的终态。为了控制其对环境的污染，必须使它最大限度地与生物圈隔离。因此，无害化处理是解决其最终归宿问题，也是危险废物管理中最重要的一环，受到广泛的重视。危险固体废物的处理方法有以下几种：

（1）填埋法

我国明确规定：以填埋方式处置危险废物不符合国务院环境保护行政主管部门规定，应缴纳危险废物排污费。因此处置危险废物时应采用符合国家规定的安全填埋法。

（2）焚烧法

一般来说差不多所有的有机固体废物都可以用焚烧法处理。对于无机和有机混合性固体废物，若有机物是有毒、有害物质，最好用焚烧法处理，这样处理后还可以回收其中的无机物。而某些特殊的有机固体废物只适合于用焚烧法处理，例如医院的带菌性固体废物，石化工业生产中某些含毒性的中间副产物等。

（3）固化法

固化法是将水泥、塑料、水玻璃、沥青等凝结剂同危险废物加以混合进行固化，使得固体废物最终所含的有害物质封闭在固化体内不被浸出，从而达到稳定化、无害化、减量化的目的。固化法能减少危险固体废物的流动性，降低废物的渗透性并且能将其制成具有高应变能力的最终产品，从而使有害废物变成无害物质。根据固化的凝结剂的不同，此法又分为水泥固化法、塑料固化法、水玻璃固化法和沥青固化法。

2. 城市垃圾的利用与治理

城市垃圾是指城市居民在日常生活中抛弃的固态和液态废弃物、企事业单位和机关团体的办公垃圾、商业网点经营活动的垃圾、医疗垃圾和市政维护管理的垃圾等。对城市垃圾的处理和利用，要根据国情、市情和垃圾的类型、成分和特点，因地制宜地选择处理途径和方法。常用的处理方法有：

（1）压缩处理

对于一些密度小、体积大的城市垃圾，经过压缩处理后，可以减小体积、便于运输和填埋。有些垃圾经过压缩处理后，可成为高密度的惰性材料和建筑材料。

（2）填埋

城市垃圾填埋是废物的一种最终处理方式。它可以利用各地所能提供的基础条件，采用不同的填埋方式，满足作业和消纳的要求。目前，城市垃圾多采用卫生填埋方法。在回填场地上先铺一层厚约 60cm 的垃圾，经压实后再铺一层松土、砂或粉煤灰的覆盖层，以免鼠、蝇滋生，并可使产生的气体逸出；然后依此将垃圾分隔在夹层结构中，已回填完毕的场地，可以建设成公园、绿地、高尔夫球场等。

（3）焚烧和热能回收

焚烧是世界各国广泛采用的城市垃圾处理技术。目前，全世界大约有 1000 余座现代化的垃圾焚烧工厂。焚烧处理可使垃圾体积减小 85%，重量减少 80%，还可以将垃圾对地下河流的影响降至最低。同时，垃圾焚烧后产生的热能可用于发电或供热。根据计算，每燃烧 5t 垃圾，可节省 1t 标准燃料。在目前能源日渐紧缺的情况下，利用焚烧垃圾产生的热能作为热源，有着现实意义。垃圾焚烧的主要问题是"二次污染"。垃圾焚烧后，虽然可以把炉渣和灰分中的有害物质降低到最低程度，但却向大气排放了有害物质，并在城市散布灰尘。因此，垃圾焚烧工厂必须配备消烟除尘装置以降低向大气排放的污染物质，一次性投资较大。

（4）堆肥

城市垃圾堆肥通常采用机械化堆肥，即利用容器使堆肥在罐内进行氧化，并且有分离装置将燃料、玻璃、金属等惰性粗粒成分分离出去，有通风搅拌装置加快有机物的分解速度。采用现代化的堆肥处理方法，可在 2 天内制成堆肥。

（5）生物处理

在城市生活垃圾中约有 50% 为厨房食物垃圾，处理这些有机废物，现代生物技术是大有作为的。利用微生物技术来消除垃圾，可以使我国厨房垃圾的处理技术来一场彻底的革命。

（6）回收利用

城市垃圾的回收利用是城市垃圾综合处理的重要环节，它包括再生资源的回收利用和能源的回收利用。

① 再生资源的回收利用：城市垃圾是丰富的再生资源源泉，其所含成分（按重量）分别为：废纸 40%，黑色和有色金属 3%～5%，废弃食物 25%～40%，塑料 1%～2%，织物 4%～6%，玻璃 4%，以及其他物质。大约 80% 的垃圾为潜在的原料资源，可以重新在经济循环中发挥作用。利用垃圾有用成分作为再生原料有着一系列优点。其收集、分选和富集费用要比初始原料开采和富集的费用低好几倍，还可以节省自然资源，避免环境污染。例如废纸是造纸的再生原料，每处理利用 100 万吨废纸，可避免砍伐 600 平方千米的森林。从 120～130 吨罐头盒中可回收 1 吨锡，相当于开采冶炼 400 吨矿石，这还不包括经营费用。处理垃圾所含废黑色金属，可节省铁矿石炼钢所需电能的 75%，节省水 40%，而且能显著减少对大气的污染，降低矿山和冶炼厂周围堆积废石的数量。用 100 万吨废弃食物加工饲料，可节省 36 万吨饲料谷物，生产 45000 吨以上的猪肉等。所以，从城市垃圾中回收各种材料资源，既处理了废物，又开发了资源，已越来越引起人们的重视。目前，在许多城市中大力开展的生活垃圾分类收集与袋装化，并创造和开发机械化的高效率处理方法，为再生资源的回收利用创造了良好的条件。

② 能源的回收利用：从总的趋势看，城市垃圾中的有机成分比例逐渐上升。不少国家的城市垃圾中有机成分占 60%以上。其中，废纸、塑料、旧衣物等热值较大，一般在 8kJ/kg 以上。因此以垃圾作为煤的辅助燃料，可用来生产蒸汽和发电。我国目前已经建立了不少垃圾焚烧工厂。另外，用城市垃圾生产沼气，制造堆肥，已在我国城市郊区普遍采用。

3. 当前还难于处理利用的城市垃圾

随着城市的发展，城市垃圾的产生量越来越大，成分也越来越复杂，在城市垃圾的处理利用方面还有许多亟待解决的问题需要我们去研究探索。

（1）白色污染

造成"白色污染"的品种主要有塑料包装袋、泡沫塑料餐盒、一次性饮料杯、农用塑料薄膜及其他塑料包装用品等。其中，以塑料餐盒、包装袋危害尤甚。这些不可降解的废旧塑料，焚烧时会放出大量有毒物质污染空气，危害健康。目前，常用的处理方法有：

① 再生利用：熔融成型制成再生塑料制品。

② 改性利用：加入填料对废塑料进行改性以增大应用范围，如合成木材等。

③ 裂解转化：可回收不同的化工原料如芳烃石蜡油等，甚至可转化为汽油、煤油，是一种很有发展前途的研究方向。

（2）废电池

废电池属于有害垃圾，对环境的潜在危害已越来越受重视。日常所用的电池，它们都含有汞、锰、镉、铅、镍等各种金属物质，废旧电池被遗弃后，电池外壳会慢慢腐蚀，其中的重金属会逐渐渗入水体和土壤，造成污染。目前国际上常用的废旧电池处理方式主要有固化深埋、存放于废矿井、回收利用三种方式。

（3）电子垃圾

电子垃圾正呈快速上升的趋势，包括废旧电脑和家用电器在内。法国现在年产 150 万吨电子垃圾，占全部生活垃圾的 40%。处置电子垃圾是一个世界性的难题，比如一台电脑的生产需七百多种化学原料，且大部分对人体健康有害。显示屏玻璃中含有 1.13kg 的铅，电脑的塑料外壳都涂有一层防火的有毒物质等。废旧电子产品随意丢弃，其中的有害物质会慢慢渗透出来，污染周围土地、河道和地下水系。目前国际上几乎全部采用纯物理技术来处理电子垃圾，主要包括拆解、分类、破碎及分选几道工序。

6.3.4 土壤污染的特点及危害

土壤污染是指人类活动所产生的污染物质通过各种途径进入土壤，其数量超过了土壤的容纳和同化能力，而使土壤的性质、组成及性状等发生变化，并导致土壤的自然功能失调，土壤质量恶化的现象。

目前，我国土壤中的有机质含量严重下降，全国耕地有机质含量平均已降到 1%，明显低于欧美国家 2.5%～4%的水平。我国的土地污染尤其是耕地污染越来越严重。目前全国受污染的耕地约有 1.5 亿亩，污水灌溉污染耕地 3250 万亩，固体废弃物堆存占地和毁田 200 万亩，合计约占中国耕地总面积的 1/10 以上。多年来，工业"三废"的无序排放和污水灌溉面积的急剧扩大，导致我国重金属污染面积超过 3 万亩。

1. 土壤污染源

土壤污染物的来源极为广泛，其主要来自：

（1）工业（城市）废水和固体废物。在工业（城市）废水中，常含有多种污染物。当长期使用这种废水灌溉农田时，便会使污染物在土壤中积累而引起污染。利用工业废渣和城市污泥作为肥料施用于农田时，常常会使土壤受到重金属、无机盐、有机物和病原体的污染。工业废物和城市垃圾的堆放场，往往也是土壤的污染源。

（2）农药和化肥。现代农业生产大量使用的农药、化肥和除草剂也会造成土壤污染。如有机氯杀虫剂 DDT、六六六等在土壤中长期残留，并在生物体内富集。氮、磷等化学肥料，凡未被植物吸收利用的都在根层以下积累或转入地下水，成为潜在的环境污染物。

（3）牲畜排泄物和生物残体。禽畜饲养场的积肥和屠宰场的废物中含有寄生虫、病原体和病毒，当利用这些废物作肥料时，如果不进行物理和生化处理便会引起土壤或水体污染，并可通过农作物危害人体健康。

（4）大气沉降物。大气中的 SO_2、NO_x 和颗粒物可通过沉降或降水而进入到农田。如北欧的南部、北美的东北部等地区，雨水酸度增大引起土壤酸化、土壤盐基饱和度降低。大气层核试验的散落物可造成土壤放射性污染。

此外，造成土壤污染的还有自然污染源。例如，在含有重金属或放射性元素的矿床附近，由于这些矿床的风化分解作用，也会使周围土壤受到污染。

2. 土壤污染物

凡是进入土壤并影响到土壤的理化性质和组成，而导致土壤的自然功能失调、土壤质量恶化的物质，统称为土壤污染物。土壤污染物的种类繁多，按污染物的性质一般可分为四类：

（1）重金属污染物。重金属主要有 Hg、Cd、Cu、Zn、Cr、Pb、Ni、Co 等。类金属砷 As 和非金属氟 F、硒 Se 也包括其中。由于重金属污染物在土壤中的活性小，易于积累，不能被微生物分解，而且可为生物富集，土壤一旦被重金属污染，其自然净化过程和人工治理都是非常困难的。

（2）有机污染物。土壤有机污染物主要是化学农药，目前大量使用的化学农药约有 50 多种。其中主要包括有机磷、有机氯、氨基甲酸酯类、苯氧羧酸类、苯酰胺类农药等。此外，石油类物质、多环芳烃、多氯联苯、废塑料制品等，也是土壤中常见的有机污染物。

（3）放射性污染物。放射性元素主要有 Sr、Cs、U 等。含有放射性元素的物质不可避免地随自然沉降、雨水冲刷和废弃物的堆放而污染土壤。土壤一旦被放射性物质污染就难以自行消除，只能靠其自然衰变为稳定元素，而消除其放射性。放射性元素也可通过食物链进入人体。

（4）病原微生物。土壤中的病原微生物，可以直接或间接地影响人体健康。它主要包括病原菌和病毒等。人类若直接接触含有病原微生物的土壤，可能会对健康带来影响；若食用被土壤污染的蔬菜、水果等则间接受到污染。

3. 土壤污染的影响和危害

土壤污染直接会使土壤的组成和理化性质发生变化，破坏土壤的正常功能，并可通过植物的吸收和食物链的积累等过程，进而对人体健康构成危害（图 6-28）。土壤污染还会使农作物的产量和质量下降。

（1）土壤污染对植物的影响

当土壤中的污染物含量超过植物的忍耐限度时，会引起植物的吸收和代谢失调；一些污染物在植物体内残留，会影响植物的生长发育，甚至导致遗传变异。

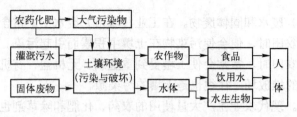

图 6-28　土壤污染物进入人体的途径

① 无机污染物的影响：长期施用酸性肥料或碱性物质会引起土壤 pH 值的变化，降低土壤肥力，减少作物的产量。土壤受 Cu、Ni、Co、Mn、Zn、As 等元素的污染，能引起植物的生长和发育障碍；而受 Cd、Hg、Pb 等元素的污染，一般不引起植物生长发育障碍，但它们能在植物可食部位蓄积。用含 Zn 污水灌溉农田，会对农作物特别是小麦的生长产生较大影响，造成小麦出苗不齐、分蘖少、植株矮小、叶片发生萎黄。过量的 Zn 还会使土壤酶失去活性，细菌数目减少，土壤中的微生物作用减弱。当土壤中含 As 量较高时，会阻碍树木的生长，使树木提早落叶、果实萎缩、减产。土壤中存在过量的 Cu，也能严重地抑制植物的生长和发育。当小麦和大豆遭受 Cd 的毒害时，其生长发育均受到严重影响。

② 有机毒物的影响：利用未经处理的含油、酚等有机毒物的污水灌溉农田，会使植物生长发育受到障碍。例如，我国沈阳抚顺灌区曾用未经处理的炼油厂废水灌溉，结果水稻严重矮化。初期症状是叶片披散下垂，叶尖变红；中期症状是抽穗后不能开花受粉，形成空壳，或者根本不抽穗；正常成熟期后仍在继续无效分蘖。植物生长状况同土壤受有机毒物污染程度有关。一般认为水稻矮化现象是石油污水中油、酚等有毒物质和其他因素综合作用的结果。农田在灌溉或施肥过程中，极易受三氯乙醛（植物生长素乱剂）及其在土壤中转化产物三氯乙酸的污染。三氯乙醛能破坏植物细胞原生质的极性结构和分化功能，使细胞核的分裂产生紊乱，形成病态组织，阻碍正常生长发育，甚至导致植物死亡。小麦最容易遭受危害，其次是水稻。据研究，每公斤栽培小麦的土壤中三氯乙醛含量不得超过 0.3mg。

③ 生物污染的影响：土壤生物污染是指一个或几个有害的生物种群，从外界环境侵入土壤，大量繁衍，破坏原来的生态平衡，产生不良影响。造成土壤生物污染的污染物来源主要是未经处理的粪便、垃圾、城市生活污水、饲养场和屠宰场的污物等。其中危险性最大的是传染病医院未经处理的污水和污物。一些在土壤中长期存活的植物病原体能严重危害植物，造成农业减产。例如，某些植物致病细菌污染土壤后能引起番茄、茄子、辣椒、马铃薯、烟草等百余种茄科植物的青枯病，能引起果树的细菌性溃疡和根癌病。某些致病真菌污染土壤后能引起大白菜、油菜、芥菜、萝卜、甘蓝、荠菜等 100 多种蔬菜的根肿病，引起茄子、棉花、黄瓜、西瓜等多种植物的枯萎病，以及小麦、大麦、燕麦、高粱、玉米、谷子的黑穗病等。此外，甘薯茎线虫，黄麻、花生、烟草根结线虫，大豆胞囊线虫，马铃薯线虫等都能经土壤侵入植物根部引起线虫病。广义上讲，上述病虫害都可认为是土壤生物污染所致。

（2）土壤污染对人体健康的影响和危害

① 病原体对人体健康的影响：病原体是由土壤生物污染带来的污染物，其中包括肠道致病菌、肠道寄生虫、破伤风杆菌、肉毒杆菌、霉菌和病毒等。病原体能在土壤中生存较长时间，如痢疾杆菌能在土壤中生存 22～142 天，结核杆菌能生存 1 年左右，蛔虫卵能生存315～420 天，沙门氏菌能生存 35～70 天。传染性细菌和病毒污染土壤后对人体健康的危害更为严重。目前，在土壤中已发现有 100 多种可能引起人类致病的病毒，例如，脊髓灰质炎

病毒、人肠细胞病变孤儿病毒、柯萨奇病毒等，其中最危险的是传染性肝炎病毒。此外，被有机废弃物污染的土壤，往往是蚊蝇滋生和鼠类繁殖的场所，而蚊、蝇和鼠类又是许多传染病的媒介。因此，被有机废弃物污染的土壤，在流行病学上被视为特别危险的物质。

② 重金属对人体健康的影响：土壤重金属被植物吸收以后，可通过食物链危害人体健康。例如，1955 年日本富山县发生的"镉米"事件，即"痛痛病"事件。其原因是农民长期使用神通川上游铅锌冶炼厂的含镉废水灌溉农田，导致土壤和稻米中的镉含量增加。人们长期食用这种稻米，使得镉在人体内蓄积，从而引起全身性神经痛、关节痛、骨折，以致死亡。据测定，日本因镉慢性蓄积中毒而致死者体内镉的残毒量：肋骨为 $11472\mu g/g$，肝为 $7051\mu g/g$，肾为 $4903\mu g/g$。

③ 放射性物质对人体健康的影响：放射性物质主要是通过食物链经消化道进入人体，其次是经呼吸道进入人体，通过皮肤吸收的可能性很小（图 6-29）。该过程受到许多因素的影响，包括放射性核素的理化性质、环境因素（气象、土壤条件）、动植物体内的代谢情况及人们的饮食习惯等。

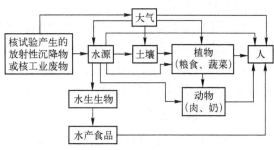

图 6-29　放射性物质进入人体的途径

^{90}锶和 ^{137}铯是对人体危害较大的长寿命放射性核素。放射性锶的化学性质同元素钙类似，均参与骨组织的生长代谢，并在体内同一部位蓄积。放射性物质进入人体后，可造成内照射损伤，使受害者头昏、疲乏无力、脱发、白细胞减少或增多，发生癌变等。此外，长寿命的放射性核素因衰变周期长，一旦进入人体，其通过放射性裂变而产生的 α、β、γ 射线，将对机体产生持续的照射，使机体的一些组织细胞遭受破坏或变异，此过程将持续至放射性核素蜕变成稳定性核素或全部被排出体外为止。

6.3.5　土壤污染的防治与土壤修复

要控制土壤污染，必须实施"预防为主，防治结合"的环境保护方针。对于已污染的土壤，必须积极采取有效修复手段，恢复土壤"肥力"，使土壤资源得以永续利用。常用的污染土壤修复技术包括生物修复、化学修复、物理修复等。根据处理污染土壤的位置，可分为原位修复和异位修复。原位修复成本较低，异位修复环境风险较低，系统处理的预测性较高。

1. 生物修复技术

土壤生物修复是利用土壤中天然的微生物资源或人工培育的优质菌种，包括具有特异降解功能的动植物，人工投加到已污染土壤中，使土壤中的污染成分迅速转化降解，减少污染物浓度，使土壤恢复其原有功能。与其他土壤修复方法相比，生物修复具有经济简便、处理效果好、避免二次污染产生等优点，近年来得到各国科研人员的广泛关注。可采取的措施有：

（1）微生物修复法

利用根际圈内菌和真菌、细菌等微生物的新陈代谢活动，降解转化土壤中的有机污染物，降低土壤有毒物质的毒性，恢复土壤活性。科学家研究发现，利用特种微生物修复受有机污染的土壤，具有操作简便，经济节约，环境友好等特点，引起许多国家的重视。可作为生物修复菌种的微生物有使土著微生物（环境中固有的微生物）、外来微生物和基因工程菌（基因工程技术，将降解性质粒转移到一些在污染土壤中生存的菌体内）。

（2）植物修复法

筛选出对重金属有特殊超强吸附能力的植物，种植在重金属污染地区，通过植物吸收和稳定作用，可以逐步降低土壤重金属的含量，恢复土壤背景值。植物修复原理主要是利用植物提取、植物挥发、植物固定作用，转化和降解污染土壤中的有机物，吸收富集重金属元素，通过植物收集达到降低土壤污染的效果。目前已发现 700 多种植物能超量累积土壤中的铜、铅、镉、镍、铁、锰、锌等重金属，在土壤重金属地区种植特定的超累积植物可以减少土壤重金属的含量。例如遏蓝菜属是一种已被鉴定的 Zn 和 Cd 超积累植物；印度芥菜对 Cd、Ni、Zn、Cu 富集可分别达到 58、52、31、17 和 7 倍。

（3）动物修复法

蚯蚓不仅能翻耕土壤，改良土壤性质，还能对土壤中的农药和重金属具有良好的毒理效应和忍耐力。因此利用土壤中的动物如蚯蚓可以有效改善土壤理化性质、增强微生物活性、改变污染物的活性，可以达到强化污染土壤的生物修复目的。日本已有利用培育放养蚯蚓以降解和消除土壤污染物的先例，并取得良好效果。

2. 化学修复技术

化学修复是利用加入土壤中的化学修复剂与污染物发生一定的化学反应，使污染物降解和毒性去除或降低的修复技术。施用的化学物质为氧化剂、还原剂、沉淀剂、吸附剂或解吸剂（增溶剂）。常用的方法有：

（1）pH 值控制技术

pH 值控制技术是一种最简单的方法。其原理为：加入碱性试剂，将废物的 pH 值调整至使重金属离子具有最小溶解度的范围，从而实现土壤中重金属的稳定化。常用的 pH 调整剂有石灰、苏打、石灰窑灰渣、硅酸钠等或硅肥、钙镁磷肥等碱性肥料等。有研究表明通过对重金属镉污染的土壤添加高炉渣，提高土壤的 pH 值并增加可溶性硅含量，能有效地抑制水稻对镉的吸收，且控制效果在 90% 以上。

（2）氧化/还原技术

通过对已污染的土壤添加氧化还原试剂，改变土壤中重金属离子的价态来降低重金属的毒性和迁移性。常用的还原剂有硫酸亚铁、代硫酸钠、亚硫酸氢钠、二氧化硫等，已研究最典型的是把六价铬还原为三价铬，从而降低了其的毒性。此外，还有研究表明降低土壤的氧化还原电位有利于土壤中稀土元素释放。

（3）沉淀技术

添加的化学试剂可根据其形成的化合物溶度积大小来确定金属化合物的稳定性，如形成硫化物沉淀、硅酸盐沉淀、无机络合物沉淀和有机络合物沉淀等，来降低重金属的污染。沉淀剂主要包括碳酸盐、硅酸盐、磷酸盐、石灰硫磺合剂等。例如对 Pb、Cd、Hg、Zn 等造成的污染，施用碳酸盐可达到较好的预防效果。

（4）吸附技术

作为处理土壤中重金属废物的吸附剂有：活性炭、黏土、金属氧化物（氧化铁、氧化镁、氧化铝等）、天然材料（锯末、沙、泥炭等）、人工材料（活性氧化铝、有机聚合物等）。例如当土壤 Cd 浓度为 49.5mg/kg 时，加入土重 1%～2% 的膨润土、合成沸石等，莴苣叶中的 Cd 浓度降低了 60%～88%。但是由于吸附是可逆的过程，如果外界环境条件发生变化，污染物将会重新释放到环境中去。

（5）重金属螯合技术

在一般的环境条件下，由于土壤中重金属的表聚性，土壤中的重金属吸附在土壤固体表面而残留于土壤耕层，因此向土壤中施加重金属螯合剂，可提高土壤中重金属的活性和生物有效性，使其易于流动和被吸收。研究表明向土壤中添加乙二胺四乙酸、柠檬酸钠和酒石酸钠等有机配体可促进小麦植株对稀土的摄取，增加其生物可利用性，植物对稀土的富集量随有机配体浓度升高而增大。稀土解吸量随有机配体浓度增加而增大，并与植物体内富集量有良好的相关关系，表明有机配体进入土壤生态系统后，可与土壤固体表面争夺稀土离子，使吸附固定在土壤表面的稀土转化为可溶性配合物进入土壤溶液，增加稀土在土壤溶液中的浓度和生物可利用性。

（6）拮抗技术

化学性质相近的 Ca 和 Sr、Zn 和 Cd、K 和 Cs 等之间会产生拮抗竞争作用，因此可根据土壤中重金属元素的拮抗作用，利用一些对人体没有危害的重金属拮抗作用来控制土壤中的重金属污染。有研究发现，烟草中的铁会抑制其对镉的吸收，可通过对土壤添加铁来减轻烟草对镉的吸收

化学修复技术的费用较高，对环境造成二次污染的风险性也比较高。

3. 物理修复技术

（1）排土法和客土法

传统的土壤污染的物理改良法通常包括排土法和客土法。排土法是指将受污染的表层土从污染场址移出；客土法是搬运别的土壤（非污染土壤，客土）掺在过砂或过黏的土壤中并使之相互混合，达到改良原地土壤质地的方法。日本的 Cd 污染稻田有近 1/3 通过该方法恢复了正常。采用客土法治理重金属污染，效果显著，不受土壤条件的限制。但工程量大、费用高、土壤结构和肥力恢复时间长，并且存在污染土壤的处理问题，因此目前只用于污染严重的区域。

（2）其他物理修复方法

以上两种方法可在短时期内使受污染土壤获得理想效果，但需耗费大量人力物力，而且移出后的污染土壤还需进一步处理以防治二次污染。因此，近年来对一些物理改良法的研究逐渐升温，其中包括电动修复、电热修复和土壤淋洗等。应用电动力学方法去除土壤中重金属的原理是在水饱和的土壤中施加电场，电场能打破土壤对金属的束缚，金属能以电渗透的方法移到阳极附近，并被吸到土壤表层而加以清除。但是电动力学方法对于渗透性较高、传导性较差的土壤不适用。电热修复是利用高频电压的电磁波产生热能，对土壤进行加热，使污染物从土壤颗粒内解吸出来，加快一些易挥发性物质从土壤中分离，从而达到修复的目的。该技术可以修复被 Hg 等重金属污染的土壤。目前应用较广的是通过在土壤中施加化学淋洗液，把土壤固相中的重金属转移到土壤液相中去，再把富含重金属的废水进一步回收处理的土壤修复方法。目前，用于淋洗土壤的淋洗液较多，包括有机或无机酸、碱、盐和螯合剂。虽然土壤淋洗需要消耗大量的淋洗液，但考虑到淋洗液的可处理循环使用的特性，该技术具有广泛的应用前景。

4. 多种改良措施的联合修复

目前土壤污染的典型特征是复合污染，因此，研究人员根据特殊地区土壤污染的特点，结合以上改良方法，研制出针对性改良措施，改善土壤环境。如施用螯合剂以增强植物对土壤重金属污染物的吸附能力，该方法因具有良好的社会效益和经济效益，成为未来

研究的热门方向。

6.4 物理性污染与防治

本节要求：了解噪声、电磁辐射、放射性、振动污染的概念、危害及其来源，熟悉噪声、电磁辐射、放射性、振动污染的危害、传播途径及其防治措施，掌握噪声、电磁污染、放射性污染的防治和个人防护。

从污染源的属性上来看，环境污染可以分为三大类型：物理性污染、化学性污染、生物性污染。物理性污染是指由物理因素引起的环境污染，如：放射性辐射、电磁辐射、噪声、光污染等。

6.4.1 噪声污染

随着工业、交通和城市的飞速发展，噪声已经成为一种重要的环境公害。

1. 噪声的定义

从物理定义而言，振幅和频率上完全无规律的振荡称之为噪声，而通常所说的噪声污染是指人为造成的。从生理学观点来看，凡是不需要的，使人厌烦并干扰人的正常生活、工作和休息的声音统称为噪声。当噪声对人及周围环境造成不良影响时，就形成噪声污染。噪声不仅取决于声音的物理性质，而且和人的生活状态有关。如一个人在家中尽情欣赏摇滚乐，常常陶醉于其中；而对于一个十分疲倦的邻居，这种音乐就成了噪声。

噪声的强度可用声级表示，单位为分贝（dB）。一般来说，声级在 30~40dB 是比较安静的环境，超过 50dB 就会影响睡眠和休息，70dB 以上干扰人们的谈话，使人心烦意乱，精力不集中，而长期工作或生活在 90dB 以上的噪声环境中，会严重影响听力和导致其他疾病的发生（图 6-30）。表 6-8 列出了日常噪声源的声级及其对人的影响。

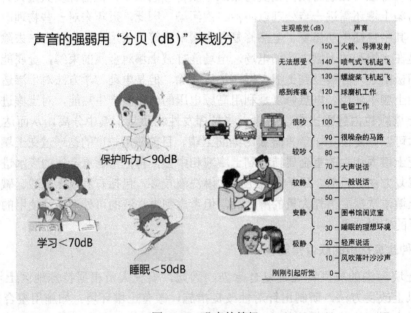

图 6-30 噪声的等级

表 6-8　日常噪声源的声级及其对人的影响

噪声源	声级/dB	对人的影响	噪声源	声级/dB	对人的影响
火箭、导弹发射	150～160	无法忍受	喧闹马路	90～100	很吵
喷气式飞机喷口	130～140	无法忍受	大声说话（附近较少）	70～80	较吵
螺旋桨飞机	120～130	痛阈	一般说话	60～70	一般
高射机枪	120～130	痛阈	普通房间	50～60	较静
柴油机	110～120	很吵	静夜	30～40	安静
球磨机	110～120	很吵	轻声耳语	20～30	安静
织布机	100～110	很吵	消声状态	10～20	极静
电锯	100～110	很吵	（室内听觉下限）	0～10	听阈
载重汽车	90～100	很吵	喧闹马路	90～100	很吵

2. 噪声的分类

按声源的机械特点，噪声可以分为气体扰动产生的噪声、固体振动产生的噪声、液体撞击产生的噪声，以及电磁作用产生的电磁噪声。按声音的频率，噪声可以分为小于 400Hz 的低频噪声、400～1000Hz 的中频噪声及大于 1000Hz 的高频噪声。

3. 噪声的来源

噪声主要来源于：

（1）交通运输噪声。交通运输工具，如火车、汽车、摩托车、飞机、轮船等，在行驶时都会产生噪声。这些噪声源具有流动性，干扰范围大。近年来，随着城市机动车辆剧增，交通运输噪声已经成为城市的主要噪声源。

（2）工业生产噪声。工业生产离不开各种机械和动力装置，其在运转过程中一部分能量被消耗后以声能的形式散发出来而形成噪声。工业噪声中有因空气振动产生的空气动力学噪声，如通风机、鼓风机、空气压缩机、锅炉排气等产生的噪声；也有由于固体振动产生的机械性噪声，如织布机、球磨机、碎石机、电锯、车床等产生的噪声；还有由于电磁力作用产生的电磁性噪声，如发动机、变压器产生的噪声。工业噪声一般声级高，而且连续时间长，有的甚至长年运转、昼夜不停，对周围环境影响很大。

（3）建筑施工噪声。建筑工地常用的打桩机、推土机、挖掘机等会产生噪声，噪声常在80dB 以上，扰乱邻近居民的正常生活。改革开放以来，我国的城市建设日新月异，大中城市的建筑施工场地很多，因此建筑施工噪声的影响面很大。

（4）生活噪声。生活噪声是日常生活中经常碰到的，常见的有街道噪声、室内噪声等。

4. 噪声污染的特点

（1）噪声污染是局部的，多发性的，影响范围也具有局限性。除飞机噪声等特殊情况外，一般从声源到受害者的距离很近，不会影响很大的区域。

（2）噪声污染是物理性污染，没有污染物，也没有后效作用，一旦声源停止发声，噪声污染便立即消失。

（3）噪声的再利用问题很难解决。目前所能做到的是利用机械噪声进行故障诊断。如通过对各种运动机械产生噪声水平和频谱的测量和分析，作为评价机械机构完善程度和制造质量的指标之一。

5. 噪声的危害

噪声污染对人体健康（包括器官损害、心理状态、精神状态）会造成重大而持续的危害，也会使生活质量显著降低。因此，公众向政府部门投诉或上告法庭的事件逐年增多，使社会关系紧张，甚至引发冲突。

（1）噪声对人类的影响（噪声病）

人在噪声环境中，常会感到烦恼、难受、耳鸣，少数人可出现晕眩、恶心、呕吐等症状。而这些症状在脱离噪声环境后就会得以缓解或消失，若再次接触噪声，上述情况又将重复出现，且症状随接触次数增加及时间延长而加重，逐渐出现听觉疲劳，如两耳轰鸣、听觉失灵，进而发生听力丧失而成为噪声性耳聋。一般小于 85dB 的噪声对听觉的影响较小，但是在 85dB 以上，噪声强度越大、频率越高，噪声性耳聋发病率越高。此外，极强噪声能使人的听觉器官发生急性外伤，引起耳膜破裂出血、双耳变聋、语言紊乱、神志不清、脑震荡和休克，甚至死亡。噪声污染对儿童及孕妇的损害更加严重。因此，在美国"噪声病"一词已出现于医学书刊，而且其发病率与日俱增。有人把噪声视为一种新的致人死亡的慢性毒药。

（2）噪声对动物的影响

① 噪声能对动物的听觉、视觉器官、内脏器官及中枢神经系统造成病理性变化。

听觉：动物暴露在 150～160dB 的强噪声场中，其耳廓对声音的反射能力便会下降甚至消失。

视觉：动物暴露在 150dB 以上的低频噪声场中，会引起眼部振动，造成视觉模糊。

② 噪声对动物的行为有一定的影响，实验证明，动物在噪声场中会失去行为控制能力，不但烦躁不安而且失去常态。如在 165dB 噪声场中，大白鼠会疯狂窜跳、互相撕咬和抽搐，然后就僵直地躺倒。

③ 声致痉挛：声致痉挛是声刺激在动物体（特别是啮齿类动物体）上诱发的一种生理肌肉的失调现象，是声音引起的生理性癫痫。

④ 噪声引起动物死亡：大量实验表明，强噪声场能引起动物死亡。噪声声压级越高，使动物死亡的时间越短。

（3）噪声对生产的影响

噪声还对生产和生活造成严重影响，给建筑物带来灾难。如超声速飞机产生的巨大压力波往往超过 140dB，可使墙震裂、门窗破坏，甚至使烟囱和老建筑物发生倒塌，钢结构产生"声疲劳"而损坏。强烈的噪声可使高精密度的仪表失灵。

6. 噪声污染防治技术

噪声在传播过程中有三个要素，即声源、传播途径和接受者。只有这三个要素同时存在时，噪声才能对人造成干扰和危害。因此，控制噪声必须考虑这三个要素。

（1）声源控制技术

控制噪声的根本途径是对声源进行控制，控制声源的有效方法是降低辐射声源声功率。在工矿企业中，经常可以遇到各种类型的噪声源，它们产生噪声的机理各不相同，所采用的声源控制技术也不相同。一个实际的噪声源产生噪声的机理往往不是单一的，如一台鼓风机工作时产生机械性、气流性和电磁性三个方面的噪声。

① 机械噪声的控制：机械噪声是由各种机械部件在外力激发下产生振动或相互撞击而产生的，部件旋转运动的不平衡、往复运动的不平衡及撞击摩擦是产生噪声的主要原因。控制机械噪声的主要方法有：避免运动部件的冲击和碰撞，降低撞击部件之间的撞击力和速度，延长撞击部件之间的撞击时间；提高旋转运动部件的平衡精度，减少旋转运动部件的周期性激发力；提高运动部件的加工精度和光洁度，选择合适的工差配合，控制运动部件之间的间隙大小，降低运动部件的振动振幅，采取足够的润滑以减少摩擦力；在固体零部件接触面上，增加特性阻抗不同的黏弹性材料，减少固体传声，在振动较大的零部件上安装减振器，以隔离振动，减少噪声传递；采用具有较高内损耗系数的材料制作机械设备中噪声较大的零部件，或在振动部件的表面附加外阻尼，降低其声辐射效率；改变振动部件的质量和刚度，防止共振，调整或降低部件对外激发力的响应，降低噪声。

② 气流噪声的控制：气流噪声是由气流流动过程中的相互作用或气流和固体介质之间的作用产生的。控制气流噪声的主要方法有：选择合适的空气动力机械设计参数，减小气流脉动，减小周期性激发力；降低气流速度，减少气流压力突变，以降低湍流噪声；降低高压气体排放压力和速度；安装合适的消声器。

③ 电磁噪声的控制：电磁噪声主要是由交替变化的电磁场激发金属零部件和空气间隙周期性振动而产生的。对于电动机来说，由于电源不稳定也可以激发定子振动而产生噪声。电磁噪声主要分布在 1000Hz 以上的高频区域。电压不稳定产生的电磁噪声，其频率一般为电源频率的两倍。降低电动机噪声的主要措施有：合理选择沟槽数和级数；在转子沟槽中充填一些环氧树脂材料，降低振动；增加定子的刚性；提高电源稳定度；提高制造和装配精度。降低变压器电磁噪声的主要措施有：减小磁力线密度；选择低磁性硅钢材料；合理选择铁芯结构，铁芯间隙充填树脂性材料，硅钢片之间采用树脂材料粘贴。

④ 隔振技术：工业上，振动常常与噪声联合作用于人体，振动控制是噪声控制中的常用方法。振动虽然和噪声有密切的关系，但它们又是两种完全不同的物理现象，控制振动的目的不仅在于消除因振动而激发的噪声，还在于消除振动本身对周围环境造成的有害影响。控制振动的方法主要有减小扰动，防止共振，采取隔振措施等。

（2）控制噪声的传播途径

① 吸声降噪：吸声降噪是一种在传播途径上控制噪声强度的方法。当声波入射到物体表面时，部分入射声能被物体表面吸收而转化成其他能量，这种现象叫作吸声。物体的吸声作用是普遍存在的，吸声的效果不仅与吸声材料有关，还与所选的吸声结构有关。相同的机器，在室内运转与在室外运转相比，其噪声更强。这是因为在室内，我们除了能听到通过空气介质传来的直达声外，还能听到从室内各种物体表面反射而来的混响声。混响声的强弱取决于室内各种物体表面的吸声能力。光滑坚硬的物体表面能很好地反射声波，增强混响声；而像玻璃棉、矿渣棉、棉絮、海草、毛毡、泡沫塑料、木丝板、甘蔗板、吸砖等材料，能把入射到其上的声能吸收掉一部分，当室内物体表面由这些材料制成时，可有效降低室内的混响声强度。这种利用吸声材料来降低室内噪声强度的方法称为吸声降噪。它是一种广泛应用的降噪方法，实验证明，一般可将室内噪声降低 5～8dB。

② 消声器：消声器是一种既能使气流通过又能有效地降低噪声的设备。通常可用消声器降低各种空气动力设备的进出口或沿管道传递的噪声。例如在内燃机、通风机、鼓风机、压缩机、燃气轮机以及各种高压、高气流排放的噪声控制中广泛使用消声器。一个合适的消声器可直接使气流声源噪声降低 20～40dB，相应响度降低 75%～93%。通常要求消声器对

气流的阻力要小，不能影响气动设备的正常工作，其构成材料要坚固耐用并便于加工和维修。此外要外形美观、经济。

③ 隔声技术：对于空气传声的场合，可以在噪声传播途径中利用墙体、各种板材及构件将接受者分隔开来，使噪声在空气中传播受阻而不能顺利通过，以减少噪声对环境的影响，这种措施统称为隔声。对于固体传声，可以采用弹簧、隔振器以及隔振阻尼材料进行隔振处理，这种措施统称为隔振。隔振不仅可以减弱固体传声，同时可以减弱振动直接作用于人体和精密仪器而造成的危害。

隔声是噪声控制工程中常用的一种技术措施。常用的隔声构件有各类隔声墙、隔声罩、隔声控制室及隔声屏（图 6-31）等。

图 6-31　各类隔声屏示意图

（3）个人防护

当在声源和传播途径上控制噪声难以达到标准时，往往需要采取个人防护措施。在很多场合下，采取个人防护还是最有效、最经济的方法。目前最常用的方法是佩戴护耳器。一般的护耳器可使耳内噪声降低 10～40dB。护耳器的种类很多，按构造差异分为耳塞、耳罩和头盔。

6.4.2　电磁辐射污染

电磁辐射污染是指人类使用产生电磁辐射的器具而泄漏的电磁能量流传播到室内外空间中，其量超出环境本底值，且其性质、频率强度和持续时间等综合影响引起周围受辐射影响人群的不适感，并使健康和生态环境受到损害。由于电气、电子技术的广泛应用，无线电广播、电视以及微波技术等事业的迅速发展和普及，射频设备的功率成倍提高，地面上的电磁辐射大幅度增加，已达到可以直接威胁人体健康的程度。目前，控制电磁污染已被列为环境保护项目之一。

1. 电磁辐射污染的来源

在 1831 年英国科学家法拉第发现电磁感应现象后，人类就开始探索电磁辐射的利用。时至今日，电磁辐射已经深入到人类生产、生活的各个方面，特别是 20 世纪末全球移动通信的普及，使人类充分享受由电磁辐射带来的方便，人类的活动空间得以充分延伸，超越了国家、乃至地球的界线。但是，电磁辐射的大规模应用，也带来了严重的电磁污染。当电磁辐射强度超过人体所能承受的或仪器设备所能容许的限度时，即产生电磁污染。电磁污染主要来源于两大类：

（1）天然污染源

天然的电磁污染是由大气中的某些自然现象引起的。最常见的是大气中由于电荷的积累而产生的雷电现象；也可以是来自太阳和宇宙的电磁场源。这种电磁污染除对人体、财产等产生直接的破坏外，还会在广大范围内产生严重的电磁干扰，尤其对短波通信的干扰最为严重。

（2）人为污染源

人为污染是指人工制造的各种系统、电气和电子设备产生的电磁辐射，可以危害环境。人为污染源主要包括某些类型的放电、工频场源与射频设备。工频场源主要指大功率输电线路产生的电磁污染，如大功率电机、变压器、输电线路等产生的电磁场。它不是以电磁波的形式向外辐射，而主要是对近场区产生电磁干扰。射频场源主要是指无线电、电视和各种射频设备在工作过程中所产生的电磁辐射和电磁感应，这种辐射源频率范围宽，影响区域大，对近场工作人员危害也较大，因此已成为电磁污染环境的主要因素。一般来说，人为电磁辐射污染来源主要包括以下几个方面：

① 广播电视系统。一个城市影响最大的电磁辐射源是广播电视发射塔。尤其是目前发射塔高度不断增加。

② 通信、雷达及导航系统。

③ 工业企业、科研系统、医疗系统的电子设备。工业企业使用的高频焊管机、高频淬火机等。医疗使用的射频治疗机、微波理疗机、高频理疗机等。

④ 交通系统。包括轻轨地铁、电气化铁道、有轨电车。机动车点火系统在瞬间产生火花放电，在 60m 内可干扰周围的电视广播。

2．电磁辐射污染的危害

电磁辐射主要是指射频电磁辐射，当射频电磁场达到足够强度时，可能造成以下几方面的危害：

（1）工业干扰

电磁辐射向空间辐射，形成空间电波噪音。一方面通过空间辐射传播，另一方面沿着各种导线（高压输电线、低压配电线、电话线等）传导，波及很远的地方。这种电波噪声，能干扰各种电子设备、仪器仪表的正常工作，使信息失误、控制失灵，对通信联络造成意外，从而可能对电气设备、飞机、建筑物等造成直接破坏。例如，某医院附近的工厂使用高频感应炉，则会使该医院的脑电图仪、心电图仪、血流图设备等都无法正常工作；再如，1991年英国劳达公司一架民航客机不幸坠毁，造成 223 人全部遇难。据有关专家推测，造成这次空难的罪魁祸首可能仅仅是一台笔记本电脑或一部移动电话使用时产生的电磁辐射干扰了机上的电子设备。又如，1997 年 8 月 13 日上午 8 时 30 分，深圳机场地空通信忽然受到不明干扰，航管频率中出现刺耳杂音，致使空中指挥无法继续。事后调查发现，干扰来自机场附近山头上的 200 多个无线电发射机。

（2）对人体健康的损害

高强度的电磁辐射以热效应和非热效应两种方式作用于人体，能使人体组织温度升高，当射频电磁场的辐射强度被控制在一定范围时，可对人体产生良好的作用，如用理疗机治病；但当它超过一定范围时，则会破坏人体的热平衡，对人体产生危害，从而导致身体发生机能性障碍和功能紊乱，严重时造成植物神经功能紊乱，表现为心动、血压和血象等方面的失调，还可损伤眼睛。此外，电磁辐射对生殖系统也有较严重的影响（图 6-32）。电磁辐射对人体危害的程度与电磁波波长有关。按对人体危害程度由大到小排列，依次为微波、超短波、短波、中波、长波，即波长越短，危害越大。长期在非致热强度电磁辐射下工作的人会出现乏力、记忆力衰退等神经衰弱症候相、心悸、心前区疼痛、胸闷、易激动、脱发、月经紊乱等病症。

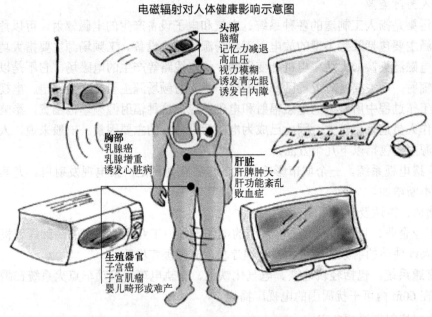

图 6-32　电磁辐射对人体的影响

电磁污染的环境容许强度各国尚未一致，俄罗斯规定微波职业接触强度为 $10\mu W/cm^2$，环境标准为 $5\mu W/cm^2$。美国国家标准学会规定照射时间平均在 0.1h 以上者，接触强度为 $1mW/cm^2$。

（3）引燃引爆

电磁辐射可使金属器件之间互相碰撞而打火，从而引起火药、可燃油类或气体燃烧或爆炸。

3. 电磁辐射污染的防治

控制电磁污染必须采取综合防治的办法，才能取得更好的效果。如合理设计使用各种电气、电子设备，减少设备的电磁漏场及电磁漏能；通过合理工业布局，使电磁污染源远离居民稠密区；制定设备的辐射标准并进行严格控制，对已经进入到环境中的电磁辐射，采取一定的技术防护手段，以减少对人及环境的危害。主要的防治措施有以下四个方面：

（1）区域控制及绿化

对工业集中城市，特别是电子工业集中城市或电气、电子设备密集使用地区，可以将电磁辐射源相对集中在某一区域，使其远离一般工作区或居民区，并对这样的区域设置安全隔离带，从而在较大的区域范围内控制电磁辐射的危害。

区域控制大体分为四类：

① 自然干净区：区域内基本上不设置任何电磁设备。

② 轻度污染区：只允许某些小功率设备存在。

③ 广播辐射区：指电台、电视台附近区域，因其辐射较强，一般应设在郊区。

④ 工业干扰区：属于不严格控制辐射强度的区域，对这样的区域要设置安全隔离带并实施绿化。

依据上述区域的划分标准，合理进行城市、工业等的布局，可以减少电磁辐射对环境的污染。

（2）屏蔽防护

使用某种能抑制电磁辐射扩散的材料，将电磁场源与其环境隔离开来，使辐射能被限制在某一范围内，达到防止电磁污染的目的，这种技术手段称为屏蔽防护。目前屏蔽高频电磁辐射源是解决电磁污染的主要措施。具体方法是在电磁场传递的路径中，安设用屏蔽材料制成的屏蔽装置。屏蔽防护主要是利用屏蔽材料对电磁能进行反射与吸收。传递到屏蔽材料上的电磁场，一部分被反射，且由于反射作用使进入屏蔽体内部的电磁能减到很少，进入屏蔽体内的电磁能又有一部分被吸收。因此透过屏蔽的电磁场强度会大幅度衰减，从而避免了对人与环境的危害。

屏蔽材料可用钢、铁、铝等金属，或用涂有导电涂料或金属镀层的绝缘材料。一般来讲，电场屏蔽选用铜材为好，磁场屏蔽则选用铁材。屏蔽体的结构形式有板结构与网结构两种，可根据具体情况将屏蔽壳体做成六面封闭体或五面半封闭体，对于要求高者，还可以做成双层屏蔽结构。为保证屏蔽效果，需保持整个屏蔽体的整体性，对壳体上的孔洞、缝隙等要采用焊接、弹簧片接触、蒙金属网等方法进行屏蔽处理。

根据不同的屏蔽对象与要求，应采用不同的屏蔽装置与形式。

① 屏蔽罩：适用于小型仪器或设备的屏蔽。

② 屏蔽室：适用于大型机组或控制室。

③ 屏蔽衣、屏蔽头盔、屏蔽眼罩：适用于个人的屏蔽防护。

（3）吸收防护

采用对某种辐射能量具有强烈吸收作用的材料，敷设于场源外围，防止大范围污染。吸收防护多用于近场区的防护上。常用的吸收材料有以下两类：

① 谐振型吸收材料：利用某些材料的谐振特性制成的吸收材料，特点是材料厚度小，只对频率范围很窄的微波辐射具有良好的吸收率。

② 匹配型吸收材料：利用某些材料和自由空间的阻抗匹配，吸收微波辐射能。特点是适于吸收频率范围很宽的微波辐射。实际应用的吸收材料种类很多，可在塑料、橡胶、胶木、陶瓷等材料中加入铁粉、石墨、木材和水等制成，如泡沫吸收材料、涂层吸收材料和塑料板吸收材料等。

（4）个人防护

个人防护措施主要有穿防护服、戴防护头盔和防护眼镜等，但个人防护措施因电磁辐射作用于人的特点不同而异。例如，对于微波与激光应着重采取对眼睛和皮肤的防护措施。此外，由于电磁污染的危害与接触时间长短有关，所以减少暴露时间也可以减轻电磁污染对人的危害。

6.4.3　放射性污染

放射性是指原子裂变而释放出射线的物质属性，放射性核素进入环境后，会对环境及人体造成危害，成为放射性污染物。放射性污染物主要是通过射线的照射危害人体和其他生物体，这种对人体有害的射线包括 α 射线、β 射线、γ 射线、X 射线和质子束等。放射性物质可通过空气、饮用水和复杂的食物链等多种途径进入人体，还可以通过外照射的方式危害人类的健康。因此它对环境的污染越来越受到人们的重视。

1. 放射性污染的来源

作用于人类的放射性污染源有以下两种。

（1）天然辐射源

天然辐射源是自然界中天然存在的辐射源，人类从诞生起一直就生活在这种天然的辐射环境之中，并已经适应了这种辐射。天然辐射源所产生的总辐射水平称为天然放射性本底，它是判断环境是否受到放射性污染的基础。

（2）人工辐射源

人工辐射源是指由生产、研究和使用放射性物质的单位所排出的放射性废物和核武器试验所产生的放射性物质，是对环境造成放射性污染的主要来源。

① 核爆炸的沉降物：核武器试验是全球放射性污染的主要来源，核试验后的沉降物质带有放射性颗粒，这些放射性沉降物除落到爆区附近外，还可随风扩散到更广泛的地区，造成对大气、地表、水体、动植物和人体的污染。细小的放射性颗粒甚至可达到平流层并随大气环流流动，经很长时间（甚至几年）才能回落到对流层，造成全球性污染。

② 核工业过程的排放物：核能应用于动力工业，构成了核工业的主体。核污染涉及核燃料的循环过程，主要包括核燃料的制备与加工过程、核反应堆的运行过程、核燃料后处理过程。正常运行时核电站对环境排放的气态和液态放射性废物很少，固态放射性废物又被严格地封装在钢罐中。在放射性废物的处理设施不断进行完善的情况下，正常运行时对环境不会造成严重污染。严重的污染往往都是由事故造成的，如 1979 年 3 月美国三里岛核电站事故和 1986 年 4 月苏联切尔诺贝利核电站事故。

③ 医疗照射的射线：随着现代医学的发展，辐射作为诊断、治疗的手段越来越广泛应用。辐照方式除外照射外，还发展了内照射，如诊治肺癌等疾病，就采用内照射方式，使射线集中照射病灶，但同时也增加了操作人员和病人受到的辐射。因此，医用射线已成为环境中的主要人工污染源之一。

④ 其他方面的污染源：某些用于控制、分析、测试的设备使用了放射性物质，对职业操作人员会产生辐射危害。夜光表、彩电等一些生活用品中使用了放射性物质，一些建筑材料如含铀、镭的花岗岩和钢渣砖等，它们的使用会增加室内的辐照强度。再如磷矿石中经常会有相当数量的铀和钍，若使用磷肥不当，也可造成放射性污染。

2. 放射性污染的危害

放射性污染物与一般的化学污染物有着明显的不同，主要表现在每一种放射性核素均具有一定的半衰期，在其放射性自然衰变的这段时间里，它都会放射出具有一定能量的射线，持续地产生危害作用，除了进行核反应之外，目前，采用任何化学、物理或生物的方法，都无法有效地破坏这些核素，改变其放射的特性。放射性污染物所造成的危害，在有些情况下并不立即显示出来，而是经过一段潜伏期后才显现出来。放射性对人体的危害程度主要取决于所受辐射剂量的大小。

一次或短期内受到大剂量照射时，会产生放射损伤的急性效应，使人出现恶心、呕吐、脱发、食欲减退、腹泻、体温升高、睡眠障碍等神经系统和消化系统的症状，严重时会造成死亡。例如在数千拉德（rad）高剂量照射下，可以在几分钟或几小时内将人致死，受到 600rad 以上的照射时，在两周内的死亡率可达 100%，受照射量在 300~500rad 左右时，在四周内的死亡率可达 52%。

在急性放射病恢复以后，经一段时间或低剂量照射后数月、数年、甚至数代后还会产生辐射损伤的远期效应，如致癌、白血病、白内障、寿命缩短、影响生长发育等，甚至对遗传基因产生影响，使后代身上出现某种程度的遗传性疾病。

在《放射防护规定》（GBJ-74）中对放射性工作者最大允许剂量当量定为每年 5 雷姆（rem），广大居民允许的剂量当量为每年 0.5rem。在此剂量连续照射下其辐射效应极微，一般不易觉察，但对人体的影响问题应予重视并深入研究。

3. 放射性污染防治

放射性废物不像一般工业废物和垃圾等极容易被发现和预防其危害。它是无色无味的有害物质，只能靠放射性测试仪才能探测到。因此，对放射性废物的管理、处理和最终处置必须按照国际和国家标准进行，以期把对人类的危害降到最低水平。

（1）放射性辐射防护

放射性辐射防护的目的主要是减少射线对人体的照射，其中外照射防护的具体方法有：

① 时间防护：人体受照的时间越长，则接受的照射剂量也越多。因此要求工作人员操作准确敏捷以减少受照时间；也可以增配人员轮流操作以减少每个人的受照时间。

② 距离防护：人距离辐射源越近，则受照剂量越大。因此必须远距离操作以减少受照量。

③ 屏蔽防护：即在辐射源与人之间放置一种合适的屏蔽材料，利用屏蔽材料对射线的吸收以降低外照射剂量，如 α 射线的防护。α 射线射程短，穿透力弱，在空气中易被吸收，因此用几张纸或薄的铅膜，即可将其屏蔽。但其电离能力强，进入人体后会因内照射造成较大伤害。β 射线是带负电的电子流，穿透物质能力强于 α 射线，因此对 β 射线屏蔽的材料可采用有机玻璃、烯基塑料、普通玻璃及铅板。γ 射线是波长很短的电磁波，穿透物质能力很强，危害也最大，常用具有足够厚度的铅、铁、钢、混凝土等材料屏蔽 γ 射线。为防止人们受到不必要的照射，在有放射性物质和射线的地方应设置明显的危险标志。

此外，内照射防护的基本原则是阻断放射性物质通过口腔、呼吸器官、皮肤、伤口等进入人体的途径或减少其进入量。

（2）放射性废液的处理与处置

对不同浓度的放射性废水可采用不同的方法进行处理。

① 稀释排放：对于放射性强度较低的废液可采用稀释分散的方法。但是排入本单位下水道的放射性废水浓度，不得超过露天水源中限制浓度的 100 倍，否则必须经过专门净化处理。

② 浓缩储存：对半衰期较短的放射性废液可直接在专门容器中封装储存，经一段时间

待其放射性强度降低后，可稀释排放。对于半衰期长或放射性强度较高的废液，可将其浓缩以便做长期储存处理。例如，采用蒸发法进行浓缩以减小体积，然后装罐投海或封存于地下。对于中低强度放射性废液，常用化学沉淀法和离子交换法进行处理。

③ 回收利用：在放射性废液中常含有许多有用物质，因此应尽可能回收利用。通常可以通过循环使用废水，回收废液中某些放射性物质，并在工业、医疗、科研等领域进行回收利用。

（3）放射性固体废物的处理与处置

放射性固体废物主要是指铀矿石提取铀后的废渣，被放射性物质污染而不能使用的各种器皿，以及浓缩废液经固化后形成的固体废弃物。对铀矿渣一般采用土地堆放或回填矿井的处理方法，这不能根本解决污染问题，但目前也无更有效的方法。对可燃放射性固体废物，多采用煅烧法，煅烧产生的废气和气溶胶物质需加以严格控制，灰烬要收集并掺入固化物中。对于一些不可燃的放射性固体废物，如金属固体废物则先进行拆卸和破碎处理后，再用熔化法处理以减少其体积，便于最终包封储存。

（4）放射性废气的处理与处置

对于低放射性废气，特别是含有半衰期短的放射性物质的低放射性废气，一般可通过高烟囱稀释直接排入大气中。对于含有粉尘或含有半衰期长的放射性物质的废气，则需经过处理。如用高效过滤的方法除去粉尘；用碱液吸收去除放射性碘；用活性炭吸附碘、氪、氙等。总之，在含有放射性物质的设备和工作场所都应装有通风和空气净化系统，如旋风分离器、过滤器、静电除尘器、湿式净气器等，把放射性废气进行处理后，通过高烟囱稀释排放。

（5）最终处置

放射性废物的最终处置是为确保废物中的有害物质对人类环境不产生危害，其基本方法是埋入能与生物圈有效隔离的最终储存库中。最终储存库的选址及地质条件应远离人类活动区，如选择在沙漠或谷地中。需要最终储存的废物应封装于不锈钢容器中，然后再放到储存库中。储存库应设立三道屏障：内层的储存库采用不锈钢覆面的钢筋混凝土结构；中间的工程屏障为一整套地下水抽提系统，以维持库外区域有较低的地下水位，有时为了加固深层地质，还要设置混凝土墙或金属板结构；外层为天然屏障，主要指地质介质，如盐矿层中的盐具有塑性变形和再结晶性质，导热性好，热容量高，机械性能好，且矿床常位于低地震区，床层内无循环地下水，有不透水层与地下水隔绝，是理想的储存库选择地，能保证有可靠的安全性。

6.4.4 振动污染

1. 振动污染的来源

振动是指一个物体在其平衡位置附近做一种周期性的往复运动，任何一种机械都会产生振动。引起机械振动的原因主要是旋转或往复运动部件的不平衡、磁力不平衡和部件的互相碰撞等三个方面。振动公害是一种感觉公害，它同噪声一样取决于人们的心理和生理因素。振动污染是一种瞬时性能量污染，当振源停止振动后，振动的危害也即停止。振动污染与其频率有关，30Hz（赫兹）以下为低频振动；30～100Hz 为中频振动；100Hz 以上为高频振动。

振动污染是由振源引起的，主要通过地面传播出去。振动公害主要来源是工厂、施工现场、公路和铁路等场所。在工厂中，振源主要是锻压、铸造、破碎、压榨、切割、风动以及动力等机械。一般以锻压机械振动为最大。在施工现场中，振源主要是各类打桩机、振动机、碾压设备以及爆破作业等。在交通中，振源主要是各类汽车以及机车车辆等。

2. 振动污染的危害

（1）振动对环境的污染

首先是振动会引起强烈的空气噪声，如冲床、锻床工作时不仅产生强烈的地面振动，而且产生很大的撞击噪声，可高达 100dB（A）以上；其次，振动引起结构噪声。机器振动通过基础、楼板、墙壁，可以迅速传递到很远处，造成较大范围内的振动和噪声的环境污染。

（2）振动对设备、建筑物会产生很多不良后果

振动作用于仪器设备，会影响仪器设备的精度、功能和正常使用寿命，严重时还会直接损坏仪器设备；振动作用于建筑物，会使建筑物发生开裂、变形，当振级超过 140dB(A) 时，有可能使建筑物倒塌。飞机的发动机和机翼的异常振动，还会造成严重的飞行事故。

（3）振动对人体的影响

振动对人体的影响是由振动强度、振动频率、暴露时间（人体承受振动持续时间）来共同决定的。人体对振动的感觉与其心理生理状态有密切关系，不同的人对相同振动的容忍程度是不一样的。

振动强度也即振动所产生的加速度。人在身体直立时能忍受（不受伤害）向上的加速度为重力加速度的 18 倍（即 18g），向下为 13g，横向为 50g 以上。如果加速度超过上述数值，则会造成皮肉青肿、骨折、器官破裂、脑震荡等损伤。振动频率对人体的影响，主要是与人体某些器官的固有频率相吻合的频率，它们会引起共振，对该器官产生严重影响和危害。例如，人体振动频率在 6Hz 附近；内脏在 8Hz 附近；头部在 25Hz 附近；神经中枢在 250Hz 附近；对于低于 2Hz 的次声振动甚至可以引起人的死亡。不同的频率、振幅和持续时间对人体引起眩晕等病状的严重程度是不同的。反冲力过猛烈的低频振动会使手、肘、肩的关节引起损伤。对于中频振动则会引起骨关节变化和引起血管痉挛。高频振动也能引起血管痉挛。长期处于中、高频振动作业的人，如以压缩空气为动力的风动工具和凿岩机操作者会产生职业病，初期症状为头痛、失眠、疲乏无力，易于发怒，继而产生头昏、极易疲劳、全身无力和食欲减退、手关节和前臂疼痛等症状，因其症状之一是手指会变白，故称之为白蜡病。

3. 振动污染的防治

一般来说，只有振源、振动传播途径和受振对象三个因素同时存在时，振动才会造成干扰和危害。因此，必须从这三个环节着手进行振动治理，结合技术、经济和使用等因素分别采取合理的措施。

（1）在振源处防治振动的传播是最根本最有效的方法。首先是减少机器扰动，如可以通过改造机械结构，改善机器的平衡性能；提高设备制造精度，减少振动结构的装配公差；改变干扰方向等。其次是控制共振，如可以通过改变机械结构的固有频率、改变机器转速来避免共振。

（2）在阻传上，一是可以采取改变振源位置，加大与振源的距离等措施。此外还可以设置隔振沟以及切断振动传播的途径。隔振沟深度应大于振动波长的1/3，1m 左右的浅沟对于隔离低频振动几乎毫无效果。二是通常采用隔振的方法，所谓隔振是指在机器和地基之间合

理地安装减振装置，以减少和阻止振动传入地基的一种技术措施。通常用的减振措施是装置隔振器、隔振元件和填充各种隔振材料等。弹簧、橡皮、软木、玻璃纤维和隔振垫均是较好的隔振材料和隔振元件。隔振器一般由弹簧、软木、橡皮等隔振材料制成。

（3）为了保护在强烈振动环境下的人免受振动的危害，可以采用振动的防护措施。如可以通过穿防振鞋来防止全身振动，通过戴防振手套来防止局部振动等。

6.4.5 光污染

1. 光污染的分类

国际上一般将主要光污染分成以下 3 类。

（1）白亮污染

当太阳光照射强烈时，城市里建筑物的玻璃幕墙、釉面砖墙、磨光大理石和各种涂料等装饰反射光线，明晃白亮。专家研究发现，长时间在白色光亮污染环境下工作和生活的人，视网膜和虹膜都会受到程度不同的损害，视力急剧下降，白内障的发病率高达 45%。还使人头昏心烦，甚至发生失眠、食欲下降、情绪低落、身体乏力等类似神经衰弱的症状。

（2）人工白昼

夜幕降临后，商场、酒店等建筑物上的广告灯、霓虹灯闪烁夺目，令人眼花缭乱。有些强光束甚至直冲云霄，使得夜晚如同白天一样，即所谓人工白昼。在这样的"不夜城"里，过强的光源影响了他人的日常休息，使夜晚难以入睡，扰乱人体正常的生物钟，导致白天工作效率低下。天空太亮，看不见星星，影响了天文观测、航空等，很多天文台因此被迫停止工作。据天文学家统计，在夜晚天空不受光污染的情况下，可以看到的星星约为 7 000 颗，而在路灯、背景灯、景观灯乱射的大城市里，只能看到大约 20～60 颗星星。

（3）彩光污染

舞厅、夜总会安装的黑光灯、旋转灯、荧光灯以及闪烁的彩色光源构成了彩光污染。据测定，黑光灯所产生的紫外线强度大大高于太阳光中的紫外线，且对人体有害影响持续时间长。人如果长期接受这种照射，可诱发流鼻血、脱牙、白内障，甚至导致白血病和其他癌变。彩色光源让人眼花缭乱，不仅对眼睛不利，而且干扰大脑中枢神经，使人感到头晕目眩，出现恶心呕吐、失眠等症状。人们长期处在彩光灯的照射下，其心理积累效应，也会不同程度地引起倦怠无力、头晕，神经衰弱等身心方面的病症。

2. 光污染的危害

光污染的危害主要体现在对人的影响和对动植物的影响两个方面。

（1）对人的影响

① 对附近居民的影响：当商业公益性广告或街道和体育场等处的照明设备的出射光线直接漫入附近居民的窗户时，就很可能对居民的正常生活产生负面影响。这些影响包括：照明设备产生的入射光线使居民的睡眠受到影响；商业性照明产生闪烁的光线或停车场上进出车辆的灯光使房屋内的居民感到烦躁，影响正常的工作和生活。

② 对行人的影响：当道路照明或广告照明设备安装不合理时，会对附近的行人产生眩光，导致行人降低或完全丧失正常的视觉功能，这影响到行人对周围环境的认知，同时增加了发生犯罪或交通事故的危险性。

③ 对交通系统的影响：各种交通线路上的照明设备或附近的体育场和商业照明设备发出的光线都会对车辆的驾驶者产生影响，降低交通的安全性。主要表现在：灯具或亮度对比很大的表面产生眩光，影响驾驶者的视觉功能，使驾驶者应对突发事件的反应滞后，使各种交通信号的可见度降低，从而更容易发生交通事故；规则布置的灯具会对高速行驶的车辆的驾驶者产生闪烁，当闪烁的频率出现在一定的范围内时，会使驾驶者产生不舒适感，甚至产生催眠作用；光污染对轮船和航空也会有相同的不良影响，同时因为这两种交通方式在夜间对灯塔等灯光导航系统有更高的依赖性，不合适的照明设备会对驾驶人员产生误导。安装在道路或桥梁上的灯具发出的光线，经水面反射后也会对驾驶人员产生影响，使其无法看清道路，易于引发交通事故。

④ 对天文观测的影响：天文观测依赖于夜间天空的亮度和被观测星体的亮度，夜空的亮度越低，就越有利于天文观测的进行。各种照明设备发出的光线由于空气和大气中悬浮尘埃的散射使夜空亮度增加，从而对天文观测产生影响。

（2）对动植物的影响

① 对植物的影响：种植在街道两侧的树木、绿篱或花卉会受到路灯的影响。当植物在夜间受到过多的人工光线照射时，其自然生命周期受到干扰，从而影响到植物的正常生长。

② 对动物的影响：很多动物受到过多的人工光线照射时生活习性和新陈代谢都会受到影响，有时会因此引发一些异常行为，如光污染改变了鸟类的生活习性，影响鸟的飞行方向；田地、森林或河流湖泊附近的人工照明光线会吸引更多的昆虫，从而危害到当地的自然环境和生态平衡；在捕鱼业中经常使用人工光来吸引鱼群，过量光线对鱼类和水生态环境也会造成影响。

6.4.6 热污染

热污染是指现代工业生产和生活中排放的废热所造成的环境污染。热污染可以污染大气和水体。火力发电厂、核电站和钢铁厂的冷却系统排出的热水，以及石油、化工、造纸等工厂排出的生产性废水中均含有大量废热。这些废热排入地面水体之后，能使水温升高。

热污染是一种能量污染，是指人类活动危害热环境的现象。若把人为排放的各种温室气体、臭氧层损耗物质、气溶胶颗粒物等所导致直接的或间接的影响全球气候变化的这一特殊现象除外，常见的热污染还有：（1）因城市地区人口集中，建筑群、街道等代替了地面的天然覆盖层，工业生产排放热量，大量机动车行驶，大量空调排放热量而形成城市气温高于郊区农村的热岛效应；（2）因热电厂、核电站、炼钢厂等冷却水所造成的水体温度升高，使溶解氧减少，某些毒物毒性提高，鱼类不能繁殖或死亡，某些细菌繁殖，破坏水生生态环境进而引起水质恶化的水体热污染。

1. 热污染的危害

热污染首当其冲的受害者是水生物，由于水温升高使水中溶解氧减少，水体处于缺氧状态，同时又使水生生物代谢率增高而需要更多的氧，造成一些水生生物在热效力作用下发育受阻或死亡，从而影响环境和生态平衡。此外，河水水温上升给一些致病微生物造成一个人工温床，使它们得以滋生、泛滥，引起疾病流行，危害人类健康。

2. 热污染的防治

（1）废热的综合利用

充分利用工业的余热，是减少热污染的最主要措施。生产过程中产生的余热种类繁多，有高温烟气余热、高温产品余热、冷却介质余热和废气废水余热等。这些余热都是可以利用的二次能源。我国每年可利用的工业余热相当于 5 000 万吨标煤的发热量。在冶金、发电、化工、建材等行业，通过热交换器利用余热来预热空气、原燃料、干燥产品、生产蒸汽、供应热水等。此外还可以调节水田水温，调节港口水温以防止冻结。

（2）加强隔热保温

在工业生产中，有些窑体要加强保温、隔热措施，以降低热损失，如水泥窑筒体用硅酸铝毡、珍珠岩等高效保温材料，既减少热散失，又降低水泥熟料热耗。

（3）寻找新能源

利用水能、风能、地热能、潮汐能和太阳能等新能源，既解决了污染物，又是防止和减少热污染的重要途径。特别是太阳能的利用上，各国都投入大量人力和财力进行研究，取得了一定的效果。

思 考 题

（1）什么是植物营养性物质？其对水环境有何危害？

（2）耗氧有机物对水环境有何危害？

（3）工业污水有何特点？

（4）什么是 VOCs？工业 VOCs 的排放特性是什么？

（5）满足工业规模使用的吸附剂，必须具备哪些条件？工业上广泛应用的吸附剂主要有哪几种？

（6）简述脱硫工艺类别，选两种详细说明其特点。

（7）目前我国城市大气污染日趋严重，主要是由化石燃料燃烧、工业生产过程、交通运输造成的，结合自身实际，谈谈如何进行大气污染控制？

（8）如何根据固体废物的性质选择分选方法？常用分选方法有哪些？

（9）简述城市生活垃圾的资源化利用途径。

（10）在处理固体废物时热解和焚烧技术有何区别？

（11）简述土壤污染物的主要种类。

（12）什么是噪声？噪声有哪些危害？

（13）电磁辐射污染的危害有哪些？

第7章 可持续发展

本章要求：了解可持续发展的由来、我国可持续发展理论的发展历程和面临的挑战，熟悉可持续发展系统的要素、内容和功能，掌握可持续发展的原则和评价。

7.1 可持续发展的由来

7.1.1 可持续发展的历史

1. 可持续发展概念的提出

第二次世界大战结束后，西方工业国家生产力突飞猛进，与此同时，环境污染问题也日趋严重。1962 年，美国海洋生物学家蕾切尔·卡逊（Rachel Carson）出版了一本论述杀虫剂特别是滴滴涕（DDT）对鸟类和生态环境毁灭性危害的著作《寂静的春天》，从环境污染的视角，通过对污染物的迁移和变化的描写，阐述了天空、海洋、河流、土壤、动物、植物和人类之间的密切关系，初步揭示了现代环境污染对生态系统影响的深度和广度。环境问题从此由一个边缘问题逐渐走向全球政治、经济及发展议程的中心。

1968 年，意大利学者和工业家 Aurelio Peccei 和苏格兰科学家 Alexander King 发起成立了罗马俱乐部，试图对"人类困境"进行研究，经过努力，罗马俱乐部的研究小组考察了最终决定和限制我们星球增长的基本因素，并出版了研究成果《增长的极限》（The Limits to Growth）。全书阐述了人类发展过程中，尤其是产业革命以来，经济增长模式给地球和人类自身带来的毁灭性灾难。该书对高消耗高排放高消费的经济发展模式首次进行了认真反思，为后来的环境保护与可持续发展理论奠定了基础。

源于这种危机感，可持续发展思想在 20 世纪 80 年代逐步形成。1980 年 3 月，国际自然资源保护同盟在世界大多数国家首都同时公布了一项保护世界生物资源的纲领性文件《世界自然保护大纲》。此大纲首次提出了"可持续发展"一词，指出："为使发展得以持续，必须考虑社会因素、生态因素和经济因素，考虑生物的和非生物的资源基础。人类的利用必须强调对生物圈的管理，使其既能满足当代人的最大持续利益，又能保持其满足后代人需要与欲望的能力"。

1983 年 11 月，联合国世界环境与发展委员会（WCED）成立，1987 年 WCED 向联合国提交的《我们共同的未来》报告中正式提出了"可持续发展"的概念和模式，指出可持续发展是"在满足当代人需求的同时，又不损害后代人满足其需求的能力的发展"；不但如此，它还从需求满足、消费标准、经济发展、技术开发、社会公正、资源利用、生物多样性和生态完整性等方面阐述了可持续发展的原则要求。这个报告是联合国在环境保护和经济发展领域的纲领性文件，它的问世是可持续发展思想成熟的重要标志。

2. 可持续发展思想的认同及实践

1992 年 6 月，联合国环境与发展大会在巴西里约热内卢召开，共 183 个国家的代表团和联合国及其下属机构等 70 多个国际组织的代表出席了会议，102 个国家元首或政府首脑到会讲话。会议针对全球性资源、环境问题，通过和签署了五个有关可持续发展的文件：《里约热内卢环境与发展宣言》《21 世纪议程》《关于森林问题的原则声明》《联合国气候变化框架公约》《生物多样性公约》。其中《21 世纪议程》是一个可持续发展的国际行动计划，内容包括社会和经济问题、自然资源的保护与管理、行为主体的作用和实施的方法。它要求世界各国积极行动起来，尽快制定和实施可持续发展战略，以迎接人类面临的共同挑战。《21 世纪议程》的通过，标志着可持续发展战略实践的开始。

2002 年 8 月 26 日至 9 月 4 日，联合国可持续发展世界首脑会议在南非约翰内斯堡举行。会议的宗旨是继续贯彻 1992 年通过的《里约环境与发展宣言》的原则和全面实施《21 世纪议程》，针对 10 年来消除贫困、保护地球环境不尽如人意的状况，强调各国政府要全方位采取具体行动和措施，实现世界的可持续发展。这次会议是继 1992 年里约热内卢联合国环境与发展大会后的又一次盛会，是关乎人类前途与地球未来的又一次里程碑式的会议。2016 年 1 月 1 日，《2030 年可持续发展议程》正式启动，该议程呼吁世界各国采取行动，为今后 15 年实现 17 项可持续发展目标而努力。

7.1.2 可持续发展的内涵

（1）共同发展

地球是一个复杂的系统，每个国家或地区都是这个巨系统不可分割的子系统。系统的最根本特征是其整体性，每个子系统都和其他子系统相互联系并发生作用，只要一个系统发生问题，都会直接或间接影响到其他系统，甚至会诱发系统的整体突变，这在地球生态系统中表现最为突出。因此，可持续发展追求的是整体发展和协调发展，即共同发展。

（2）协调发展

协调发展包括经济、社会、环境三大系统的整体协调，也包括世界、国家和地区三个空间层面的协调，还包括一个国家或地区经济与人口、资源、环境、社会以及内部各个阶层的协调，持续发展源于协调发展。从这三个层面的"协调发展"可以看出，可持续发展的核心是提倡人类与自然的和谐相处、协同演进，把环境视为有价值的资源，强调人类对自然的"索取"应与对自然的"给予"保持动态平衡。

（3）公平发展

世界经济的发展呈现出因水平差异而表现出来的层次性，这是发展过程中始终存在的问题。但是这种发展水平的层次性若因不公平、不平等而引发或加剧，就会因为局部而上升到整体，并最终影响到整个世界的可持续发展。可持续发展思想的公平发展包含两个维度：一是时间维度上的公平。当代人的发展不能以损害后代人的发展能力为代价，要求各代人分别担当起自己的责任，在自己发展的空间内和有限的时间内，最大限度地精心管理和优化配置资源，建立起人口、资源、生态环境与经济发展之间的合理关系，不把任何潜在的和隐含的灾难留给自己的子孙后代。二是空间维度上的公平。从全球范围讲，不能因满足某一区域的利益需要而危害和削弱其他区域满足其需要的能力，一个国家或地区的发展不能以损害其他国家或地区的发展能力为代价。

（4）高效发展

公平和效率是可持续发展的两个轮子。可持续发展的效率不同于经济学的效率，可持续发展的效率既包括经济意义上的效率，也包含着自然资源和环境的损益成分。因此，可持续发展思想的高效发展是指经济、社会、资源、环境、人口等协调下的高效率发展。

（5）多维发展

人类社会的发展表现出全球化的趋势，但是不同国家与地区的发展水平是不同的，而且不同国家与地区又有着异质性的文化、体制、地理环境、国际环境等发展背景。此外，因为可持续发展又是一个综合性、全球性的概念，要考虑到不同地域实体的可接受性，同时可持续发展本身包含了多样性、多模式的多维度选择的内涵。因此，在可持续发展这个全球性目标的约束和指导下，各国与各地区在实施可持续发展战略时，应该从国情或区情出发，走符合本国或本区实际的、多样性、多模式的可持续发展道路。

7.1.3 可持续发展的原则

（1）持续性原则

① 生态持续性：生态持续性指生态系统受到某种干扰时能保持其生产率的能力，这是人类持续发展的首要条件。其核心思想是保护人类赖以生存的物质基础、自然资源和自然环境，人类的经济建设和社会发展不能超越自然资源与生态环境的承载能力。这意味着，可持续发展不仅要求人与人之间的公平，还要顾及人与自然之间的公平。可持续发展主张建立在保护地球自然系统基础上的发展，要求我们保护整个生命支撑系统和生态系统的完整性，保护生物多样性，保护自然资源。

② 经济持续性：经济持续性体现在两个方面：一是必须有经济上的增长，不仅重视数量增长，而且要求不断改善质量，即经济增长给社会带来物质和精神方面的进步，促进社会物质文明和精神文明的发展；二是必须优化资源配置，节约能源，降低消耗，提高效率，改变传统的生产消费模式，建立经济与资源、环境、人口、社会相协调的可持续的模式。

③ 社会持续性：社会持续性的主要含义是，在不威胁后代生存基础和发展能力的前提下，在人口、文化、教育、卫生等社会事业方面得到全面发展，提高全民的生活水准。社会持续性的一个重要特点是全面性，即社会发展是社会一切领域、一切方面的共同发展。

（2）公平性原则与公共性原则

公平性原则是指社会全体成员在利用有限资源和享受物质消费品方面，应当享有（平等的选择机会）公平性，强调本代人的公平、人的代际公平以及消除贫困现象。

地球资源具有公共物品属性，公共性原则就是要求人类的生产和生活方式与地球的承载力保持平衡，保持地球的生命力和生物多样性，创造一个平等、自由和享有人权的环境，提高人们的健康水平和生活质量。

（3）共同性原则

这个原则属于政治学范畴。鉴于世界各国历史、文化和发展水平的差异，可持续发展的具体模式、目标、政策和实施步骤不可能是唯一的。但是，地球作为一个巨系统，具有整体性和相互依存性，可持续发展作为全球发展的总目标，所体现的公平性原则和持续性原则，则是应该共同遵从的，为了全球公平，实现可持续发展的总目标，就必须采取全球共同的联合行动。

7.2 可持续发展的基本理论

7.2.1 可持续发展系统的要素

（1）人口要素

① 人口规模：即人口总数，是指在一定时间点上一个国家或地区有生命个人的总和。它是人口基数和人口增长率的函数。适应可持续发展要求的人口规模，一方面不应该成为经济发展和人们生活质量提高的障碍；另一方面也不应该对资源和环境造成不可克服的压力。

② 人口质量：又称人口素质，是人口思想素质、身体素质和文化素质的总和。人口思想素质是指人的思想道德水平，可从社会号召力、凝聚力和社会活力中体现出来；人口身体素质是指人的健康体能水平，可由运动能力、发育状况、疾病状况、死亡率和出生预期寿命等反映出来；人口文化素质是指人的文化知识水平，可通过高等教育人口比重、在校大学生人口比重、人口文化水平构成、文盲率、科研人员比重、专业技术人员比重、技工的技术等级构成、社会管理和生产管理水平以及劳动者的创造性能力等来衡量。

③ 人口结构：又称人口构成，是国家或地区在一定年度内的人口构成状况，或各特征人口数占人口总数的比例。人口结构可分为人口的自然结构、经济结构、社会结构、质量结构和地域结构五大类，每个大类又包含不同的小类。人口结构具有相对稳定性，是制定经济长期发展规划的重要条件。人口结构受经济发展的影响，反过来又影响经济的发展。

④ 人的观念：人的观念是人思想素质的重要组成部分，在可持续发展系统里，有特别重要的意义。可持续发展要求我们改变传统的人生观、世界观、价值观，形成有利于可持续发展的生产观和发展观，其中最关键的是要改变传统的自然观和消费观，因为自然观决定我们对于自然的态度，消费观决定我们对于资源的需求。当前人类面临的危机，从根本上说是一场意识危机，因为问题的根源在于我们的思想、态度和价值观。

（2）资源要素

根据根本属性，可将资源分为自然资源和社会资源（或人文资源），见图 7-1，根据空间分布，可将资源分为遍在性资源和局地性资源。在可持续发展系统里，由于资源要素仅指自然资源，其资源分类实际上只是对自然资源的分类。地理学根据自然资源的形成条件、组合状况、分布规律及其与地理环境各圈层的关系，将自然资源分为土地资源、水资源、气候资源、生物资源和矿产资源等五大类。经济学根据自然资源在使用过程中质和量的改变程度，以及它们的生产性和效用性，将自然资源分为可再生资源（或可更新资源）和不可再生资源（或不可更新资源）两大类。水资源、气候资源、生物资源属于可再生资源，矿产资源属于不可再生资源，土地资源从其可更新的本质看应属于可再生资源，但由于其更新速度过于缓慢，大多归到不可再生资源。进一步划分，可再生资源又可分为可耗竭性资源（如土地资源、生物资源）和不可耗竭性资源（大气资源、水资源等），不可再生资源又可分为可回收资源（如矿产资源）和不可回收资源（如能源资源）。

（3）环境要素

可持续发展系统里的"环境"特指自然的生态环境。生态环境是一切生命形式的载体，在可持续发展系统里，环境要素起着生命保障系统的作用。

① 环境系统：又称生态系统，系统中水、大气、生物和土壤等环境成分相互联系、相互依赖，形成多种多样的环境结构，如圈层性、地带性、节律性和等级性等，不同的环境结构承担不同的职能和作用，如为人类及其他生物提供栖息地、生产资源、消纳废物。

② 环境质量：即环境素质的优劣程度，是指环境总体或环境成分对人类生存、繁衍和社会经济发展的适宜程度，它是人类根据自己的价值取向对环境整体或部分功能的评价。一般包括对大气质量、水体质量和生态环境质量的评价。

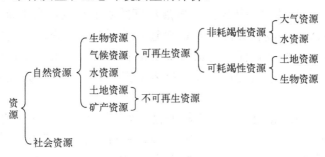

图 7-1　可持续发展系统里的资源分类

③ 环境价值：这是一个与环境伦理和环境功能有关的概念。环境伦理学认为，环境具有工具性价值和内在性价值。所谓工具性价值，是指环境能被人类用来实现其目的的手段和工具，即对人类的有用性；所谓内在性价值，是指环境与生俱来的固有的功能，即存在的价值。

④ 环境承载力：承载力概念源于生态学，最初用以衡量特定区域在特定环境条件下可维持某一物种的最大种群数量。环境承载力是对环境生产力的综合衡量，而环境生产力是资源生产力、污染消纳力、灾害破坏力的总和。资源生产力是指特定区域环境的资源供给能力，包括资源的赋存规模和更新能力；污染消纳力是指特定区域环境消纳污染的能力，又称环境自净能力或环境容量，即对污染物的容许承受量或负荷量；灾害破坏力是自然灾害对资源生产力和环境纳污力的损失和抵消。在区域环境系统内，资源生产力越高，环境纳污力越强，灾害破坏力越弱，环境承载力也就越高。

（4）经济要素

① 农业：农业是以有生命的动植物为主要劳动对象，以土地为基本生产资料，依靠生物的生长发育来取得动植物产品的社会最基本的物质生产部门。农业为人们提供粮食、副食品和工业原料，是人类衣食之源和生存之本。农业的特点是：经济再生产与自然再生产交织，具有强烈季节性和地域性；生产时间与劳动时间不一致；生产周期长，资金周转慢；产品大多不便运输和储藏，单位产品价值较低。

② 工业：工业是采掘自然物质资源和对生产原材料进行加工或再加工的社会物质生产部门。工业为国民经济各部门提供原材料、燃料和动力，为人民物质文化生活提供工业消费品，是国家经济自主、政治独立、国防现代化的根本保证。工业生产的特点是消耗自然资源，排放废弃物，因此，"清洁生产"是工业可持续发展的努力方向。

③ 服务业：服务业是为社会生活和生产服务、拥有一定设施、设备或工具、提供劳务的国民经济部门，有服务产业和服务事业之分。以增值为目的提供服务产品的生产部门和企业集合叫服务产业；以满足社会公共需要提供服务产品的政府行为集合叫服务事业。

（5）社会要素

社会是人类生活的共同体，社会制度、科学技术、文化特质是社会系统中的关键要素。在可持续发展系统里，社会要素起着组织、支持系统的作用。

① 社会制度：制度是要求大家共同遵守的办事规程或行动准则。制度并不总是有效率的，有效率的制度一是能够使每个社会成员从事生产性活动的成果得到有效保护，从而使他们获得一种努力从事生产活动的激励；二是能够给每个社会成员发挥其才能的最充分的自由，从而使整个社会的生产潜力得到最充分的发挥。

② 科学技术：科学技术是物质生产发展程度的表征尺度。在可持续发展系统里，科学技术对人口、资源、环境和经济诸要素都起着不可或缺的作用。科学技术上的解决办法主要考虑自然科学的变革，而不考虑人类价值和道德观念的变革，因此，技术进步很难克服社会关系中的各种矛盾的作用及制度内部固有的矛盾，可持续发展要求正确看待科学技术。

③ 文化特质：文化特质是社会意识的细胞。文化特质是一种文化的基本特征和最小分析单位。它可以是物质的，也可以是非物质的或抽象的。在可持续发展系统里，人与自然关系认识的文化特质有特别重要的意义。文化可分为物质文化、制度文化和精神文化三种类型。在可持续发展系统的社会要素里，文化仅指精神文化，它是一定社会的政治和经济的反映，同时对一定社会的政治和经济施加巨大影响。

7.2.2　可持续发展系统的内容

可持续发展是涉及自然环境、经济、社会、文化和技术的综合概念，所包含的内容很多，从宏观层面看，主要包括生态、经济和社会这三方面的可持续发展及其协调统一。

1. 可持续发展理论总体框架

可持续发展理论的建立和完善，主要是沿着生态学、经济学、社会学这三个方向展开的。与此相应，《21 世纪议程》中所提出的项目方案，也是围绕着生态环境、经济和社会可持续发展问题展开的。可持续发展理论与战略的总体框架和分支领域可归纳为图 7-2。

这就是说，可持续发展理论是涵盖生态可持续发展、经济可持续发展和社会可持续发展这三大部分的综合系统。

2. 可持续发展的主要内容

（1）生态可持续发展

生态可持续发展是发展的物质前提和空间基础，是可持续发展的必要条件。生态系统是人类生存和发展的唯一物质支撑体系，如果人类活动方式不当，就会导致生态系统失衡、倒退甚至崩溃，一旦这个体系遭到的破坏摧毁了它自身的恢

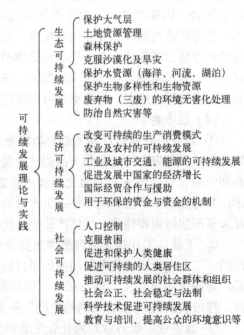

可持续发展理论与实践

生态可持续发展
- 保护大气层
- 土地资源管理
- 森林保护
- 克服沙漠化及旱灾
- 保护水资源（海洋、河流、湖泊）
- 保护生物多样性和生物资源
- 废弃物（三废）的环境无害化处理
- 防治自然灾害等

经济可持续发展
- 改变可持续的生产消费模式
- 农业及农村的可持续发展
- 工业及城市交通、能源的可持续发展
- 促进发展中国家的经济增长
- 国际经贸合作与援助
- 用于环保的资金与资金的机制

社会可持续发展
- 人口控制
- 克服贫困
- 促进和保护人类健康
- 促进可持续的人类居住区
- 推动可持续发展的社会群体和组织
- 社会公正、社会稳定与法制
- 科学技术促进可持续发展
- 教育与培训、提高公众的环境意识等

图 7-2　可持续发展理论与战略的总体框架和
分支领域

复能力，将是不可逆转的，且危及人类。因此，改善生态系统使之良性循环，是可持续发展的内在要求。它要求经济建设和社会发展要与自然承载能力相协调。发展的同时必须保护和改善地球生态环境，保证以可持续的方式使用自然资源和环境成本，使人类的发展控制在地球承载能力之内。强调发展是有限制的，没有限制就没有发展的持续。强调环境保护，但不同于以往将环境保护与社会发展对立的做法，要求通过转变发展模式，从人类发展的源头、从根本上解决环境问题。

（2）经济可持续发展

经济可持续发展是发展的最基本任务和条件，是可持续发展的核心。在传统经济模式中，由于传统发展思想和理论指导，受人与自然对抗认识的支配，以不断增长的经济财富作为经济学追求的目标。于是，那些非市场化的自然资源和生态环境不被作为经济资源和财富看待，并且认为它们的供给是无限的，也不考虑经济活动与它们之间的相互关系。其结果是，产生了严重的资源、环境、经济与社会的不良后果，造成了资源的浪费和短缺、生态环境的严重恶化以及产品分配中严重的两极分化，并由此引起了国际间和国内各种政治关系紧张等一系列问题，不但传统经济发展方式难以持续，而且人类的生存面临着严峻的挑战。为了解决这些问题，人类必须要对传统的发展思想和发展方式进行反思，以寻求能满足人类作为一个物种持续生存（这是人类社会的最大福利目标）和发展的道路。因此，经济可持续发展应包括如下含义：

① 可持续发展鼓励经济增长，而不是以环境保护为名取消经济增长，因为经济发展是国家综合实力和社会财富的基础。

② 可持续发展不仅重视经济增长的数量，还追求经济发展的质量。只有经济持续增长（包括增长数量和改善质量），才能满足全体人民的基本需要，减少并消除贫困，提高人们生活质量。

③ 可持续发展要求改变传统的以"高投入、高消耗、高污染"为特征的生产模式和消费模式，实施清洁生产和文明消费，以提高经济活动中的效益、节约资源、减少废物。从某种角度上，可以说集约型的经济增长方式就是可持续发展在经济方面的体现。

（3）社会可持续发展

社会可持续发展是可持续发展的最终目的。它强调社会公平是环境保护得以实现的机制和目标。可持续发展指出世界各国的发展阶段可以不同，发展的具体目标也各不相同，但发展的本质应包括改善人类生活质量，提高人类健康水平，创造一个保障人们平等、自由、教育、人权和免受暴力的社会环境。从狭义的社会层面来理解，可持续发展主要是指人口趋于稳定、经济稳定、政治安定、社会秩序井然的一种社会发展。

因此，在人类可持续发展系统中，经济可持续是基础，生态可持续是条件，社会可持续才是目的。这三个方面相互依赖，不可分割。要求人类在发展中关注生态和谐、讲究经济效率和追求社会公平，最终达到人的全面发展（图7-3）。

这表明，可持续发展虽然缘起环境保护问

图7-3 可持续发展系统的层次结构

题，但作为一个指导人类走向 21 世纪的发展理论，它已经超越了单纯的环境保护。它将环境问题与发展问题有机地结合起来，已经成为一个有关社会经济发展的全面性战略问题。

7.2.3 可持续发展系统的功能

（1）持续性

持续性是可持续发展要求遵循的时间维原则。可持续发展要求满足需求，同时也要求人类保护与加强资源基础的负荷能力，即在满足需求时不损害后代满足需求的能力，不超出资源与环境的承载能力，不损害保障地球生命的自然系统，把对大气质量、水和其他自然因素的不利影响减少到最低程度，保持生态系统的完整性，从而达到资源的永续利用和生态、经济、社会的可持续发展。

（2）区域性

区域性是可持续发展系统本质特性要求遵循的空间维原则。可持续发展系统的持续性原则和区域性原则犹如时间和空间的关系，既不可分割又不可替代。发展总是一定空间范围里的发展，而发展在空间分布上总是不均衡的。这是因为，区域的自然基础总是存在差异，由自然基础孕育的发展状况和发展水平也必然存在差异；人类社会发展客观上也要求存在合理的空间差异，在一个完全没有空间差异的社会里，物质流、能量流和信息流就会完全停止，社会系统将最终走向消亡。可持续发展要求在不均衡的地球表层及其人类社会之间建立良好的区际关系，促进共同的利益，缩小区域的差异。如果不消除工业化国家与发展中国家之间或国家内部地区之间的经济政治权利不平等和资源分配利用不公平，如果不妥善解决跨界的环境污染问题和公共领域的资源环境管理问题，作为"可持续发展核心"的和平与安全就会受到严重威胁，可持续发展最终将成为泡影。

（3）协调性

协调性是可持续发展系统功能优化要求遵循的关系维原则。可持续发展系统是由人口、资源、环境、经济和社会等要素组成的协同系统，为使该系统达到整体功能最优，必须使经济社会发展同资源利用与环境保护相适应，协调经济社会发展同人口、资源、环境之间的关系。可持续发展系统必然是一个内在关系协调、整体功能最优的系统。可持续发展系统的协调性原则就是系统内在关系的协调，包括人地关系协调、区际（代内）关系协调和代际关系协调。

（4）公平性

公平性是可持续发展"需求"基本概念要求遵循的要素维原则。公平的内容主要是经济政治权利的平等和资源分配利用的公平。有人认为，可持续发展的公平性是"本代人的公平、代际间的公平、资源分配与利用的公平"，其实不然，资源分配与利用的公平只是代内公平和代际公平的表现形式，不能与代内公平和代际公平本身相提并论，可持续发展的公平性应该是代内公平、代际公平和人地公平三者的统一。代内公平要求缩小地区之间发展的差距，促进区域间的平衡发展，满足当代全体人民的需求。代内公平是代际公平所必需的，代际公平必须以代内公平的实现为前提。人地公平要求人类成为自然的朋友和保护者，而不是自然的主宰和破坏者，把自然视为生命有机体，给自然以道德的关怀，在索取自然的同时回馈自然，始终与自然保持和谐的关系。

（5）共同性

共同性是可持续发展系统整体性要求遵循的综合维原则。可持续发展的共同性包括相互关联的三个方面：一是基本原则的共同性。无论何种空间尺度的可持续发展，都必须遵循人类主体、资源利用、环境生态、经济发展和社会进步等方面的基本原则。世界各国或者国家内部，由于地理、历史、经济、社会条件的不同，可持续发展的具体内容和模式可以不一，但其经济和社会发展的目标必须根据可持续发展的原则加以确定，必须从可持续发展的基本概念和实现可持续发展大战略的共同认识出发。二是总体目标的共同性。世界各国为了当代和后代的利益必须保护和利用环境及自然资源，走可持续发展道路是人类共同的未来，可持续发展不仅是发展中国家的目标，而且也是工业化国家的目标。三是利益与责任的共同性。生态系统是一个相互依赖的整体，区域性环境与发展问题的影响不只局限于区域内部，而可能影响到全球范围。尽管人类是在不同的区域里和不同的政治制度下，以不同的措施和途径满足不同的需求，但人类面临的危机是共同的，迎接的挑战是共同的，维护的利益是共同的，因此必须采取共同的行动，承担共同的责任。

7.3 可持续发展系统的评价

7.3.1 可持续发展系统评价理论

可持续发展系统评价是一个运用可持续发展原理和科学评估方法来判断、表征、评估一定区域的发展状态、趋势、性质及可持续发展的程度，有针对性地为区域可持续发展战略的实施提供决策咨询的动态过程。可持续发展系统是生态可持续发展、经济可持续发展、社会可持续发展组成的层次系统，因此，可持续发展系统评价包括以下四个方面。

（1）生态可持续发展评价

生态可持续发展评价是对生态系统演变过程的可持续性的评价，它倡导人类生产和生活的生态化、自然资源的可持续利用和生态环境的保护，强调生态系统完整性和生物多样性的保持，强调生态系统的可持续性，着重对基本的生态过程、生态系统的稳定性、自然资源存量的变化、环境污染的影响、环境承载力的变化进行评价。它主要从资源禀赋、资源开发、资源消费、环境状况、环境治理、生态状况和生态保护等方面的评估来判断区域发展在生态上的可持续性。

（2）经济可持续发展评价

经济可持续发展评价是对经济系统发展过程的可持续性的评价，它倡导清洁生产、文明消费、提高生活水准，强调经济活动与人口、资源、环境的协调性，强调经济系统的可持续性，着重对经济发展的效率、效益、质量和资源配置的状态、结构、公正性进行评价。它主要从经济发展、经济动力等方面的评估来判定区域发展在经济上的可持续性。

（3）社会可持续发展评价

社会可持续发展评价是对社会系统进化过程的可持续性的评价，它倡导制度建设、公众参与、消除贫困、改善民生，强调人的全面发展和社会的全面进步，强调社会系统的可持续性，着重对人与人关系、社会分配、社会公正和社会稳定等进行评价。它主要从人口状况、人口调控、生活质量、社会发展、管理状况和管理能力等方面来判定区域发展在社会上的可持续性。

（4）可持续发展系统综合评价

可持续发展系统综合评价是在对生态、经济、社会子系统的可持续性及其子系统之间的协调度进行评价的基础上，对可持续发展系统进行整体的评判。它通过获取可持续发展水平综合指数来判定区域发展的可持续程度，通过揭示代际关系、区际关系、人地关系的和谐与公平来判定区域发展系统的协调度，通过揭示影响可持续发展进程的因子来提出实现可持续发展的对策建议；它关注系统内各要素、各层次之间的发展度、协调度和可持续性，强调对区域可持续发展能力的评价和对区域可持续发展实践的指导。

7.3.2　可持续发展系统常用指标评价方法

可持续发展系统评价的指标是用来评价可持续发展系统状况及其目标实现程度的标准。在衡量可持续发展系统水平时，不同国家、不同机构甚至不同的评价者由于评价的出发点不同，形成了不同类型的指标评价方法，大致可分为两大类：单项指标评价和指标体系评价。

单项指标评价是用一个综合性指标来概括一个国家或区域的可持续发展水平与能力。它们有的着眼于经济的评价，有的着眼于生态的评价，有的着眼于社会的评价（表 7-1）。单项指标评价的结构简约，系统性、逻辑连贯性和评价功能较强，易于做国家或区域之间的比较，因而比较受决策者的青睐，但存在描述功能相对薄弱，难以统一度量的问题。

指标体系评价由一系列相互联系、相互补充、具有层次性和结构性的指标来分析一个区域、一个行业、一个方面的可持续发展水平与能力，并针对发展过程中存在的问题提出相应的可持续发展导向的对策建议。评价一个区域的可持续发展水平，一般用指标体系来做综合评价。指标体系评价大体可以分为系统型、菜单型和专题型三类（表 7-2）。指标体系评价的结构复杂，覆盖面广，适于各种尺度区域的评价，灵活性较大，描述功能较强，但综合程度差，评价功能相对薄弱，信息量庞大，评价过程工作量大。

表 7-1　可持续发展系统单项指标评价的类型

立足于经济的评价指标	环境调节的国内生产净值（EDP）
	调节国民经济模型（ANP）
	新国家财富指标
	真实储蓄
立足于生态的评价指标	能值分析法
	生态足迹法
立足于社会的评价指标	物质生活质量指数（PQLI）
	人文发展指数（HDI）
	社会进步指数（ISP）
	美国社会卫生组织指数（ASHA）

表 7-2　可持续发展系统指标体系评价的类型

系统型指标体系	表述社会经济活动与环境之间关系，如 UNCSD 可持续发展指标体系
菜单型指标体系	以菜单的形式列出各领域中重要的描述和评价指标，如中国一些研究机构设计的指标体系
专题型指标体系	按照可持续发展的战略目标、关键领域和关键问题等来设计指标，如英国政府可持续发展指标体系

7.4　中国可持续发展的历程及面临的挑战

7.4.1　中国可持续发展的历程

自 1992 年《里约环境与发展宣言》发布以后，我国是第一个制定可持续发展战略规划的国家，并相继通过了一系列实施可持续发展战略的重要文件，如《中国 21 世纪议程》（1994 年）、《全国生态环境保护纲要》（2000 年）、《可持续发展科技纲要》（2002 年）等。与此同时，在 1995 年 9 月党的十四届五中全会上庄重地将可持续发展战略纳入《中共中央关于制定国民经济和社会发展"九五"计划和 2021 年远景目标的建议》，2003 年党的十六届三中全会提出了以人为本，全面、协同、可持续的科学发展观，并明确指出科学发展观将成为我国今后改革和发展的根本指导思想。2012年11月召开的党的十八大进一步提出必须树立尊重自然、顺应自然、保护自然的生态文明理念，把生态文明建设放在突出地位，融入经济建设、政治建设、文化建设、社会建设各方面和全过程的明确要求。2017年10月召开的党的十九大进一步提出要加快生态文明体制改革，建设美丽中国，为人民创造良好生产生活环境，为全球生态安全做出贡献。2020年，习近平总书记在第七十五届联合国大会一般性辩论上郑重宣布中国"碳达峰"及"碳中和"实现的时间表。

7.4.2 中国可持续发展战略实施的主要步骤

中国科学院可持续发展研究组在1999年提出，中国作为世界上人口最多的发展中国家，在中国实施可持续发展战略，必须在21世纪前半叶跨越三个"零增长"的战略台阶。

第一个台阶：到2030年，实现人口数量和规模的"零增长"，同时在对应方向上实现人口质量的极大提高。即经过30多年的努力，把中国的人口自然增长率降低为零，从而在实现人口数量"零增长"的前提下，迈入可持续发展的第一级门槛。人口数量的零增长居于三个零增长之首。

第二个台阶：到2040年，实现物质和能量消耗速率的"零增长"，同时在对应方向上实现社会财富的极大提高。即在实现人口自然增长率的零增长之后，再用10年时间实现资源和能源消费速率的零增长。目前，世界各国都在探讨如何使用更少的能源和资源，去获得更多的社会财富，如何改变实物型经济成为知识型经济，去更加"智慧地"运用资源和能源。

第三个台阶：到2050年，实现生态和环境恶化速率的"零增长"，同时在对应方向上实现生态质量和生态安全极大提高。即在实现人口自然增长率和资源能源消耗的"零增长"后，再用10年时间实现中国生态环境退化速率的"零增长"。到那时，中国的可持续发展能力达到中等发达国家水平，中国的发展将全面进入可持续的良性循环。

7.4.3 中国可持续发展面临的挑战

（1）中国可持续发展的地域空间问题

中国地处北半球中纬度地区，有其独特的地质地貌、气候、水文和生物条件，加上数千年来中华民族对自然的改造，形成了现在的生存环境。我国地势西高东低，地质地貌复杂，在漫长的地质历史演化过程中，内外应力所塑造的地貌类型齐全，常态地貌如山地、丘陵、平原、盆地等都有分布，还发育了典型的山岳冰川地貌、冻土地貌、风沙地貌、黄土地貌，以及红层地貌、岩溶地貌、火山地貌和海岸地貌；水热资源丰富，但时空分布不均，我国大部分地区属于亚热带、暖温、中温带，活动积温高，雨热同期。降水地区分布不均匀，年降水量自东南向西北迅速递减；我国的植被、土壤在空间上具有明显的地带性特点。

（2）中国可持续发展的人口问题

以前，我国人口问题主要体现在人口基数大和持续增长制约经济发展，人口增长过快给自然资源和生态环境带来沉重压力；总体人口质量不能适应科技发展的需要，有待提高；人口自然构成存有隐忧，男女性别比偏高等。近年来中国在实现人口与经济社会协调发展和可持续发展方面，做了艰苦的努力和大量的工作，人口数量得到了有效控制，但也带来了新的问题：人口老龄化程度不断加重、老龄化速度空前加速且人口年龄结构的城乡差异和区域差异明显，这使得劳动人口不足，社会福利负担加重，影响了可持续发展。

（3）中国可持续发展的资源问题

资源是经济发展的基本要素。随着经济的发展，人类社会不断向前推进，这使得需求无限与资源有限、资源耗竭与人口增长成为人类发展和经济增长不可回避的矛盾。当今中国经济社会发展的资源、能源问题呈现出以下几大主要特征：

① 自然资源总量大，但人均占有量不足。

② 资源耗竭问题严重。

③ 能源问题十分突出。

中国环境的基本状况在过去半个世纪以来得到了很大改善，但自然生态环境问题局部恶化也不容忽视。一方面，我国的国情决定了我们的生态环境脆弱、自然灾害频繁；另一方面，不合理的生产活动和消费方式，又进一步导致环境问题的产生。环境污染、资源过度消耗、生物多样性减少、生态环境的恶化对社会经济的发展影响较大。

思 考 题

（1）请阐述可持续发展思想被广泛认同的原因。

（2）如何理解可持续发展思想的原则？

（3）生态可持续发展、经济可持续发展及社会可持续发展之间有什么联系？

（4）请说说你所在的地区有哪些问题在挑战可持续发展？

（5）作为当代大学生如何践行可持续发展思想？

第8章 清洁生产

本章要求： 了解我国清洁生产的现状及企业清洁生产审核的程序，熟知清洁生产审核的原理与方式，掌握清洁生产的概念、内涵及与末端治理、循环经济的区别与联系。

8.1 清洁生产的定义及内涵

8.1.1 清洁生产的定义

（1）联合国环境署的定义

1996年，联合国环境规划署在总结了各国开展的污染预防活动，并分析完善了清洁生产的定义。其定义如下：

清洁生产是一种新的创造性的思想，该思想将整体预防的环境战略持续地应用于生产过程、产品和服务中，以增加生态效率和减少人类和环境的风险。对于生产过程，要求节约原材料和能源，淘汰有毒原材料，减降所有废物的数量和毒性；对于产品，要求减少从原材料提炼到产品最终处置的全生命周期的不利影响；对于服务，要求将环境因素纳入设计和所提供的服务中。

（2）《中华人民共和国清洁生产促进法》的定义

《中华人民共和国清洁生产促进法》第二条规定："本法所称清洁生产，是指不断采取改进设计、使用清洁能源和原料、采用先进的工艺技术与设备、改善管理、综合利用等措施，从源头削减污染，提高资源利用效率，减少或者避免生产、服务和产品使用过程中污染物的产生和排放，以减轻或者消除对人类健康和环境的危害。

8.1.2 清洁生产的内涵

在清洁生产的概念中包含了四层含义：

（1）清洁生产的目标是节省能源、降低原材料消耗、减少污染物的产生量和排放量。

（2）清洁生产的基本手段是改进工艺技术、强化企业管理，最大限度地提高资源、能源的利用水平和改变产品体系，更新设计观念，争取废物最少排放及将环境因素纳入服务中去。

（3）清洁生产的方法是排污审计，即通过审计发现排污部位、排污原因，并筛选消除或减少污染物的措施及进行产品生命周期分析。

（4）清洁生产的终极目标是保护人类与环境，提高企业自身的经济效益。

根据清洁生产的定义，清洁生产的核心是实行源头削减和对生产或服务的全过程实施控制。从产生污染物的源头，削减污染物的产生，实际上是使原料更多地转化为产品，是积极的预防性的战略，具有事半功倍的效果；对整个生产或服务进行全过程的控制，即从原料的选择、工艺设备的选择、工序的监控、人员素质的提高、科学有效的管理以及废物的循环利用的全过程控制，可以解决末端治理不能解决的问题，从根本上解决发展与环境的矛盾。因此，清洁生产的内涵主要体现在两个方面：

（1）"预防为主"的方针，不是先污染后治理，而是强调"源削减"，尽量将污染物消除或减少在生产过程中，减少污染物排放量且对最终产生的废物进行综合利用。

（2）实现环境效益与经济效益的统一，从改造产品设计、替代有毒有害材料、改革和优化生产工艺和技术装备、物料循环和废物综合利用的多个环节入手，通过不断加强管理工作和技术进步，达到"节能、降耗、减污、增效"的目的，在提高资源利用率的同时减少污染物的排放量，实现环境效益与经济效益的最佳结合，调动企业的积极性。

值得注意的是，清洁生产只是一个相对的概念，所谓清洁的工艺，清洁的产品，以至清洁的能源都是和现有的工艺、产品、能源比较而言的，因此，清洁生产是一个持续进步、创新的过程，而不是一个用某一特定标准衡量的目标。

8.1.3 清洁生产与末端治理的区别

由清洁生产的定义可以知道，清洁生产是关于产品和产品生产过程的一种新的、持续的、创造性的思维，它是指对产品和生产过程持续运用整体预防的环境保护战略。

清洁生产要引起研究开发者、生产者、消费者，也就是全社会对环境影响的关注，促使污染物产生量、流失量和治理量达到最小，资源充分利用，是一种积极、主动的态度。而末端治理把环境责任主要放在环保研究、管理等人员身上，把注意力集中在对生产过程中已经产生的污染物的处理上。侧重末端治理的主要问题表现在：

（1）污染控制与生产过程控制没有密切结合起来，资源和能源不能在生产过程中得到充分利用。清洁生产提倡的改进生产工艺及控制，提高产品的收率，可以大大削减污染物的产生，不但增加了经济效益，而且减轻了末端治理的负担。

（2）污染物产生后再进行处理，处理设施基建投资大，运行费用高。"三废"处理与处置往往只有环境效益而无经济效益，因而给企业带来沉重的经济负担，使企业难以承受。几个化工污水处理厂的投资及运行费用见表8-1。

表8-1 化工污水处理厂的投资和运行费用

污水处理厂名称	处理水量（吨/时）	基建投资（万元）	运行费用（万元/年）	备注
吉化公司污水处理厂一期	8000	7000	2500	1980年投产
吉化公司污水处理厂二期（增加脱N工艺）	10000	20000～25000	——	
太原化学工业公司	2500	5000	1000	
锦西化工总厂	700	2560	450	交排污费300万元/年
燕化公司乙烯污水处理厂	2500	15000	——	
燕化公司西区化工污水厂	2200		5000	
北京染料厂	300	1200	300	

由表8-1可见，根据废水水质、处理工艺流程及基础设施情况不同，处理1吨水/时需要基建投资2～6万元。据统计，处理1吨化工废水需要1～4元，去除1千克COD往往需要2～6元。目前许多企业由于物料流失严重，一方面导致物耗和产品成本

提高，另一方面流失到环境中的物料还需要费用去处理处置，因此企业承担双重的经济负担。

（3）现有的污染治理技术还有局限性，使得排放的"三废"在处理、处置过程中对环境存在一定的风险性，如废渣堆存可能引起地下水污染，废物焚烧会产生有害气体，废水处理产生剩余污泥等，都会对环境带来二次污染。但是末端治理与清洁生产两者并非互不相容，推行清洁生产还需要末端治理，这是由于工业生产无法完全避免污染的产生，最先进的生产工艺也不能避免产生污染物；用过的产品还必须进行最终处理、处置。

8.2　清洁生产审核

8.2.1　清洁生产审核理念、目的及原则

（1）清洁生产审核理念

清洁生产审核，也称为清洁生产审计，国外也称作污染预防评估或废物最小化评价等。清洁生产审核是指组织对计划进行和正在进行的活动进行污染预防分析和评估。目前，清洁生产审核工作的重点在企业。

企业的清洁生产审核是指通过对企业从原材料购置到产品的最终处置全生命周期进行细致调查和分析，掌握该企业产生废物的种类和数量，提出减少有毒有害物料使用以及废物产生的清洁生产方案，在对备选方案进行技术、经济和环境的可行性分析后，选定并实施可行的清洁生产方案，进而使生产过程产生的废物量达到最少或者完全消除的过程。

（2）清洁生产审核目的

清洁生产审核主要目的是判定出企业不符合清洁生产要求的地方和做法，并提出解决方案，达到节能、降耗、减污和增效的目的。有效的清洁生产审核，可以系统地指导企业实现以下目标：

① 全面评价企业生产全过程及其各个过程单元或环节的运行管理现状，掌握生产过程的原材料、能源与产品、废物（污染物）的输入输出状况；

② 分析识别影响资源能源有效利用，减少生产环节跑冒滴漏，造成废物产生，以及制约企业生态效率的原因或"瓶颈"问题；

③ 产生并确定企业从产品、原材料、技术工艺、生产运行管理以及废物循环利用等多途径进行综合污染预防的机会、方案与实施计划；

④ 不断提高企业管理者与广大职工清洁生产的意识和参与程度，促进清洁生产在企业的持续改进。

（3）清洁生产审核原则

① 坚持以企业为主体，外部咨询机构协助的原则。进行清洁生产审核的企业可以聘请外部专业咨询机构，对企业生产全过程的每个环节、每道工序可能产生的污染物进行定量的监测和分析，找出高物耗、高能耗、高污染的原因，有针对性地提出对策，制定切实可行的方案，防止和减少污染产生。

② 自愿与强制相结合的原则。为了加快推行清洁生产的步伐，鼓励所有企业开展清洁生产审核，《中华人民共和国清洁生产促进法》第二十八条中规定：企业应当对生产和服务过程中的资源消耗以及废物的产生情况进行监测，并根据需要对生产和服务实施清洁生

产审核。但对于那些污染严重，可能对环境造成极大危害的企业，即污染物排放超过国家和地方规定的排放标准或者超过经有关地方人民政府核定的污染物排放总量控制指标的企业，以及使用有毒、有害原料进行生产或者在生产中排放有毒、有害物质的企业，应依法强制实施清洁生产审核，这在 2016 年起实施的《清洁生产审核办法》第二章第八条中有明确规定。

③ 因地制宜、注重实效、逐步开展的原则。我国地域辽阔，企业众多，各地区经济发展很不均衡，不同地区、不同行业的企业技术工艺状况、资源消耗、污染排放情况千差万别，在实施清洁生产审核时应结合本地的实际情况，因地制宜地开展工作。

8.2.2　清洁生产审核特点、原理及过程

（1）清洁生产审核的特点

进行企业清洁生产审核是推行清洁生产的一项重要措施，它从一个企业的角度出发，通过一套完整的程序来达到预防污染的目的，具有如下特点：

① 具有鲜明的目的性。清洁生产审核特别强调节能、降耗、减污、增效，并与现代企业的管理要求相一致，具有鲜明的目的性。

② 具有系统性。清洁生产审核以生产过程为主体，考虑对其产生影响的各个方面，从原材料投入到产品改进，从技术革新到加强管理等，设计了一套发现问题、解决问题、持续实施的系统方案。

③ 突出预防性。清洁生产审核的目标就是减少废物的产生，从源头削减污染，从而达到预防污染的目的，这个思想贯穿于整个审核过程。

④ 符合经济性。污染物一经产生就需要花费很高的代价去收集、处理、处置，使其无害化，这也就是末端处理费用往往使许多企业难以承担的原因，而清洁生产审核倡导在污染物产生之前就予以削减，不仅可减轻末端处理的负担，而且还可减少污染物的产生，增加产品的产量和提高生产效率。

⑤ 强调持续性。清洁生产审核十分强调持续性，无论是审核重点的选择还是方案的滚动实施均体现了从点到面、逐步改善的持续性原则。

⑥ 注重操作性。清洁生产审核的每一个步骤均与企业的实际情况相结合。　在审核程序上是规范的，即不漏掉任何一个清洁生产的机会，而在方案实施上则是灵活的，即当企业的经济条件有限时，可先实施一些无/低费方案，以累积资金，逐步实现中/高费方案。

（2）清洁生产审核的原理

① 逐步深入原理。清洁生产要逐步深入，即要由粗而细、由大至小。审核开始时，审核小组组建，宣传教育以及预评估阶段都是在整个组织的大范围进行的，只是相对于后几个阶段而言，这一阶段收集的资料一般比较粗略、定性。从评估开始、方案产生筛选、可行性分析到方案实施，审核工作都在审核重点范围内进行，工作范围小，但要求资料要全面、翔实、定量。许多数据和方案要通过调查研究和创造性的工作之后才能开发出来。最后，"持续清洁生产"阶段有相当一部分工作又返回整个组织的大范围进行，还有一部分工作仍集中在审核重点，对前四个阶段的工作进一步深化、细化和规范化。

② 分层嵌入原理。分层嵌入原理是指审核中对废弃物在哪里产生、为什么会产生废弃

物、如何消除这些废弃物这三个层次的每一个层次，都要嵌入原辅材料和能源、技术工艺、设备、过程控制、管理、员工、产品、废弃物这八条途径。以预评估为例，预评估共有六个步骤，不论是进行现状调研、现场考察、评价产污排污状况，还是确定审核重点、设置清洁生产目标、提出和实施无/低费方案，都应该在这三个层次上展开，每一个层次都要从八条途径着手进行细致展开。比如，生产过程中的产污，污染源的部位在生产设备，但成因可能是原材料的收购、储存或运输过程出了问题，污染源与污染成因的异同性，要根据情况具体分析。

③ 反复迭代原理。清洁生产审核的过程是一个反复迭代的过程，即在审核七个阶段多个步骤中要反复使用上述的分层嵌入原理。比如，现状调研、现场考察、评估、方案产生和筛选、可行性分析以及方案实施阶段多个步骤中。当然，有的步骤需进行三个层次的完整迭代，有的步骤只进行一个或两个层次的迭代。

比如，在评估阶段分析废弃物产生原因这一步骤里，一般只进行废弃物在哪产生及为什么产生这些废弃物这两个层次的迭代。顺序上首先应从原辅材料和能源、技术工艺、设备等八条途径入手找到污染物产生的准确部位，然后同样依次顺着这八条途径研究为什么会产生这些废弃物。在评估阶段的下一个步骤即提出和实施无/低费方案里，往往仅在如何减少或消除这些废弃物的层次上，依次考虑原辅材料和能源、技术工艺、生产设备、过程控制、废弃物减少的清洁生产方案。

④ 物质守恒原理。物质守恒是清洁生产审核中的一条重要原理。预评估阶段在对现有资料进行分析评估，组织企业现场考察研究，以及评价产生排污状况时都要应用物质守恒原理。虽然此时获得的资料不一定很全面、很准确，但大致估算一下各种原辅材料和能源的投入、产品产量、污染物的种类和数量、未知去向的物料等，在其间建立一种粗略的平衡，则将大大有助于弄清楚企业的经营管理水平及其物质和能源的流动去向。在此工作基础之上，利用各班记录等数据计算审核重点的物料平衡状况，此时物质守恒原理显然是一种有用的工具。

⑤ 穷尽枚举原理。穷尽枚举原理意味着在企业清洁生产的每一个步骤、每一个层次的迭代中，都要将八条途径当作这一步骤的切入点，由此深化和做好该步骤的工作，不可合并，也不可跳跃。虽然不可能在每一个层次每一个步骤的每一个切入点上都能够识别污染源或找到污染成因，或找到清洁生产方案，但严格地遵循穷尽枚举原理是清洁生产审核成功的重要前提之一。

（3）清洁生产审核的方式

① 企业自我审核。是指在没有或很少外部帮助的前提下，主要依靠企业（或其他非法人实体）内部技术力量完成整个清洁生产审核过程。

② 外部专家指导审核。是指在外部清洁生产审核专家和行业专家指导下，依靠企业内部技术力量完成整个清洁生产审核过程。

③ 清洁生产审核咨询机构审核。是指企业委托清洁生产审核咨询机构，完成整个清洁生产审核过程。协助企业组织开展清洁生产审核工作的咨询服务机构，应当具备下列条件：具有独立法人资格，具备为企业清洁生产审核提供公平、公正和高效率服务的质量保证体系和管理制度；具备开展清洁生产审核物料平衡测试、能量和水平衡测试的基本检测分析器具、设备或手段；拥有熟悉相关行业生产工艺、技术规程和节能、节水、污染防治管理要求的技术人员；拥有清洁生产审核方法并具有清洁生产审核咨询经验的

技术人员。

8.2.3 清洁生产审核程序、技巧

清洁生产审核共分七个阶段：筹划和组织、预评估、评估、方案产主和筛选、可行性分析、方案实施、持续清洁生产。

1. 筹划和组织

具体的工作步骤如下：

（1）领导决策。企业清洁生产是改善企业内部管理，能给企业带来经济效益、环境效益，提高无形资产和推动技术进步等方面的好处，从而增强企业的市场竞争能力。企业的决策者（法定代表人）必须亲自参与，这是清洁生产工作顺利进行的前提和达到预期效果的保证。

（2）组建审核工作小组。计划开展清洁生产审核的企业，首先要在本企业内组建一个有权威的审核工作小组，这是企业顺利实施清洁生产审核的组织保证。

① 审核小组组长。审核小组组长是审核小组的核心，应由企业主要领导人（厂长、经理或由主管生产或环保的厂长、经理、总工程师）担任组长，或由企业高层领导任命一位资深的、具有如下条件的人员担任，并授予必要权限：a. 熟悉企业的生产、工艺、管理及新技术；b. 掌握污染防治的原则和技术，并熟悉有关的环境法律、法规；c. 了解审核工作程序，熟悉审核小组成员情况，具备领导和组织工作的才能并善于和其他部门合作等。

② 审核小组成员。审核小组的成员数目根据企业的实际情况来定，一般情况下，全日制成员应在 3～5 人之间。小组成员应具备以下三个条件：a. 具备企业清洁生产审核的知识或工作经验；b. 掌握企业的生产、工艺、管理等方面的情况及新技术信息；c. 熟悉企业的废物产生、治理和管理情况以及国家和地区法律、法规和政策等。

③ 外部专家。外部专家的作用在于：a. 清洁生产审核专家传授清洁生产基本思想；传授清洁生产审核每一步骤的要点和方法；发现明显的清洁生产机会。b. 行业工艺专家及时发现工艺设备和实际操作问题；提出解决问题建议；提供国内外行业技术水平参考数据。c. 行业环保专家及时发现污染严重的环节；提出解决问题的建议；提供国内外同行业污染排放参照数据。

（3）制定工作计划。制定一个比较详细的清洁生产审核工作计划，有助于审核工作按一定的程序和步骤进行，组织好人力与物力，各负其责，通力合作，这样审核工作才会获得满意的效果。工作计划表中应写明工作内容、进度安排、人员分工及物质准备等，可根据工作进展的实际情况适时修改和补充，使工作计划成为真正指导、检查企业清洁生产进行情况的主要依据。

（4）开展宣传教育，克服障碍。

① 宣传、动员和培训。广泛开展宣传教育活动，争取企业各部门和广大职工的支持，尤其一线工人的积极参与，是清洁生产审核工作顺利进行和取得更大成效的基础条件。

a. 宣传教育内容。

ⅰ. 企业实施清洁生产的目的和意义。

ⅱ. 清洁生产审核工作的基本知识、内容及要求。

ⅲ. 企业开展清洁生产的决心和决策，包括鼓励措施，尤其是要宣传工业污染管理政策

和制度的三大转变：对污染物的排放要求由浓度控制向总量控制转变；对污染物的控制重点由组织的末端治理向生产全过程转变；对污染源的控制方式由点源治理向集中控制转变。

ⅳ．企业开展清洁生产的成功案例。

ⅴ．清洁生产审核中的障碍及其克服的可能性。

b．宣传内容与方式。

宣传内容要随审核工作阶段的变化而做相应调整，包括：

ⅰ．清洁生产以及清洁生产审核的基本知识；

ⅱ．清洁生产和末端治理的内容及其利与弊；

ⅲ．国内外企业清洁生产审核的成功案例；

ⅳ．清洁生产审核中的障碍及其克服的可能性；

ⅴ．清洁生产审核工作的内容与要求；

ⅵ．本企业鼓励清洁生产审核的各种措施；

ⅶ．开展清洁生产审核可能或已经产生的绩效。

宣传方式也可以多种多样，如召开全厂职工大会；利用企业内部的广播、电视、黑板报等各种媒体；也可搞专题研讨会，举办讲座、培训班等。

② 克服障碍。企业开展清洁生产会遇到各种障碍，如思想观念障碍、技术障碍、经济障碍、管理障碍等，应分析和克服这些障碍。尤其思想观念障碍是经常遇到的，也是最主要的，工作小组要始终把克服思想观念障碍当作一件大事来抓，这样才有利于促进清洁生产审核的顺利实施。

③ 物质准备。这是开展清洁生产审核的基础和前提。物质准备主要包括以下内容：对生产设备要进行必要的检修，准备必要的计量仪器、仪表和采样分析检测设备等。

2．预评估

（1）企业现状调研。对整个企业各个方面的情况进行摸底调查，为下一步的现场考察做准备。企业现状调研主要通过收集资料、查阅档案、与有关人士座谈等方式进行。收集的资料应包括：

① 企业基本情况。企业发展简史、地理位置、规模、职工数量、组织结构、车间构成、产量产值和利税等。

② 生产状况。企业主要产品、生产能力、关键设备、主要原辅料、能源及用水情况，要求以表格形式列出总耗及单耗，并列出主要车间或分厂的情况。企业的主要工艺流程以框图表示，要求标出主要原辅料、水、能源及废物的流入、流出和去向。

③ 环境保护状况。主要污染物及其排放情况，包括种类、状态、数量、毒性等；主要污染源治理现状，包括处理方法、效果、问题，已有的环境保护设备及单位废物的处理费等；"三废"的循环/利用情况，包括方法、效果、效益以及存在问题；企业涉及的有关环保法律法规，如排污许可证、区域总量控制、行业排放标准等。

④ 管理状况规章制度是否完备，与同行业先进水平相比存在哪些差距等。

（2）现场考察。随着企业生产规模的不断扩大，一些工艺流程、设备装置和管线可能已改变，以致无法在图纸、说明书、设备清单及有关手册上反映出来。此外，实际生产操作和工艺参数控制等往往和原始设计及规程不同。因此，需要进行现场考察，以便对现状调研的结果加以核实和修正。同时，通过现场考察，也可在全厂范围内发现明显的无/低费清洁生产方案。

（3）初步分析产污原因。

① 通过与国内外同类企业先进水平的对比分析，结合本企业的原料、工艺、产品、设备等实际状况，确定本企业的产污排污理论值。

② 调查汇总企业目前的实际产污排污状况。

③ 从影响生产过程的八个方面出发，对产污排污的理论值与实际状况之间的差距进行初步分析，评价在现有条件下，企业的产污状况是否合理。

（4）评价企业环保执法状况。评价企业执行国家及当地环保法规及行业排放标准的情况，其中包括达标情况、缴纳排污费及处罚情况等。

（5）做出评价结论。对比国内外同类企业的产污排污水平，并根据企业现有原料、工艺、产品、设备及管理水平，对其产污排污状况的真实性、合理性及有关数据的可信度予以初步评价。

（6）确定审核重点。通过前面五步工作，已基本探明了企业现存的问题及薄弱环节，从中确定出本轮审核的重点。审核重点的确定，可以为某一分厂、某一车间、某个工段、某个操作单元，也可以是某一物质（污染物）、某一种资源（如水）、某一种能源（如蒸汽、电等）。

（7）设置清洁生产目标。审核重点一旦确定，就应设置定量化的清洁生产硬性目标，制定改进策略，这样才能使清洁生产真正落实，并据此进行检验与考核，从而达到通过清洁生产来预防控制污染的目的。

（8）提出和实施无/低费方案。在清洁生产审核过程中，将发现各个环节存在的问题，这些问题分为两大类，一类是需要投资较高、技术较强、投资期较长才能解决的问题，这些方案叫中/高费方案或高费方案；另一类是只需少量投资或不投资，技术性不强，很容易在短期内解决的问题，此类方案叫无/低费方案。

无/低费方案的发现与提出在清洁生产审核的不同阶段是不同的。在预评估阶段，无/低费方案一般都不必对生产过程做深入分析便可直接从现场看出，技术性不强，较简单，而且是全厂范围内的，如堵塞、跑、冒、滴、漏，简单修改岗位操作规程等。到了评估阶段，无/低费方案往往需要对生产过程进行评估与分析后方能提出，而且主要针对审核重点，如调整工艺参数、改进工艺流程、确定合理的维修期等。在方案产生与筛选阶段，无/低费方案的提出更需要对审核重点生产过程进行深入分析，常需向有关专家咨询，相对来说技术性较强，实施难度较大。

3. 评估

本阶段对审核重点进行物料、能量、废物等的输入、输出定量测算。对生产全过程即从原材料投入到产品产出全面进行评估，寻找原材料、产品、生产工艺、生产设备及其运行与维护管理等方面存在的问题，分析物料、能量损失和污染物排放的原因。本阶段工作重点是实测输入输出物流（图 8-1），建立物料平衡，分析废物产生原因。

编制审核重点的工艺流程图。工艺流程图是分析生产过程中物料、能量损失和污染物产生及排放原因的基

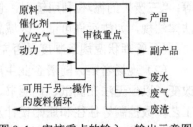

图 8-1　审核重点的输入、输出示意图

础数据，在收集审核重点工艺资料、调查掌握工艺情况的基础之上，编制工艺流程图。

工艺流程图以图解形式描述从原材料投入到产品产出和废物产生的生产全过程，它是审核重点实际生产状况的形象说明。编制工艺流程图后，编制操作单元功能说明。对于工艺复杂的操作单元，还应编制工艺设备流程图，分别标明重点设备的输入、输出物流及监测点。

4. 方案产生和筛选

本阶段的任务是根据审核重点的物料平衡和废物产生原因的分析结果，组织企业全体员工，针对审核重点在生产管理、生产过程控制、生产工艺及设备、原辅材料、产品及能源、资源的充分利用等方面存在的问题，制定污染物控制备选方案，并对其进行初步筛选，确定三个以上最有可能实施的方案，特别是中/高费方案，供下一阶段进行可行性分析。

初步筛选时考虑如下因素：

（1）技术可行性。主要考虑方案的成熟程度，即技术路线是否在同行业采用过，以及本企业是否具备使用条件。

（2）环境效果。主要考虑方案是否可以减少废物的毒性和数量，能否能改善工人的操作环境等。

（3）经济效益。主要考虑投资和运行费用能否承受得起，是否有经济效益，能否减少废物的处理处置费用等。

（4）易于实施程度。主要考虑是否在现有的场地、公用设施、技术人员等条件下能够实施或稍加改进即可实施。

（5）对生产和产品的影响。主要考虑方案的实施过程中对企业正常生产的影响程度以及方案实施后对产量、质量的影响。

5. 可行性分析

本阶段的目的是对筛选出来的中/高费清洁生产方案进行分析和评估，以选择最佳的、可实施的清洁生产方案。本阶段的工作重点是：在市场调查和收集资料的基础上，进行方案的技术、环境、经济的可行性分析，从中选择技术上先进适用、经济上合理高效、环境效益明显的最优方案。

（1）技术可行性分析。技术评估的目的是研究筛选的中/高费方案在预定条件下，为达到投资目的而采用的技术是否可行。技术评估应着重评价以下几方面：①与国内外同行业对比技术的先进性；②技术的安全性、可靠性；③技术成熟程度，有无实施先例；④方案对产品质量有无影响，能否保证产品质量；⑤引进技术或设备要符合我国国情，要有消化吸收能力；⑥现有的公共设施应满足要求（包括水、汽、热力、电力的要求）。

（2）环境可行性分析。任何一种清洁生产方案都应有显著的环境效益，环境可行性分析是重点、是核心，应包括以下内容：①资源是否得到合理利用；②生产中废物排放量的变化；③污染物组分的毒性及其降解情况；④污染物的二次污染；⑤操作环境对健康的影响；⑥废物的再生和循环利用。

（3）经济可行性分析。经济可行性分析是从企业角度分析方案的经济效益，将筛选方案的实施成本与可能获得的各种经济收益进行比较，确定方案实施后的盈利能力，从中挑出投入量少、经济效益最佳的方案，为投资决策提供依据。

6. 方案实施

本阶段目的是通过可行性分析确定中/高费方案的实施，使企业实现技术进步，获得明显的经济和环境效益。通过评估已实施的清洁生产方案成果，激励企业继续推行清洁生产。本阶段工作重点是：制定切实可行的实施计划，组织推荐方案的实施，总结前几个审核阶段已实施的清洁生产方案的成果。

7. 持续清洁生产

本阶段的目的是使清洁生产工作在企业内持续地推行下去。本阶段工作重点是建立健全清洁生产工作的组织机构、管理制度，制定持续清洁生产计划以及编写清洁生产审核报告。

（1）建立和完善清洁生产组织。清洁生产是一个动态的、相对的概念，是一个连续的过程，需有一个固定的机构、相对稳定的工作人员来组织和协调这方面工作，以巩固已取得的清洁生产成果，并使清洁生产工作持续地开展下去。

（2）建立和完善清洁生产管理制度。包括把审核成果纳入企业日常管理轨道、建立激励机制和保证稳定的清洁生产资金来源。

（3）制定持续清洁生产计划。清洁生产应制定持续清洁生产计划，使清洁生产有组织、有计划地在企业中可持续进行下去。

（4）编制清洁生产审核报告。

思 考 题

（1）简述清洁生产和可持续发展有什么关系？

（2）为什么英文中清洁生产是"Cleaner Production"而非"Clean Production"？

（3）与末端治理相比，为什么企业更愿意接受清洁生产？

（4）请对你所在的大学，提一些清洁生产的建议。

（5）简述清洁生产的过程及其主要关键步骤。

第9章 环境管理

本章要求：了解环境资源的公共物品属性及外部性的基本概念，掌握主要的环境管理手段及环境管理的技术方法，熟知政府在环境管理中的职能及主要的环境管理模型。

9.1 环境资源的公共物品属性

9.1.1 公共物品属性

美国经济学家保罗·萨缪尔森（Paul A. Samuelson）在其著作《经济学》中将物品分为两类：公共物品和私人物品，使用竞争性和排他性两个标准来对物品进行分类（见表 9-1）。竞争性是指一个人使用这种物品将减少其他人对该物品的消费或享受的特性；排他性是指一个人使用该物品可以阻止他人使用这种物品的特性。他认为，当某一个物品同时具有非竞争性和非排他性时，该物品就是纯粹的公共物品，例如空气。某人呼吸空气的同时不会减少其他人对空气的吸收，因此具有非竞争性；某人在呼吸空气的同时也不能阻止其他人呼吸空气，因此空气的消费具有非排他性。与之相对，当一个物品同时具有竞争性和排他性时，是纯粹的私人物品。公共物品有效率地供给通常需要政府行为，而私人物品则可以通过市场有效率地加以分配。

除了纯粹的公共物品和私人物品外，还有一些物品仅具备竞争性和排他性二者其一的特性，称之为准公共物品。当物品仅具有竞争性而不具备排他性时，称为共有资源，如草场资源，某个牧民对草场资源的使用会减少其他人对其的消费，但是不能阻止其他人对草场的使用；当物品能够排他（通过收费方式），而且在一定的消费者范围内不具有竞争性时，称为收费物品，如自来水、收费的公园等。当消费量超过某个拥挤点后，这些收费物品也会出现竞争性，如收费公园的游客量超过承载力。

表 9-1 物品的四项分类

		竞争性	
		是	否
排他性	是	私人物品，如冰淇淋、衣服等	准公共物品（收费物品），如收费的国家公园、有线电视、自来水
	否	准公共物品（共有资源），如海洋的鱼、草场资源、河流	纯公共物品，如空气、知识、国防

环境资源的含义包括两个方面：一方面包括诸如水、大气、土壤、生物、矿产等环境要素；另一方面是指环境具有容纳污染物的能力，也称为"环境自净能力"。从以上对物品的分类来看，除了不具有私人物品的属性，环境资源涵盖了纯粹公共物品（如空气）、共有资源（海洋的鱼、草场资源、河流）和收费物品（收费国家公园）的范畴。因此，我们通常研

究的环境具有公共物品的属性。环境资源作为公共物品可以被人类免费使用的特征使得它们往往被过度消费和使用，带来的后果就是这些资源的质量不断下降，它们的结局类似于"共有地悲剧"。

相关阅读：共有地悲剧（Tragedy of the Commons）

在中世纪的一个小镇上，镇上的人从事许多经济活动，其中最重要的一种是养羊，镇上的许多家庭都有自己的羊群，并出卖用以做衣服的羊毛来养家。

最初，大部分时间羊在镇周围的草场上吃草，这块草场没有归属于任何家庭，镇里的居民集体拥有这块草场资源，所有的居民都被允许在草场上放牧。因为草场很大，每个居民都可以得到他们想要的良好的草场资源，并且满足所有人的需求后还有剩余资源，这块草场就不是一种竞争性物品。

时光流逝，镇上的人口在增加，草场上羊的数量也在增加。羊数量日益增加，而草场资源的承载量是固定的，草地开始失去自我养护的能力。最后，草地变得寸草不生，由于没有草，羊也存活不下去了，这样，原本以养羊卖羊毛为生的家庭失去了生活来源。

共有地悲剧的产生是因为外部性，当一个人使用共有资源时，就减少了其他人对这种资源的享用，由于这种负外部性的存在，共有资源往往被过度使用。

还是这个小镇，如果预见了未来这种悲剧有可能发生，镇里可以用各种方法解决这个问题。它可以控制每个家庭羊群的数量，通过对羊征税，拍卖牧羊许可证等方式将外部性内部化；或是将草地分给每个家庭，每个家庭管理自己的草地，避免过度放牧。以上解决方案实际上提出了具有公共物品属性的环境资源的管理方式。拍卖牧羊许可证将产权私有化，通过市场来调节环境资源的配置；依靠政府颁布强制的法律和法规来分配资源；或是依靠牧民对牧场进行自管理。以上途径都可以避免"共有地悲剧"的发生。

9.1.2 环境外部性

（1）外部性的概念

外部性最早是由马歇尔提出的，是指在实际经济活动中，生产者或消费者的活动对其他生产者或消费者带来的非市场性的影响。也可以理解为在没有市场交换的情况下，一个生产单位的生产行为（或消费者的消费行为）影响了其他生产单位（或消费者）的生产过程（或生活标准）。

$$F_i = f(X_i^1, X_i^2, X_i^3, \cdots, X_i^m, X_j^n) \quad i \neq j$$

其中，生产者（或消费者）j 对生产者（或消费者）i 存在外部影响；F_i 是生产者 i 的生产函数或消费者 i 的效用函数；X_i^m 是生产者（或消费者）i 的内部影响因素；X_j^n 是生产者（或消费者）j 对 i 施加的影响。

外部性可以分为正外部性（外部经济性）和负外部性（外部不经济性）。正外部性是指使市场外的其他人福利增加的外部性。以上下游植树造林为例，一条河流经的上下游区域，如果上游居民植树造林、保护水土，下游居民就可以得到质量和数量有保障的生产和生活用水。植树造林这项活动产生的社会效益大于私人效益，产生外部经济性。负外部性是指使市场外的其他人福利减少的外部性。还以上下游居民为例，如果上游居民砍伐树木，造成水土流失，不能保障下游居民的生产和生活用水，就产生了外部不经济性，这时的社会成本高于私人成本。

（2）环境的外部不经济性

英国经济学家庇古在发展福利经济学理论时，对私人厂商生产所造成的环境破坏使社会福利受到损失这一问题进行了研究，他指出"人类合理的生产活动意外地对环境引起了与市场没有直接联系，又与各被影响的方面没有直接财务关系的经济作用。"从这里可以看出，环境的外部不经济性是指，在许多与环境相关的生产活动中，私人生产者产生的环境成本转嫁于整个社会，使社会福利受损而私人厂商又不必为此做出任何补偿。也就是说，在对环境产生外部性影响的市场中，经济活动产生的环境成本并没有在市场价格中体现出来，某些产品和服务的价格其实是被低估了。

环境外部性会造成资源配置失误以及缺乏效率，进而导致社会福利受损，所以要将外部性内部化。使生产者或消费者产生的外部费用，进入生产或消费决策，由它们自己来承担或消化。由于环境的公共物品属性和环境的外部性，这就决定了需要政府、市场和公众作为主体进行环境管理，互为补充，共同完成。

9.2 环境管理的概念及环境管理制度

9.2.1 环境管理的内涵

关于环境管理的含义尚无一致的看法。美国学者休埃尔在其所著的《环境管理》一书中，将环境管理定义为对人类损害自然环境质量（特别是大气、水和土地质量）的活动施加影响，即认为环境管理是运用经济、法律、技术、行政和教育手段控制污染。我国学者将环境管理概括为：运用经济、法律、技术、行政及教育等手段，限制（或禁止）人们损害环境质量的活动，鼓励人们改善环境质量；通过全面规划、综合决策，使经济发展和环境保护相协调，达到既能发展经济满足人类的基本需求，又不超出环境容量的目的。

环境管理的内涵具体可以从四个方面来阐释：环境管理的目标是什么？管理对象有哪些？谁来管理？以及怎么管理？

环境管理的目标可以从三个层面来认识：在实践层面，环境管理的目标就是利用各种手段鼓励、引导甚至强迫利益相关方保护环境；在学科层面，环境管理的目标是利用相关的自然科学、社会科学以及人文科学的知识识别环境问题发生的原因、评价产生的影响，提出解决问题的方案以及方案的实施和保障措施；在哲学层面上，环境管理的目标就是对人类自身的行为进行反思并管理，以维系并提高人与环境的和谐。

环境管理的实质是改变人的观念和影响人的行为，所以其直接对象是人类作用于环境的行为，包括政府行为、企业行为和个人行为。通过管理人类行为，进而间接管理环境物质对象，即我们周边的环境，包括水环境、大气环境、土壤环境及生物环境等。因此从本质上来看，环境管理就是通过规范和管制人的行为，来调整人与环境之间的关系。政府作为社会行为的主体，其行为具有特殊性，涉及我国重要的经济命脉，公共事业，在重要行业实行垄断，同时还对市场进行调控，涉及面广、影响深远而又不易觉察。要防止和减轻政府行为引发环境问题，政府要做到科学民主的决策，施政法制化，建立科学的决策方法和程序，接受公众监督，遵守有关环境法律法规的要求。企业是社会经济活动的主体，企业的生产行为会对环境系统产生极大的负面影响。要防止和减轻企业的污染行为，需要企业自身、政府和公众共同作用，企业自身要加强环境管理，改变其环境行为；政府可以通过制定严格的排放标准，污染控制政策，限制企业的污染排放量，通过经济刺激、价格调控等手段规范企业的排污行为；公众对企业破坏环境的行为进行监督，选择购买和消费具有良好环境表现的企业的商品。个人为了满足自身生存和发展的需要，通过生产活动或在市场上购买物品和服务，造成资源消耗并产生废物。要减轻和防止个人行为对环境的影响，需要公众调控自身的行为，政府通过宣传教育唤醒公众的环境意识，养成保护环境的习惯，购买和消费绿色产品；同时，政府可以通过制定法律法规来规范公众的生活和消费行为，对企业进行绿色供应链跟踪，环境信息公开，引导公众选择绿色产品，引导公众参与到环境保护工作中去。

第三个问题，谁来管理呢？环境管理的主体包括政府、企业和公众（包括个人和非政府组织或非营利组织）。政府作为社会公共事务的管理主体，包括中央和地方各级行政机关。作为环境管理的主体，政府制定环境发展战略、法律法规和标准；设置专门的环境保护机构，明确环境保护目标、环境规划；为公众提供环境信息和服务，开展环保教育；监督企业的环境污染排放情况，为企业进行环境管理提供政策建议和技术支持；参与解决全球性环境问题等。企业是各种产品的主要生产者和供应者，是各种自然资源的消耗者，也是社会物质财富积累的主要贡献者。企业自身的环境管理主要体现在：在生产经营活动中主动遵守政府的法律法规标准和公众的环境要求；主动承担环境保护责任，改变以往的"以消耗资源、破坏环境而获利"的经营模式，转变为"以保护环境而赢利"的绿色产业模式，做到既能创造经济效益，又能保护环境。公众包括个人和各类社会群体，是环境问题的最终承担者，也是环境管理的最终推动者和直接受益者。公众通过约束自己的行为，监督企业和政府的行为来进行环境管理，如积极参与相关环境项目的听证会，发表自己的看法；参与环境保护宣传和教育的社会组织等。

最后一个问题是怎么管理，这就涉及环境管理的手段，主要有命令控制型、经济激励型及自愿鼓励型等三种类型，在接下来的章节会具体讲到。

9.2.2　中国的环境管理制度

从 1973 年第一次全国环境保护会议以来，我国逐步制定和实施了一系列环境管理制度。这些制度主要包括：

（1）环境影响评价制度

环境影响评价是指在环境的开发利用之前，对政府职能部门制定的各种规划方案或建设项目的选址、设计、施工和建成后将对周围环境产生的影响、拟采用的防范措施和最终不可避免的影响所进行的调查、预测和估计。环境影响评价制度是法律对这种调查、预测和估计的范围、内容、程序、法律后果等所做的规定，是环境影响评价在法律上的表现。

我国境内对环境有影响的一切基建项目、技改项目、区域开发项目和规划，其中包括中外合资、中外合作、外商独资的建设项目等，都需要进行环境影响评价。建设项目和区域环境影响评价的形式主要包括环境影响报告书、环境影响报告表、环境影响登记表三种。建设项目环境影响评价报告书内容包括：总论、建设项目概况、建设项目周围环境现状、建设项目对环境可能造成的影响的分析、评估和预测、建设项目环境保护措施及技术、经济论证、建设项目对环境影响的经济损益分析、对建设项目实施环境监测的建议和环境影响评价的结论。

环境影响评价制度贯彻了"预防为主"的环境保护政策，对尚未实施的规划或新建项目提出技术要求和限制，减少重复建设、杜绝新污染的产生；对可以开发建设的项目或规划的实施提出了超前的污染预防对策和措施，强化了建设项目或规划实施的环境管理。

（2）"三同时"制度

"三同时"制度是指新建、扩建、改建项目和技术改造项目、自然开发项目，以及可能对环境造成损害的工程建设，其防治污染及其他公害的设施，必须与主体工程同时设计、同时施工、同时投产。该制度的目的是从源头上保证环境设施及时建设和及时运行。它与环境影响评价制度同属于预防类政策，是以控制新污染源产生，确保对环境有影响的所有新建项目有效地执行环境保护政策为目标的命令控制政策。

（3）排污收费制度

排污收费制度是指向环境排放污染物或超过规定的标准排放污染物的排污者，依照国家法律和有关规定按标准交纳费用的制度。它体现了"污染者付费"的原则。排污收费制度的实施促进污染源的污染治理，为污染防治提供了专项资金，加强了环境保护部门自身建设，促进了环境保护工作。我国从 2018 年 1 月 1 日起，全国范围内开始征收环境保护税，不再征收排污费。

（4）环境保护目标责任制

环境保护目标责任制是通过签订责任书的形式，具体落实到地方各级人民政府和有污染的单位对环境质量负责的行政管理制度。这项制度确定了一个区域、一个部门乃至一个单位环境保护的主要责任者和责任范围，运用目标化、定量化、制度化的管理方法，把贯彻执行环境保护这一基本国策作为各级领导的行为规范，推动环境保护工作的全面、深入发展。这项制度与其他管理制度的区别在于明确了地方政府的区域环境质量责任。执行主体是各级地方政府，环保部门作为政府的职能部门具有指导与监督的作用。

（5）城市环境综合整治定量考核制度

城市环境综合整治，就是把城市环境作为一个系统、一个整体，运用系统工程的理论和方法，采用多功能、多目标、多层次的综合战略、手段和措施，对城市环境进行综合规划、综合管理、综合控制，以最小的投入，换取城市环境质量优化，做到"经济建设、城乡建设、环境建设的同步规划、同步实施、同步发展"。

对城市环境综合整治效果进行定量化的考核就是城市环境综合整治考核制度，简称"城考"。它以城市环境综合整治规划为依据，在城市政府的统一领导下，通过科学的、定量化的城市环境综合整治指标体系，把城市各行各业、各个部门组织起来，开展以环境、社会、经济效益统一为目标的环境建设、城市建设、经济建设，使城市环境综合整治定量化。

（6）排污许可证制度

排污许可证制度是以改善环境质量为目标，以污染物排放总量控制为基础，由排污单位的申报登记、排污指标的规划分配、许可证的申请和审批颁发、执行情况的监督检查四步组成的一项环境管理制度。

《中华人民共和国环境保护法》第四十五条明确规定："国家依照法律规定实行排污许可管理制度。实行排污许可管理的企业事业单位和其他生产经营者应当按照排污许可证的要求排放污染物；未取得排污许可证的，不得排放污染物"。2021 年 3 月 1 日起全国开始实施《排污许可管理条例》，对排污许可证的申请和审批、排污管理及监督检查等做了进一步规定。

（7）污染限期治理制度

污染限期治理制度是指对造成环境严重污染的企事业单位和在特殊保护区内超标排污的已有设施，由有关国家机关依法限定其在一定期限内完成治理任务，达到治理目标的法律规定的总称。这是一项行政命令性质的环境管理措施，对于具体污染源的限期治理，其目标是污染源达标排放；对于行业污染源的限期治理，要求分期分批逐步做到所有污染源都达标排放；对于区域环境污染的限期治理，则要求通过治理达到适用于该地区的环境质量标准。

（8）污染集中控制制度

污染集中控制制度指在特定区域、特定污染状况条件下，对某些同类污染运用政策、管理、工程技术等手段，采取综合、适度规模的控制措施，以达到污染控制效果最好，环境、经济、社会效益最佳的环境管理制度。实施污染集中控制必须与分散治理相结合，对于一些危害严重、排放重金属和难以生物降解的有害物质的污染源，以及少数大型企业或远离城镇的个别污染源，需要进行单独、分散治理。

9.3 环境管理手段

9.3.1 命令控制型管理手段

我国的环境管理在起初采用了以政府为主体的直接管理手段，颁布法律法规，制定环境标准等。命令控制型管理手段的执行主体是立法机关和行政机关，一般都具有法律强制性、行政高效率、执行力度大和见效快等优点，同时也具有一些缺点，如缺乏经济效率、缺乏公众参与、社会争议较大等。以政府为主体的命令控制型管理包括法律手段、行政手段和环境标准的执行。

（1）法律手段

环境法律手段的基本特征是由国家的最高权力机构制定或认可，由国家强制力保证实施，具有概括性和规范性。这一特征使得环境法同社区、企业等非国家机关制定的规章制度区别开来，也同国家机关制定，但是不具有国家强制力或不具有规范性和概括性的非法律文件区别开来。

（2）行政手段

行政手段是行政机构以命令、指示、规定等形式作用于直接管理对象的一种手段，具有权威性、强制性和规范性的特征。环境管理的行政手段主要是以制定行政控制措施为主要内容的法律法规，以强制实施的方式，来实现国家确定的环境保护要求。主要包括行政审批或许可证、环境监测（监测系统的质量保证、记录保存、环境报告）和处罚（警告、限期治理、罚款、暂停营业和关闭等）、环境影响评价等。

（3）环境标准

环境标准是由行政机关根据立法机关的授权而制定和颁发的。它是确定环境目标、制定环境规划、监测和评价环境质量，制定和实施环境法的基础和依据。环境标准一般包括环境质量标准、污染物排放标准、环境监测方法标准、环境标准样品标准和环境基础标准。

9.3.2 经济激励型管理手段

经济激励型管理手段注重经济效率和激励机制，注重经济社会发展中的内在约束力，充分肯定市场经济制度的作用，依赖现代科学技术的发展。具有经济效率高、行政成本低、激励强度大、多样性丰富、灵活性高、促进环保技术创新、增强市场竞争力和长期效果明显等优点。同时也存在市场风险、加剧环境分化等不足。需要配合一定的法制、市场和社会环境来保证经济激励型管理方式的有效实施。

环境管理的经济手段是指管理者依据国家的环境经济政策和经济法规，运用价格、成本、利润、信贷、利息、税收、保险、收费和罚款等经济杠杆来调节各方面的经济利益关系，规范人们的经济行为，培育环保市场以实现环境和经济的协调发展。它是将环境问题外部性内在化的重要手段之一。从世界各国采用经济手段来进行环境管理的经验来看，经济手段是行政和法律手段的重要补充。经济手段的优越性表现在：（1）污染者可以选择最佳的方法达到规定的环境标准，或者使环境治理的边际成本等于排污收费水平，达到降低成本的目的；（2）可以持续刺激污染排放单位，使污染水平控制在规定的环境标准内，促进经济的污染控制技术、低污染的新生产工艺以及低污染或无污染的新产品的开发；（3）为政府及排污者提供技术和管理上的灵活性；（4）为政府增加一定的财政收入用于保护资源和环境，纳入财政预算。目前，世界上各国广泛采用的经济手段见表9-2。

表9-2　环境管理经济手段的基本类型

经济手段	内容
明确产权	明确所有权：土地所有权、水权、矿权；明确使用权：许可证、特许权、开发权
建立市场	可交易的排污许可证；可交易的资源配额如可交易转让的用水配额、开发配额、土地许可证、环境股票等
税收手段	污染税（根据排污数量和污染程度收税）；原料税和产品税（对生产、消费和处理中有环境危害的原料和产品收税，如一次性餐盒、电子产品、电池等）；租金和资源税（获得或使用公共资源缴纳的租金或税收）
收费手段	排污费；使用者收费（城市垃圾、污水处理收费，阶梯电价和水价）；资源、生态、环境补偿费
财政手段	财政补贴；绿色信贷；绿色基金；绿色证券
责任制度	环境、资源损害赔偿责任；保险赔偿（对特定有环境风险的活动进行强制性保险）；执行保证金（预缴的执行法律的保证金）
押金制度	押金-退款制度（对需要回收的产品或包装实行抵押金制度）
发行债券	发行政府和企业债券（绿色债券）

目前，我国有关环境管理的经济手段主要有以下五类：

（1）环境保护税。规定排污单位或个人应根据排放的污染物种类、数量和浓度缴纳环境保护税；在2018年1月1日之前，实施的是排污收费制度。

（2）减免税制度。国家规定，对自然资源综合利用产品实行五年免征产品税；对因污染搬迁另建项目实行免征建筑税等。

（3）环境补贴。政府对电力行业脱硫脱硝除尘实施电价补贴；对可再生能源发电实施电价补贴；对新能源汽车实施补贴等。

（4）贷款优惠政策。对有利于环境保护和可持续发展的项目（节能环保项目）实施优惠的贷款。

（5）排污权交易政策。在排污企业明确产权的前提下，通过市场交易进行资源配置，在减少污染物排放的同时节约减排成本。2017年末，我国在重点行业SO_2排污权交易的基础上，建立了电力行业的全国统一的碳排放权交易市场。

在以上五类中，前四类均属于非市场的经济手段，第五类属于建立市场的经济手段。两类经济手段的共同目的都是使外部成本内部化，差异在于政府在其中扮演的角色以及政府的控制力度。非市场经济手段是通过政府强制干预的经济手段，它主要是基于庇古税的原理，庇古认为只要政府采取措施（税收、收费等）使得私人成本和私人收益与相应的社会成本和社会收益相等，资源配置就可以达到帕累托最优状态，寄希望于政府的积极管制，体现了污染者付费的原则。这种经济手段的局限性表现在对企业信息要求很高，现实中信息不完全会影响政府确定最优的税率和补贴水平；其次，政府干预成本的支出可能会高于外部性的损失；最后，税收的征收过程可能出现寻租。

建立市场进行环境管理的经济手段是基于科斯定理发展起来的。该定理提出者罗纳德-哈理·科斯认为在明确产权的前提下，双方可以通过协商达到资源的最优配置，在这里充分考虑了市场机制的运行。政府在其中的作用仅是明确产权。这种经济手段的局限性表现在强调利用市场来解决外部性问题，在市场化程度不高的经济体很难发挥作用，自愿协商方式需要考虑交易成本；同时，自愿协商的前提是产权要明确，而事实上，公共物品的产权难以界定，或者界定成本很高。

9.3.3 鼓励和自愿型管理手段

随着人们环境意识的提高，自觉、自愿、积极、主动地参与环境管理，已经成为越来越多的政府、企业和广大公众发自内心的自觉行为。鼓励型和自愿型的手段一般包括公众参与、环境信息公开、环境绩效管理、环境标志、环境会计、环境审计等。接下来我们主要介绍公众参与和环境信息公开。

（1）公众参与

公众包括与资源环境对象相关的个人和各种社会群体。公众参与是通过两个或多个社会群众、私人或非政府组织之间相互达成共识的一种约定，以实现共同决定的目标，或完成共同决定的活动，从而有利于环境和社会的可持续发展。它强调的是不同利益相关方之间伙伴式的关系。

公众参与可以有很多机制，例如听证会、顾问、社会调查、起诉、仲裁、环境调解等，其中起诉、仲裁和环境调解是明确不同利益和寻找相互满意的解决方案的方式。在一项环境政策的制定和执行过程中，公众参与可以在任何阶段发生，包括政策制定前的调研阶段、确定政策目标阶段、在政策制定过程中，以及在政策执行阶段。

公众参与的程度分为四类：①贡献性参与。政府保持控制，但参与者可以单方面提出相关环境管理的意见。②共享性参与。政府保持控制，允许参与者分享信息和分担工作，参与者可以通过他们的实际参与影响决策。③协商性参与。政府保持控制，但是制定政策和策略的所有过程对参与者开放，与参与者协商。通过协商式参与，参与者可以在使政府决策合法化的过程中发挥作用。④决策性参与。在制定政策、战略规划等方面，政府与参与者共享权力，共担风险。

我国环境管理中公众参与的法律基础体现在宪法以及相关法律中对于公众参与的描述。《中华人民共和国宪法》第二条规定："人民依照法律规定，通过各种途径和形式，管理国家事务，管理经济和文化事业，管理社会事务"。这是我国实行公众参与环境管理的宪法根据。《中华人民共和国环境保护法》第五条规定："环境保护坚持保护优先、预防为主、综合治理、公众参与、损害担责的原则"。在《国务院关于环境保护若干问题的决定》中也有关于公众参与的规定："建立公众参与机制，发挥社会团体的作用，鼓励公众参与环境保护工作，检举和揭发各种违反环境保护法律法规的行为"。另外还有一些环境保护法律、法规和条例中列出了公众参与的部分，如《清洁生产促进法》、《环境影响评价法》、《环境影响评价公众参与暂行办法》等。

（2）环境信息公开

环境信息公开是公众参与的前提和基础。环境信息公开主要指政府，同时也包括企业主动公开自身掌握的环境信息，如区域环境质量信息、污染物排放信息、企业产品环境信息、企业环境行为等。环境信息可以是反映环境状况的最新情报、数据、指令和信号，也可以是表征环境问题及其管理过程中各固有要素的数量、质量、分布、联系和规律等的数字、文字和图形等的总称。

环境信息公开的实质是要解决政府、企业、公众之间环境管理中的信息不对称问题。政府在环境信息的获取、占有和发布方面具有天然的优势。一般而言，政府拥有遍及全国的环保行政机构及附属单位，其重要职能之一就是环境信息的收集和处理，政府还拥有较为完善的环境信息收集手段，如环境监测、排污许可证等。众多的机构保障和广泛的信息来源保证了政府环境信息收集的准确性、完备性和权威性。

企业作为市场主体，掌握着市场经济中有关环境的大量信息。企业环境信息一般是第一手的环境信息资料，具有原始性、丰富性、准确性等特点。按企业对环境信息的公开动力，企业掌握的环境信息可以分为两种类型：①企业根据政府要求依法公开的信息。如根据法律法规，要求污染严重的企业公开其污染物排放、生产经营及对周边环境和公众的影响情况等。②企业自愿公开的信息。一般包括企业环境战略、资源能源消耗、企业污染物排放强度、年度的环境保护目标、致力于社区改善环境的活动、获得的环境荣誉、对减少污染物排放并提高资源利用效率的自觉行动和实际效果。

广大公众是环境信息公开的最大受益者，通过环境信息公开，增加了政府和企业的透明度和公开性，给予了公众知晓权和发言权，使公众能够真正参与环境管理，行使自己应有的权利和义务。对企业而言，通过环境信息公开，在宣传自身环保形象、环境行为和环境绩效等方面取得成效，将企业赚钱目标、社会责任和企业长远可持续发展紧密联系起来。对政府而言，环境信息公开是政府的基本义务之一，充分的环境信息公开，有助于提升政府的执政能力和执政水平，提升政府形象和政府绩效。

9.4　环境管理的技术方法

9.4.1　环境管理技术方法的基础

环境管理的对象是人类社会作用于自然环境的行为。在此过程中，需要一系列的自然科学、工程科学，特别是将环境自然科学和环境工程科学的研究成果作为知识和技术基础。环境规划与评价、环境监测、环境统计等环境管理技术方法为环境管理提供了一手的现场监测数据、大量的社会经济统计数据、环境管理手段的评价体系等，成为环境管理技术方法的基础。

（1）环境规划

环境规划是指为使环境社会系统协调发展，对人类社会活动和行为做出的时间和空间上的合理安排，其实质是一种克服人类社会活动和行为的盲目性和主观随意性而进行的科学决策活动。

实际上，环境规划主要是为了解决一定空间和时间范围内的环境问题，保护该区域的环境质量。按照环境组成要素，环境规划可以划分为大气环境规划、水环境规划、固体废物环境规划、噪声污染防治规划等；按照区域特征，可划分为城市环境规划、区域环境规划、流域环境规划；根据规划性质，可划分为生态建设规划、污染综合防治规划、自然保护规划等；根据规划时间，包括长期、中期、短期及年度环境保护计划。

环境规划的基本内容包括：环境调查与评价、环境预测、环境功能区划、环境规划目标、环境规划方案的设计、环境规划方案的选择和实施、环境规划方案的支持与保证等。

（2）环境评价

按照一定的环境标准和评价方法，对一定区域范围内的环境质量进行描述和分析，以便查明规划区环境质量的历史和现状，确定影响环境质量的主要因素，掌握规划区环境质量的变化规律，预测未来的发展趋势及评价人类活动对环境的影响。

根据环境管理的需求，环境评价可以分为多种不同类型。按照环境要素可以分为大气、水、土壤、噪声环境评价等；按照评价内容分为经济影响评价、社会影响评价、区域环境评价、生态影响评价、环境风险评价等；按照评价层次，可以分为项目环境评价、规划环境评价、战略环境评价；从时间上，可分为环境回顾评价、环境现状评价和环境影响评价。

环境评价的基本内容包括：环境评价建设项目概况、工程分析；环境现状调查与评价、环境影响预测与评价、社会影响评价、环境风险评价；环境保护措施及其经济、技术论证、清洁生产分析和循环经济、污染物排放总量控制；环境影响经济损益分析、环境管理与环境监测；方案选择；环境影响评价结论。

（3）环境监测

环境监测是通过技术手段测定环境质量因素的代表值，如污染物浓度等，及时、准确、全面地反映环境质量现状及发展趋势，为选择防治措施、实施目标管理提供可靠的环境数据，为制定环保法规、标准提供科学依据。环境监测具有系统性、综合性和时序性的特点。

根据环境要素，环境监测可以分为大气、水、固体废物、噪声等污染物监测以及对生物、生态系统的监测；还可以分为常规监测和特殊目的监测，前者是对已知污染因素的现状进行的定期监测，包括环境要素监测和污染物监测，后者主要包括研究性监测、污染事故监测和仲裁监测等。

（4）环境统计

环境统计是用数字反映人类活动引起的环境变化及其对人类的影响。按照环境管理的要求确定指标体系，通过大量的观察、调查、收集有关资料和数据，经过科学、系统地整理、核算和分析，以环境统计资料的形式表现出环境现象的数量关系，运用定量的数字语言表示和评价污染的状况、污染治理成果和生态环境建设等情况，为科学地进行环境管理提供重要数据基础和保证。

我国环境统计范围大致包括六类：土地环境统计、自然资源统计、能源环境统计、人口居住区环境统计、环境污染统计、环境保护机构自身建设统计。

环境统计分析的结果通常以数字、曲线和图表等形式体现在统计分析报告中，可以向政府、企业和公众提供直观的、丰富的环境信息。通过环境统计分析，可以了解污染物排放与治理技术的年变化趋势、环境质量现状和环境变化趋势、排污费征收及使用情况等。

9.4.2 环境管理的实证方法

（1）实验方法

环境管理的实验方法既与管理科学实验相通，也与环境化学、环境生物学、环境地学等环境科学实验方法有联系。分为两种类型：一种是实验室实验，在人为建造的特定环境下进行；另一种是现场实验，在日常工作环境下进行。三个经典的管理科学实验包括：泰勒的铁锹实验和金属切割实验，梅奥的霍桑实验以及勒温实验。

> **相关阅读：**
>
> ① 泰勒的铁锹实验和金属切割实验
>
> 铁锹实验：1898 年，泰勒在钢铁公司工作时发现以下现象：当时，不管铲取铁砂还是煤粉，都使用相同的铁锹进行人工搬运，在铲煤粉时重量如果合适的话，在铲铁砂时就过重了。优秀的搬运工一般不愿使用公司发放的铁锹，宁愿使用个人拥有的铁锹。在一次调查中，泰勒发现搬运工一次可铲起 3.5 磅（约 1.6 千克）的煤粉，而铁砂则可铲起 38 磅（约 17 千克）。为了获得一天最大的搬运量，泰勒开始着手研究每一锹最合理的铲取量。泰勒研究发现每个工人的平均负荷是 21 磅，后来他就不让工人自己带工具了，而是准备了一些不同的铲子，每种铲子只适合铲特定的物料，这不仅使工人的每铲负荷都达到了 21 磅，也是为了让不同的铲子适合不同的情况。为此他还建立了一间大库房，里面存放各种工具，每个的负重都是 21 磅。同时他还设计了一种有两种标号的卡片，一张说明工人在工具房所领到的工具和该在什么地方干活，另一张说明他前一天的工作情况，上面记载着干活的收入。工人取得白色纸卡片时，说明工作良好，取得黄色纸卡片时就意味着要加油了，否则的话就要被调离。将不同的工具分给不同的工人，就要进行事先的计划，要有人对这项工作专门负责，需要增加管理人员，但是尽管这样，工厂也是受益很大的，据说这一项变革可为工厂每年节约 8 万美元。在三年以后，原本要五六百名员工进行的作业，只要 140 名就可以完成，材料浪费也大大降低。
>
> 金属切割实验：1881 年，在米德韦尔公司，为了解决工人的怠工问题，泰勒进行了金属切削实验。他自己具备一些金属切削的作业知识，于是他对车床的效率问题进行了研究。在用车床、钻床、刨床等工作时，要决定用什么样的刀具、多大的速度等来获得最佳的加工效率。金属切削实验前后共花了 26 年的时间，实验三万多次，耗费 80 万吨钢材和 15 万美元。最后在巴斯和怀特等十几名专家的帮助下，取得了重大的进展。这项实验还获得了一个重要的副产品—高速钢的发明并取得了专利。实验结果发现了能大大提高金属切削机工产量的高速工具钢，并取得了各种机床适当的转速和进刀量以及切削用量标准等资料。
>
> ② 梅奥的霍桑实验
>
> 1924—1932 年美国哈佛大学教授梅奥主持的在美国芝加哥郊外的西方电器公司霍桑工厂所进行的一系列实验。它发现工人不是只受金钱刺激的"经济人"，而个人的态度在决定其行为方面起重要作用。先后进行了照明实验、福利实验、访谈实验和群体实验。
>
> 照明实验结果发现，当实验组照明度增大时，实验组和控制组都增产；当实验组照明度减弱时，两组依然都增产，甚至实验组的照明度减至 0.06 烛光时，其产量亦无明显下降；直至照明减至如月光一般、实在看不清时，产量才急剧降下来。
>
> 福利实验是继电器装配测试室研究的一个阶段，实验目的是查明福利待遇的变换与生产效率的关系。但经过两年多的实验发现，不管福利待遇如何改变（包括工资支付办法的改

变、优惠措施的增减、休息时间的增减等），都不影响产量的持续上升，原因可能是：参加实验的光荣感。实验开始时6名参加实验的女工曾被召进部长办公室谈话，她们认为这是莫大的荣誉。这说明被重视的自豪感对人的积极性有明显的促进作用。成员间相互关系良好。

访谈实验：研究者在工厂中开始了访谈计划。此计划的最初想法是要工人就管理当局的规划和政策、工头的态度和工作条件等问题做出回答，但这种规定好的访谈计划在进行过程中却得到了意想不到的效果。工人想就工作提纲以外的事情进行交谈，工人认为重要的事情并不是公司或调查者认为意义重大的那些事。访谈者了解到这一点，及时把访谈计划改为事先不规定内容，每次访谈的平均时间从30分钟延长到1～1.5个小时，多听少说，详细记录工人的不满和意见。访谈计划持续了两年多。工人的产量大幅提高。工人们长期以来对工厂的各项管理制度和方法存在许多不满，无处发泄，访谈计划的实行恰恰为他们提供了发泄机会。发泄过后心情舒畅，士气提高，使产量得到提高。

群体实验：梅奥等人在这个实验中选择14名男工在单独的房间里从事绕线、焊接和检验工作。对这个班组实行特殊的工人计件工资制度。实验者原来设想，实行这套奖励办法会使工人更加努力工作，以便得到更多的报酬。但观察的结果发现，产量只保持在中等水平上，每个工人的日产量平均都差不多，而且工人并不如实地报告产量。深入的调查发现，这个班组为了维护他们群体的利益，自发地形成了一些规范。他们约定，谁也不能干得太多，突出自己；谁也不能干得太少，影响全组的产量，并且约法三章，不准向管理当局告密，如有人违反这些规定，轻则挖苦谩骂，重则拳打脚踢。进一步调查发现，工人们之所以维持中等水平的产量，是担心产量提高，管理当局会改变现行奖励制度，或裁减人员，使部分工人失业，或者会使干得慢的伙伴受到惩罚。这一实验表明，为了维护班组内部的团结，可以放弃物质利益的引诱。由此提出"非正式群体"的概念，认为在正式的组织中存在着自发形成的非正式群体，这种群体有自己的特殊的行为规范，对人的行为起着调节和控制作用。同时，加强了内部的协作关系。

③ 勒温实验

第二次世界大战期间，美国由于食品短缺，政府号召家庭主妇用动物的内脏做菜。而当时美国人一般不喜欢以动物的内脏做菜。勒温以此为题，用不同的活动方式对美国的家庭主妇进行态度改变实验，其方法是把被试者分成两组，一组为控制组，一组为实验组。对控制组采取演讲的方式，亲自讲解猪、牛等内脏的营养价值、烹调方法、口味等，要求大家改变对杂碎的态度，把杂碎作为日常食品，并且赠送每人一份烹调内脏的食谱。对实验组勒温则要求她们开展讨论，共同议论杂碎做菜的营养价值、烹调方法和口味等，并且分析使用杂碎做菜可能遇到的困难，如丈夫不喜欢吃的问题、清洁的问题等，最后由营养学家指导每个人亲自实验烹调，结果控制组有3%的人采用杂碎做菜；实验组有32%的人采用杂碎做菜。由于实验组的被试者是主动参与群体活动的，他们在讨论中自己提出某些难题，又亲自解决这些难题，因而态度的改变非常明显，速度也比较快。而控制组的被试者由于是被动地参与群体活动，很少把演讲的内容与自己相联系，因而，其态度也就难以改变。基于这一实验，勒温提出了他的"参与改变理论"，认为个体态度的改变依赖于在群体中参与活动的方式。

大体上环境管理学实验包括实验设计、实验实施和实验结果分析三个步骤，实验对象主要是人与人的环境行为，因此与以物为对象的传统自然科学实验存在一定的区别。在实验过程中，需要注意几点：①由于实验者和被实验者之间可能会相互影响（如迎合心理，从众心理，逆反心理等），要采取"参考组"和"对比组"的方法来排除影响。②要把实验结果和社会调查结合起来，不能一味地拔高或夸大实验结果，因为实验往往是建立在"纯化"的环境中的。③管理科学实验的主要对象是人，会涉及一些伦理问题，在实验过程中要遵循"自愿受试，保护受试者的隐私，对受试者无害及享有知情权"的原则。

（2）问卷调查方法

问卷调查方法是通过设计、发放、回收问卷，获取某些社会群体对某种社会行为、社会状况的反映的方法。在环境管理工作中大量使用了问卷调查的方法。该方法主要有三个步骤：首先，要根据对调查对象和内容的系统认识与分析正确设计问卷；其次，采取正确的调查方式来获取数据；最后就是对获取的调查数据，采用统计学方法和软件进行处理分析，发现变量的特征、变化规律及变量之间的关联。

开展问卷调查工作的方法主要有自填问卷法和结构访问法两种。前者是将调查问卷发送、邮寄给被调查者，由被调查者自己阅读和填写回答，然后调查者回收的方法。优点是节省时间、经费和人力，具有较好的匿名性，可以避免人为因素的影响。缺点是回收问卷的数量以及问卷回答质量不能得到保障。后者是指调查者依据结构式的调查问题，向被调查者逐一提问，得到答案，包括当面访问和电话访问。优点是回答率高，回答质量好，缺点是时间和费用成本较高，匿名性差，受访者或被调查者受互动行为的影响较大。

（3）实地调查方法

实地调查方法的基本特征是"实地"，深入调查对象的社会生活环境，通过观察和访谈的方式收集资料，通过对资料进行定性和定量的分析来理解和解释现象。这种方法保证了调查者可以对自然状态下的研究对象进行直接观察，从而获取第一手的数据、资料等信息。

从实施程序上，实地调查方法通常分为五个主要阶段：选择实地、获准进入、取得信任和建立友善关系、记录、资料分析和总结。

实地调查方法的优点在于：在真实的自然和社会条件下观察和研究人类的态度和行为；调查的成果详细、真实、说服力强，调查者常常可以举出大量生动、具体、详细的事件说明研究结论；调查方式比较灵活，在操作过程中可以调整。缺点包括：以定性资料为主，概括性差；调查结论容易受调查者主观影响，并且结论的可重复性差，难于检验；所需要的时间周期长、花费大。

（4）无干扰研究方法

无干扰研究方法是指研究者不直接观察研究对象的行为，也不直接沟通，不引起研究对象的反应，更不干扰其行为。这种方法的特征是，研究者无法操纵和控制所研究的变量和对象，不能直接接触也不会干扰研究对象。主要采用的方法有文本分析方法、现有统计数据分析方法和历史比较分析方法。

无干扰研究方法可以广泛利用图书馆、各种新闻媒体和网络进行研究，但是在资料收集过程中可能会存在困难，收集信息的准确程度难于核实，研究者的研究能力和时间、经费对研究结果影响很大，另外，研究结果难于比较。

9.4.3　环境管理的模型方法

（1）环境模拟模型

环境模拟模型是利用定量化的指标和数学模型对环境社会系统中的人类社会活动行为及

其引起的环境变化的情况进行模拟和模仿，以便科学和准确地描述环境社会系统的运行状况和规律，为环境管理提供技术依据。

常用的环境模拟模型主要包括对环境要素的模拟，对人类社会行为的模拟。前者称为环境质量模拟模型，根据环境要素的运动、迁移和转化规律，模拟出它们在人类社会活动影响下的变化情况和趋势，如大气污染扩散模型、水污染扩散模型等。对人类社会行为的模拟，如基于主体的仿真模拟系统，可以获得污染物的排放水平，利用污染物扩散模型可以模拟污染物在时空范围的浓度变化，是评价某项环境政策的基础。在进行环境管理过程中，需要对环境政策进行评估，环境模拟模型很好地弥补实证研究需要获取大量数据以及需要事后评估的缺陷，环境模拟可以通过构建接近实际政策情景的虚拟政策执行环境，对环境政策的执行和实施效果进行评估，政府可以根据评估结果科学地调整和优化政策，避免错误的政策实施周期太长。

（2）环境预测模型

环境预测是依据调查或监测所得到的历史资料，运用现代科学方法和手段给出未来的环境状况和发展趋势，为提出防止环境进一步恶化和改善环境的对策提供依据。常用的预测方法根据适用范围和条件不同，大体上可以分为五类：①统计分析方法。在掌握大量历史数据资料的基础上，运用统计方法进行处理，揭示出数据资料反映的内在客观规律，据此对未来的状况进行预测。②因果分析方法。对事物及其影响因子之间的因果关系进行定量分析，通过演绎或归纳获得内在规律，然后对未来进行预测。③类比分析方法。把正在发展中的事物与历史上曾发生过的相似事件进行类比分析，从而对未来进行预测。④专家系统方法，将众多专家对事物未来所做的估计进行综合分析，从而对未来进行预测。⑤物理模拟方法，建立与原型相似的实物模型，通过实验进行预测。

在环境领域，主要的环境预测模型包括趋势外推预测模型、因果关系预测模型、灰色预测模型和专家系统预测模型四大类。趋势外推预测模型是用数学模型表示事物随时间变化的形式，主要有线性模型，指数模型，对数模型和生长曲线模型等。这类预测的关键在于对历史数据的定性、定量分析，绘制数据变化曲线。因果关系预测模型是用数学模型代表事物之间的相互关系。灰色预测模型是根据灰色系统理论建立的模型，灰色系统理论认为，部分信息已知，另一部分信息未知的系统成为灰色系统。灰色预测模型可以预测信息量相对较少的情况。专家预测法是将专家群体作为索取预测信息的对象，组织环境科学领域的专家运用专业知识和经验进行环境预测的方法。该方法的特点在于可以将某些难以用数学模型定量化的因素考虑在内，在缺乏足够统计数据和原始资料的情况下，给出定量估计。

其他一些应用于环境预测的模型还有人工神经网络预测模型、马尔可夫链预测模型、突变模型和遗传算法模型等。

（3）环境评价模型

所谓环境评价模型，就是通过一些定量化的指标来反映环境的客观属性及其对人类社会需要的满足程度，并将这些定量化的指标利用数学手段构建起相应的数据模型，从而进行定量评价。

常用的有环境指数评价模型，包括单因子指数评价模型、多因子指数评价模型和综合指数评价模型。根据评价对象不同，有空气质量指数、水体综合营养状态指数、水土流失方程指数、生物多样性指数、交通噪声指数。其中空气质量指数（AQI）是最为大家所熟悉的评价模型，根据各项污染物的实际浓度和环境质量标准计算空气质量分指数，取其中最大的分指数作为空气质量指数，将空气质量状况分为优、良、轻度污染、中度污染、重度污染以及严重污染 6 个等级，根据 AQI 值评价实时的大气环境质量。除此以外，还有一些经常用到的模型如层次分析评价模型、模糊综合评价模型、灰色系统评价模型、人工神经网络评价模型、主成分分析模型和数据包络分析评价模型等。

（4）环境规划模型

环境规划模型就是在环境模拟、预测和评价模型的基础上，进一步选用一些反映人类社会未来活动和行为的强度、性质的定量化指标构建的数学模型。对这些模型可利用数学优化或经济优化方法计算出一组规划方案的最优解或满意解，作为在时间和空间上合理安排人类社会活动和行为的环境规划方案。

常用的模型有数学规划模型，如线性或非线性规划模型、动态规划模型和费用效益分析模型。在线性规划中，规划模型中的目标函数和约束条件均是线性方程。动态规划模型适用于多阶段的环境规划问题，模型的核心思想是"最优性原则"，即用一个基本的递推关系式，从整个问题的终点出发，由后向前使过程连续递推，直至到达过程起点，找到最优解。

费用效益模型通过分析、计算和比较各个规划方案的费用和效益，从中选择净效益最大的方案，提供给决策者。在计算费用和效益时，需要利用环境价值货币化技术，一类是直接市场法，包括人力资本法、机会成本法等；另一类是间接市场法，也称偏好价值评估法，包括资产价值法、旅行费用法、防护支出法和条件价值法等。通过对比净费用现值和净效益现值的方法来评价项目是否可行。

在环境规划中，其他常用的规划模型还有投入产出模型、单目标和多目标规划模型、确定性和不确定性规划模型、总量控制和分配模型以及环境博弈模型等。

思 考 题

（1）环境管理的概念及主要的管理手段有哪些？

（2）环境外部性理论的内涵。

（3）举例介绍命令控制型环境管理手段。

（4）以排污权交易为例，分析建立市场的环境管理经济型手段的特点、实施条件以及存在的局限性。

（5）试分析环境管理主要模型在实际应用时的优缺点。

第 10 章　国际环境合作与国际环境公约

本章要求：了解环境保护国际合作的产生原因及存在问题，熟知目前主要的国际环境机构以及国际公约产生的背景及意义，掌握我国已经缔约或签署的主要国际环境公约。

10.1　国际环境合作

国际环境合作是指对已经发生的对国际社会有共同影响的环境问题和对全球环境有损害或潜在危害的活动，国际社会有关国家以谋求共同利益为目的，本着全球伙伴和合作精神，采取必要的共同行动和措施加以解决。国际环境问题的严峻性和复杂性是我们研究国际合作的现实和逻辑前提，环境问题具有全球化、国际化、政治化、经济化，特别是与贸易联系化的典型特征，日益成为全球互动与国际合作的一个主要问题，成为联合国外交舞台工作的重点。全人类的共同利益以及人类环境意识的增强是国际社会开展国际环境合作的思想基础。国际环境法是开展国际环境合作的法律依据。主权国家与国际环境组织是国际环境合作的行为主体。

10.1.1　国际环境合作的原因与背景

外部成本内部化是解决环境问题的根本途径。但环境问题具有国际化和普遍联系性的特点，因而在寻求解决对策之时需要国际社会的共同努力。为了避免各国"免费搭车"，有必要建立一套完善的国际协调机制以规范各国的行动。目前，人类所面临的全球性环境问题大致分为 10 类：①臭氧层破坏；②全球变暖；③酸雨；④热带雨林减少；⑤土地荒漠化；⑥发展中国家的公害问题；⑦生物多样性减少；⑧海洋污染；⑨有害废弃物的越境转移；⑩水资源问题。

针对全球环境问题的不同类型，国际环境合作的原因主要包括：①越境环境污染问题，如海上开采石油、天然气等工程作业会产生漏油事故，带来跨国海域的环境污染，需要各国合作采取行动来减少生态损害；再如某一国家在其经济活动中所产生的污染物质越境危及其他国家环境的事例，也需要与其他国家一起商讨治理对策。②跨国公司的海外投资或直接投资引发的环境破坏。由于双重环保标准的存在，企业倾向于投资环境标准相对较为宽松的国家或地区，从而引发所谓的"公害输出"问题。环境问题无国界，不能单纯地拿某个国家的标准来解决，需要多国合作来共同抵制环境破坏。③发达国家过度消费的生产方式与现行贸易规则问题。日本是木材的消费大国，以木材生产作为本国主要产业的亚洲国家的环境破坏和日本的经济之间的关系就是这种环境问题的主要体现。在发展中国家努力制定把环境资源保护的成本纳入到经济发展中的政策或体制的同时，发达国家过度生产、消费的生产和生活方式就需加以改变，去寻找一种可能的新的国际经济秩序，来代替目前贸易规则在内的资源浪费、环境破坏型的国际分工体制。④贫困和环境破坏的恶性循环。贫困地区居民为了生存破坏其拥有的自然环境与资源，贫困和饥饿问题更加严重。⑤全球共有财产的环境破坏。氟利昂的使用导致臭氧层破坏，二氧化碳浓度增加引发全球变暖问题。全球共有财产的破坏，将威胁全人类赖以生存的地球生态系统，包括代内和代际。要解决和应对全球环境问题需要国际合作来改变人类不当的生产模式、消费方式、贫穷、人口快速增长及不合理的国际经济秩序。

以上五种类型的环境问题各具特点，解决的政策手段也各不相同，但是无论哪种情况，都需要建立国际环境制度来规范经济和社会活动，促进人类社会的可持续发展。国际社会也要认识到单个国家的行动不足以确保全球环境安全，必须要建立环境管理的国际制度框架。

10.1.2　国际环境合作的问题和矛盾

环境保护国际合作的主要问题与矛盾表现在发达国家与发展中国家之间。南北关系紧张导致国际环境合作阻碍重重。在全球气候变暖、臭氧层破坏等问题上，发达国家与发展中国家围绕各自的国家利益展开激烈斗争。主要表现在：①资金和技术转让问题。发达国家的资源能源消耗人均数量高出发展中国家几十倍，而发展中国家普遍面临着发展经济和保护环境的双重压力，发达国家理应为发展中国家解决环境问题提供资金和技术，但是多数发达国家并没有积极履行自己的义务，反而回避和推卸责任。②贸易与环境问题。发达国家将破坏环境严重的企业转移到发展中国家，造成跨国的环境影响；另一方面，发展中国家出口以初级产品为主，这是建立在对其国内资源的高强度开发甚至掠夺性开发的基础上的，是用生态破坏和环境污染作高昂代价换来的，而发达国家以低于实际资源价格的市场价格购买初级产品。③履行国际环境公约问题。美国在 2020 年 11 月 4 日退出《巴黎协定》就是一个典型的例子。但美国总统拜登于 2021 年 1 月 20 日宣布重返《巴黎协定》。

解决和协调国际环境合作的矛盾和问题，需要遵守国际环境法，制定新的国际环境秩序和框架。国际环境法是调整国家与国际法主体之间，由保护、改善和合理利用环境资源而产生的国际关系，其原则包括国家环境主权原则、国际环境合作原则、可持续发展原则、共有资源共享原则和国际环境损害责任原则。

10.1.3　国际环境合作的发展方向

随着全球经济化发展，全球环境问题的日益突出，国际环境合作不断发展。主要表现在三个方面：①国际环境制度的进程加快。全球环境恶化的趋势增强了国际社会制定和执行国际环境公约的紧迫感，必须寻求有法律约束力的国际公约的保障。一些国家对跨界环境问题呼声很高，主张建立争端解决和赔偿机制，这也将加快法律化的进程。②实施可持续发展战略日益具体化、量化和指标化。③进一步加强国际环境管理。由于环境问题不受边界的限制，西方国家提出了设立"世界环境组织"的建议，这个组织类似于世界贸易组织（WTO），对全球环境进行全面、统一和有权威的管理，包括建立环境法庭。

10.2　国际环境机构

国际环境机构通常以 4 种方式对全球环境问题的成果产生影响：①在国际社会决定什么课题需要解决，并决定全球范围行动的议程；②开始国际环境制度交涉，并施加影响；③对于各种各样的环境问题，制定规范的行动规则；④就国际社会尚未进行交涉的事项影响各国的政策。国际环境机构以联合国专门机构和辅助机构为主，另外还有亚洲开发银行、欧共体环境局等其他组织。

10.2.1　主要的国际环境机构

（1）联合国大会

联合国大会（General Assembly of the United Nations）是联合国的主要审查、审议和监督机构，按《联合国宪章》的规定拥有广泛的权力。根据 1945 年 10 月 24 日签署生效的《联合国宪章》的规定，大会有权讨论宪章范围内的任何问题或事项，并向会员国和安理会提出建议。大会接受并审议安理会及联合国其他机构的报告；选举安理会非常任理事国、经社理事会和托管理事会的理事国；大会和安理会各自选举国际法院的法官；根据安理会的推荐，批准接纳新会员国和委任秘书长。联合国的预算和会员国分摊的会费比额都需经大会讨论决定。每一个会员国在大会有一个投票权。

联合国也存在组织缺陷，虽然各成员国在大会的授权，应是联合国行使各种决议的权力来源；然而实际上，特别是在涉及地缘政治的问题上，安全理事会才是真正握有决策权的组织。联大通过的决议不具有法律约束力，只能向会员国或安理会提出建议，而无权迫使任何一国政府采取任何行动。虽然如此，但是它在一定程度上代表了国际社会的大多数意愿，具有道义力量。

（2）联合国教育、科学及文化组织

简称联合国教科文组织，以推进各国间的教育、文化、科学合作为目的，是世界上最大、最有影响的国际环境机构。该组织于 1946 年 11 月 16 日正式成立，总部设在法国首都巴黎，截至 2011 年，共有 195 个成员，中国是联合国教科文组织创始国之一，1971 年恢复在联合国的合法地位，1972 年恢复在该组织的活动。

（3）联合国环境规划署

1972 年决定在联合国大会下设立联合国环境规划署（United Nations Environment Programme，UNEP）。总部设在肯尼亚首都内罗毕，是全球仅有的两个将总部设在发展中家的联合国机构之一。联合国环境规划署的使命是"激发、推动和促进各国及其人民在不损害子孙后代生活质量的前提下提高自身生活质量，领导并推动各国建立保护环境的伙伴关系。"其任务是"作为全球环境的权威代言人行事，帮助各政府设定全球环境议程，以及促进在联合国系统内协调一致地实施环境可持续发展"。

联合国环境规划署的宗旨是：促进环境领域内的国际合作，并提出政策建议；在联合国系统内提供指导和协调环境规划总政策，并审查规划的定期报告；审查世界环境状况，以确保可能出现的具有广泛国际影响的环境问题得到各国政府的适当考虑；经常审查国家和国际环境政策和措施对发展中国家带来的影响和费用增加的问题；促进环境知识的取得和情报的交流。

联合国环境规划署的主要职责是：贯彻执行环境规划理事会的各项决定；根据理事会的政策指导提出联合国环境活动的中、远期规划；制订、执行和协调各项环境方案的活动计划；向理事会提出审议的事项以及有关环境的报告；管理环境基金；就环境规划向联合国系统内的各政府机构提供咨询意见等。

（4）联合国粮食及农业组织

简称联合国粮农组织，1945 年设立，总部设在意大利罗马，宗旨是提高人民的营养水平和生活标准，改进农产品的生产和分配，改善农村和农民的经济状况，促进世界经济的发展并保证人类免于饥饿。与环境相关的活动有：①热带森林行动计划，②荒漠化防治计划，③降水、植物生态监测系统。

（5）世界卫生组织

世界卫生组织（World Health Organization，WHO）于 1946 年成立，是联合国下属的一个专门机构，总部设在瑞士日内瓦，只有主权国家才能参加，是国际上最大的政府间卫生组织，是为预防传染病、地方病，增进人民健康而设立的国际合作促进机构。世界卫生组织的宗旨是使全世界人民获得尽可能高水平的健康。主要职能包括：促进流行病和地方病的防治；提供和改进公共卫生、疾病医疗和有关事项的教学与训练；推动确定生物制品的国际标准。

（6）经社理事会

经社理事会（United Nations Economic and Social Council，ECOSOC）是联合国六大主要机构之一。联合国可持续发展委员会就设在经社理事会之下。联合国经济和社会理事会是根据《联合国宪章》处理人口、世界贸易、经济、社会福利、文化、自然资源、工业化、人权、教育科技、妇女地位、卫生及其他有关事项的联合国机构。亦是协调联合国内部各专门机构的经济和社会工作的机构。

（7）全球环境基金

全球环境基金（Global Environment Facility，GEF）是联合国环境规划署、联合国开发计划署和世界银行于 1991 年共同建立的多边资金机制。该组织是一个针对日益恶化的全球环境现状而成立的国际性公益机构，专门为申请国（主要是发展中国家）拨发用于保护人类生态环境和推动经济持续增长的特许基金。

联合国的其他机构：联合国可持续发展委员会、联合国区域委员会、联合国开发计划署、联合国人类住区规划署等。其中，联合国开发计划署成立于 1966 年，一直是联合国系统开发活动的核心，20 世纪 90 年代以来，联合国开发计划署朝可持续发展的人类发展、根除贫困、加强管理和能力开发的方向行动，在推动可持续发展、落实《21 世纪议程》方面，特别是在支持发展中国家的能力建设和制定国家环境战略等领域做出突出贡献。联合国人类住区规划署则在与城市环境和人类住所有关的问题上与联合国环境规划署合作。

10.2.2　国际环境非政府组织

NGO 即"非政府组织"。目前约有 3 万个非政府组织在世界范围内开展活动，90%以上是 20 世纪 50 年代以后发展起来的。非政府组织在许多西方国家被视为介于政府和企业之间的"第三部门"，其"参政、议政、干政"已形成一股国际热潮，对社会发展的推动和影响力比肩政府和企业。

NGO 对于全球环境政治能够施加影响的原因包括：①熟悉交涉问题，对全球环境问题有专门的知识和创新的想法；②超出狭隘的地区、部门和国家利益，专心致力于国际环境制度所要达到的目标；③有时能够代表国家真正的有权者，在激烈的选举战中发挥影响力。以下介绍几个主要的 NGO 组织。

（1）世界自然基金会

世界自然基金会（World Wide Fund for Nature，WWF）是世界最大的、经验最丰富的独立的非政府环境保护机构，在全球拥有 520 万支持者，以及一个在 100 个国家活跃着的网络，是"地球 1 小时"发起组织。从 1961 年于瑞士成立以来，世界自然基金会在 6 大洲的 153 个国家发起或完成了约 12000 个环保项目。WWF 致力于保护世界生物多样性；确保可再生自然资源的可持续利用；推动减少污染和浪费性消费的行动。

（2）绿色和平组织

绿色和平组织（Greenpeace）是当今世界最活跃、影响最大、最激进、以抗议性活动为特点的环境非政府组织，于 1971 年 9 月 15 日成立，总部设在荷兰阿姆斯特丹。其宣称使命："保护地球、环境及其各种生物的安全及持续性发展，并以行动做出积极的改变。"在科研或科技发明方面，提倡有利于环境保护的解决办法。宗旨是促进实现一个更为绿色、和平和可持续发展的未来。旨在寻求方法，阻止污染，保护自然生物多样性及大气层，以及追求一个无核（核武器）的世界。

绿色和平组织在世界环境保护方面已经贡献良多，在其中一些环节更是扮演关键角色：禁止输出有毒物质到发展中国家；阻止商业性捕鲸；50 年内禁止在南极洲开采矿物；禁止向海洋倾倒放射性物质、工业废物和废弃的采油设备。

（3）国际自然和自然资源保护同盟

国际自然和自然资源保护同盟（International Union for the Conservation of Nature and Natural Resources，IUCN），又称国际自然和自然资源保护联合会，成立于 1948 年，总部设在瑞士的格朗，是由各国政府的有关单位、民间机构、环境学工作者参加的非官方组织。其宗旨是在世界范围内促进对生物资源的保护和永续利用。参加该组织的有 100 多个国家的机构和专家，共设有生态学、保护区、濒于绝灭物种、环境规划、环境政策、法规及环境教育等 6 个委员会。1980 年 3 月 5 日该同盟参与公布了一项保护世界生物资源的纲领性文件《世界自然资源保护大纲》，成为一个保护自然环境和资源的行动指南。

国际环境非政府组织在全球环境治理中的作用已获得广泛认可。但还存在以下需要解决的问题：第一，如何与政府和企业合作，尤其是接受政府和企业支持的同时，保持自身的独立性？第二，如何在保持对国家、国际组织和跨国公司的压力的同时，加强与它们的合作？第三，如何在尊重国际环境非政府组织多样性的同时，保持其立场的协调性？第四，如何改善全球环境治理中环境非政府组织代表性严重失衡的局面？

10.3　国际环境公约

10.3.1　国际环境公约的概念

国际环境公约是国际公约的一种，它是为了保护、改善和合理利用环境资源而制定的国际公约。它规定国家或其他国际环境法主体之间在保护、改善和合理利用环境资源等问题上的权力和义务。国际环境合作公约化、法律化，避免和解决环境冲突及由此引发的政治冲突和经济冲突，是国际环境合作的必然发展趋势。解决全球环境问题，最常见的法律手段就是签订国际环境公约。

10.3.2 国际环境公约的产生和发展

19 世纪中期开始的第二次工业革命，全球对自然资源的过度开采，带来了严重的环境污染问题，直接导致了 20 世纪中期出现的八大公害事件，地球的变化和人类共同作用造成的环境问题凸显，需要采取措施来保护环境，促进社会、经济与环境协调发展。为了确保自然资源永续利用，保护自然生态，从这个时期开始，各个国家签署了一些环境公约并积极实施。

国际公约的发展，与世界经济的发展、人类环境意识、资源意识的发展有密切的关系。从 1920 年到第二次世界大战结束这 25 年中，仅签订了 3 项有关环境资源的国际公约。从二战结束到 1972 年联合国人类环境会议召开前，涉及环境资源的国际公约有 56 项。1972 年，在瑞典首都斯德哥尔摩召开了联合国人类环境会议，通过了《人类环境宣言》与《世界环境行动计划》。从 1972 年到 1982 年的内罗毕会议，共签订了 40 个国际公约。从内罗毕会议到 1992 年联合国环境与发展大会的十年间，签订了 40 多项国际公约、协定，如《保护臭氧层维也纳公约》（1985），《关于消耗臭氧层物质的蒙特利尔议定书》（1987）等。1992 年召开的联合国环境与发展大会通过和签署了 5 个文件，其中 4 个文件包括《里约环境与发展宣言》、《21 世纪议程》、《生物多样性公约》、《气候变化框架公约》是具有法律约束力的。《里约环境与发展宣言》的重要承诺包括在决策中结合考虑环境与发展问题，污染者付费原则，承认共同但有区别的责任，以及在决策中采用预先防范原则。《21 世纪议程》确定了可持续发展的综合行动计划。自 1980 年以来，我国政府签订了绝大多数国际环境与资源保护公约。以下着重介绍当前公众关注的、重要的国际环境公约以及中国履行这些公约的主要情况。

10.3.3 我国缔约或签署的国际环境公约

（1）气候变化

全球气候变化一直是国际社会高度重视的重大全球环境问题，也是发展问题。1992 年 6 月在巴西里约热内卢召开的环境与发展大会上，154 个国家签署了《联合国气候变化框架公约》，该公约对发达国家和发展中国家规定有区别的义务。目的是稳定大气中温室气体的增加，使大气中温室气体的含量保持在不会引起气候系统发生严重变暖的水平，在这个水平上，生态系统通过一定时间能够自然适应气候变化，保证人类的食品不致受到威胁，经济能以可持续方式发展。该公约于 1994 年 3 月正式生效。它是世界上第一个为全面控制二氧化碳等温室气体排放，以应对全球气候变暖给人类经济和社会带来不利影响的国际公约，也是国际社会在对付全球气候变化问题上进行国际合作的一个基本框架。

①《联合国气候变化框架公约》——《京都议定书》

1997 年 12 月，149 个国家和地区的代表在日本召开《联合国气候变化框架公约》缔约方第三次会议，会议通过了旨在限制发达国家温室气体排放量以抑制全球变暖的《京都议定书》，规定：以 1990 年温室气体排放量为基数，到 2010 年所有发达国家二氧化碳等 6 种温室气体的排放量，要比 1990 年减少 5.2%，对不同发达国家实施有差别的减排约束。具体来说，要求发达国家从 2008—2012 年必须完成的削减目标是：与 1990 年相比，欧盟削减 8%、美国削减 7%、日本和加拿大分别削减 6%、东欧各国削减 5%～8%，新西兰、俄罗斯和乌克兰可将排放量稳定在 1990 年水平上。由于《京都议定书》的生效需要至少 55 个国家核准，并且核准国家占 1990 年全世界温室气体排放量的 55%，所以直到 7 年后的 2005 年 2 月，在俄罗斯核准加入后，《京都议定书》才正式生效。

我国作为发展中国家尚不承担二氧化碳等温室气体的强制减排义务。但是作为一个负责任的大国，我国签署了《气候变化框架公约》和《京都议定书》，并积极参与应对气候变化国际事务。

②《哥本哈根协议》

为了商讨《京都议定书》一期承诺到期后的后续方案，就未来应对气候变化的全球行动签署新的协议。2009 年 12 月，在哥本哈根召开联合国气候变化谈判大会。会议的目标是期待达成为尽快在 2010 年制定具有法律约束力的条约，设定严格的最后期限，能够就温室气体减排的责任分担签署协议。会议包括五个部分：《联合国气候变化框架公约》第十五次缔约方大会，审议公约的实施进程；《京都议定书》第五次缔约方会议；《京都议定书》附件一缔约方关于进一步承诺特设工作组第十次会议；《联合国气候变化框架公约》长期合作行动特设工作组第八次会议。

哥本哈根大会形成了一个草案，基本内容是从 2010 年到 2012 年间，发达国家将提供总额 300 亿美元的气候援助资金；成立哥本哈根气候基金（CCF），作为执行这一融资计划的主体；草案把升温控制目标确定为 2℃。从草案的内容来看，哥本哈根会议最终没有实现达成关键领域采取行动的协议，尤其是没有确定发达国家的减排目标。

③《巴黎协定》

2015 年 12 月 12 日，巴黎气候变化大会上通过了里程碑式的《巴黎协定》。该协定是继《京都议定书》后第二份有法律约束力的气候协议，为 2020 年后全球应对气候变化行动做出了安排。它是历史上第一份覆盖近 200 个国家和地区的全球减排协定，标志着全球应对气候变化迈出了历史性的重要一步。《巴黎协定》主要目标是把全球平均气温较工业化前水平升高控制在 2℃之内，并为把升温控制在 1.5℃之内而努力。

该协定于 2016 年 4 月 22 日至 2017 年 4 月 21 日开放签署，至少 55 个参与国签署且排放占比超过全球的 55%，协定才能生效。我国于 2016 年 9 月 3 日加入《巴黎协定》，成为第 23 个完成批准协定的缔约方。2016 年 10 月 5 日，《巴黎协定》达到生效所需的两个门槛，于 2016 年 11 月 4 日正式生效。2017 年 6 月 1 日，美国总统特朗普在白宫宣布美国退出《巴黎协定》，将终止《巴黎协定》的所有条款。2019 年 11 月 4 日美国政府正式通知联合国，要求退出应对全球气候变化的《巴黎协定》。2020 年 11 月 4 日，美国正式退出《巴黎协定》，成为迄今为止唯一退出《巴黎协定》的缔约方。2020 年 12 月 12 日，美国当选总统拜登在其社交媒体上宣布，美国将在 39 天后重回《巴黎协定》；2021 年 1 月 20 日，拜登签署行政令，美国将重新加入《巴黎协定》；2021 年 2 月 19 日，美国宣布正式重新加入《巴黎协定》。

（2）臭氧层保护

自南极臭氧层空洞被发现以来，人类从科学研究、决策响应到付诸行动，形成了一个非常迅速的整体。针对造成臭氧层破坏的原因，世界各国决策层在此基础上达成了全球性的保护臭氧层协议，淘汰破坏臭氧层物质的生产和使用。

①《保护臭氧层维也纳公约》

1985 年 3 月，由联合国环境署发起，在维也纳制定了第一部保护臭氧层的国际公约

《维也纳公约》，该公约于 1988 年 9 月 22 日正式生效。主要内容是控制或禁止一切破坏大气臭氧层的活动。目的是采取适当的国际间合作与行动措施，以保护人类健康和环境，免受足以改变或可能改变臭氧层的人类活动所造成的或可能造成的不利影响。《维也纳公约》虽然没有任何实质性的控制协议，但却为会后采取国际性控制 CFCs（氯氟烃的统称）的措施做了必要的准备，为之后《联合国气候变化框架公约》及其《京都议定书》的签订提供了指导。

我国政府于 1989 年 9 月 11 日正式加入该公约，并于 1989 年 12 月 10 日生效。中国在第一次缔约国会议上，为体现"共同但有区别的责任"原则精神，首先提出了"关于建立保护臭氧层多边基金"的提案。

②《蒙特利尔议定书》（简称《臭氧公约》）

为使人类避免受到因臭氧层破坏而带来的不利影响，并采取适当的国际合作与行动，国际社会于 1987 年 9 月 16 日通过了《关于消耗臭氧层物质的蒙特利尔议定书》，该议定书是国际上第一个明确提出在规定的时间内强制性淘汰、削减和控制义务的环境条约，规定了消耗臭氧层物质（ODS）受控物质的种类、控制基准（生产和贸易）、淘汰时间表、贸易、数据报告和运行机制等内容。要求发展中国家到 1999 年 7 月 1 日将氟氯碳化合物（CFCs）的生产和消费削减并冻结在 1995—1997 年三年平均水平上，并在 2005 年使 CFCs 的生产和消费削减到冻结水平的一半，要求各缔约国对 ODS 的生产、消费、进口及出口等建立控制措施。议定书规定每年的 9 月 16 日为"国际保护臭氧层日"。目前，联合国 197 个成员国均为该议定书的缔约方，成为"全球普遍参与"的第一个多边环境条约。

《蒙特利尔议定书》所规定要淘汰的消耗臭氧层物质，主要是氟氯碳化物（CFCs），现在世界上禁止使用的 ODS 已经扩展到包括 CFCs、哈龙、四氯化碳、甲基氯仿、HCFCs 和甲基溴在内的 100 种物质。影响到的行业包括电子光学清洗剂、冷气机、发泡剂、喷雾剂、灭火器等。我国目前主要生产和使用的有 10 种，如氟氯烃类、哈龙、四氯化碳、三氯乙烯等。

我国积极参与《蒙特利尔议定书》的修订工作。成立了中国保护臭氧层领导小组办公室，负责《蒙特利尔议定书》组织实施工作，1992 年制定了《中国消耗臭氧层物质逐步淘汰的国家方案》，之后又陆续开展了针对不同行业如何淘汰 ODS 的调查和科学研究。

（3）生物多样性保护

世界各国都在努力通过建立自然保护区、制定法规以及缔结国际公约等措施来保护生物多样性，滞缓物种灭绝的进程。

①《生物多样性公约》

《生物多样性公约》（Convention on Biological Diversity）是一项保护地球生物资源的国际性公约，于 1992 年 6 月 1 日由联合国环境规划署发起的政府间谈判委员会第七次会议在内罗毕通过，1992 年 6 月 5 日，由签约国在巴西里约热内卢举行的联合国环境与发展大会上签署。公约于 1993 年 12 月 29 日正式生效。常设秘书处设在加拿大的蒙特利尔。目标是保护濒临灭绝的植物和动物，最大限度地保护地球上多种多样的生物资源及生物多样性，以公平合理的方式共享遗传资源的商业利益和其他形式的利益，以造福于当代和子孙后代。

公约规定，发达国家将以赠送或转让的方式向发展中国家提供新的补充资金以补偿它们为保护生物资源而日益增加的费用，应以更实惠的方式向发展中国家转让技术，从而为保护世界上的生物资源提供便利；签约国应为本国境内的植物和野生动物编目造册，制订计划保护濒危的动植物；建立金融机构以帮助发展中国家实施清点和保护动植物的计划；使用另一个国家自然资源的国家要与那个国家分享研究成果、盈利和技术。通过实施该公约，推动了区域和国家有关生物多样性保护的活动和立法，遏制了人类对生物遗传资源的掠夺性开采，维护了资源原产国和农民的利益，为保护全球生物多样性和可持续发展做出了积极贡献。

我国非常重视生物多样性保护，在 1992 年 6 月 11 日签署该公约，同年 12 月 29 日该公约对中国生效。1993 年底，编制了《中国生物多样性保护行动计划》，尽快采取有效措施以避免生物多样性进一步被破坏，使严峻的现状得以减轻和扭转。生物多样性保护包括两个方面：一是对面临灭绝的珍稀濒危物种和生态系统的绝对保护，如就地保护和迁地保护等。二是对数量较大，可以开发的资源进行可持续的合理利用。

②《名古屋议定书》

《名古屋议定书》的产生是为了实现公平公正地分享利用遗传资源产生的惠益的目标，于 2010 年 10 月 29 日在日本名古屋市召开的《生物多样性公约》缔约方大会第十次会议上获得通过，并于 2011 年 2 月 2 日至 2012 年 2 月 1 日期间开放供各国签署。截至 2014 年 10 月 12 日，已有 92 个国家和区域经济一体化组织签署议定书，51 个国家或区域经济一体化组织批准、核准或加入议定书。2014 年 10 月，议定书正式生效，第一次缔约方会议在韩国平昌召开。

内容规定：各国对其生物遗传资源享有主权权利，能否获取生物遗传资源取决于各缔约方政府；获取生物遗传资源须经原产国或已经遵照该公约要求取得生物遗传资源的事先知情同意；在共同商定条件下，公平分享因生物遗传资源利用所产生的惠益。《名古屋议定书》的执行在很大程度上取决于国家立法。2016 年 9 月，我国正式加入《名古屋议定书》成为缔约方。

（4）危险废物的控制

危险废物和垃圾的越境转移和扩散与全球气候变化、臭氧层破坏、酸雨、生物多样性一样，是国际社会关注的全球生态环境问题。危险废物的越境转移包括有害废物的越境转移和有害化学品的国际贸易及异地生产两方面的问题。越来越多的国家意识到危险废物和其他废物及其越境转移对人类和环境可能造成严重损害。

为了控制危险废物转移的发展趋势，1989 年 3 月在瑞士举行了 100 多个国家参加的专门会议，并于 22 日制定了《控制危险废物越境转移及其处置巴塞尔公约》（简称《巴塞尔公约》），1992 年 5 月正式生效。1995 年 9 月在日内瓦对该公约进行了修正。《巴塞尔公约》的要点包括：各缔约国有权禁止有害废物的进境和进口；建立预先通知制度和批准制度；有害废物和非法越境转移视为犯罪行为。要求各缔约国，根据各国社会、技术和经济方面的能力，保证将本国内产生的危险废物和其他废物减至最低限度；保证提供充分的处置设施用以对从事危险废物和其他废物的环境的无害化管理；保证在管理过程中不产生危险废物和其他废物，尽量减少对人体健康和环境的影响。为帮助发展中国家有效地实施《巴塞尔公约》，发达国家应承担的义务包括：帮助发展中国家建立监测和控制有害废物的机构；向发展中国家提供鉴别、分析、评价和处理有害废物的技术和装备；转让无废和低废技术；明确规定发达国家在技术转让和经济援助方面承担的义务和责任。

我国于 1990 年 3 月 22 日在该公约上签字，1992 年 8 月 20 日该公约对中国生效。在公约的履行方面，我国政府所做的工作包括：制定控制废物进口的法规和标准；严格控制危险废物出口；制定国家危险废物名录；建立危险废物培训和技术转让中心；查处废物非法越境转移。

（5）海洋环境保护

随着工业化的进程和海洋运输业及海洋采油采矿的发展，经由各种途径进入海洋的废水、废物、溢油、有毒化学品与日俱增，超过了海洋的自净能力，造成了日益严重的海洋污染。

关于海洋环境保护的国际公约有 13 项。1982 年 12 月 10 日在蒙特哥湾通过了《联合国海洋法公约》，1994 年 11 月 16 日该公约生效。我国于 1982 年 12 月签署，于 1996 年 7 月 7 日对我国生效。目前已获 150 多个国家批准。公约规定一国可对距其海岸线 200 海里（约 370 公里）的海域拥有经济专属权。

《联合国海洋法公约》是海洋问题的根本大法，具有最高权威的法律效力，关系着全人类的普遍利益，是人类可持续发展的永久性法典。它是一种宏观、动态审视和规范海洋行为的准则，既顾及国家主权，又考虑到全人类的利益，包括沿海国和内陆国的现实利益和发展利益。它建立的海洋法律新秩序，具有全球性的普遍意义，对维护世界和平、正义、进步和促进海洋事业的发展做出了重要贡献。

另外，还有许多关于海洋保护的公约，如《国际油污损害民事责任公约》于 1969 年 11 月在布鲁塞尔通过，1975 年 6 月生效；我国 1980 年向国际海事组织秘书长交存接受书，1980 年 4 月 30 日生效。《国际油污损害民事责任公约的议定书》，1976 年 11 月于华盛顿制定，1981 年 4 月生效；我国于 1986 年 9 月 27 日加入该议定书，同年 12 月 28 日生效。《国际干预公海油事故公约》，1969 年 11 月于布鲁塞尔制定，1975 年 5 月 6 日生效；我国于 1990 年 2 月 23 日交存加入书，1990 年 5 月 24 日对我国生效。

（6）持久性有机污染物控制

持久性有机污染物（POPs）具有环境持久性、生物蓄积性、远距离迁移性和生物毒性 4 大特性，对人类健康和环境构成了严重威胁。为了减少持久性有机污染物（POPs）对全球环境和人类健康的潜在、深远危害，国际社会开始针对此类有毒化学物质开展控制行动。2001 年 5 月 23 日在瑞典斯德哥尔摩召开的全球外交全权代表大会上，通过《关于持久性有机污染物的斯德哥尔摩公约》（简称《斯德哥尔摩公约》）并开放供签署，提出了针对首批 12 种 POPs（艾氏剂、氯丹、滴滴涕、狄氏剂、二噁英、异狄氏剂、呋喃、六氯代苯、七氯、灭蚁灵、多氯联苯和毒杀芬）的全球统一消除与控制行动，成为继气候变化公约、臭氧层保护公约之后，人类社会为保护全球环境而采取的第三个规定了实质污染减排义务且具有国际法律约束力的重要全球环境公约，也是全球化学品环境无害化管理的优先控制行动。

该公约遵循 1992 年联合国环境与发展大会《关于环境与发展的里约宣言》中确立的"预先防范"原则，旨在保护人类健康和环境免受持久性有机污染物（POPs）的危害，具体表现为：减少和避免持久性有机污染物通过生物蓄积、长距离迁移以及致癌、致畸、致突变、内分泌干扰、破坏免疫系统等作用对人类生存繁衍和生态系统可持续发展构成重大威胁。

在具体实施层面，《斯德哥尔摩公约》针对各种来源和用途产生的 POPs 及其库存、废物和污染场地提出了一系列不同程度的污染及风险控制要求：①针对有意生产的 POPs，采取禁止、消除或严格限制措施：对于已存在技术和经济可行替代技术或替代品的 POPs 类化学品，被公约列为附件 A（主要包括艾氏剂、狄氏剂、异狄氏剂、六氯苯、七氯、氯丹、灭蚁灵、多氯联苯和毒杀芬等 9 种有机氯杀虫剂和工业化学品），规定需要对其生产和使用予以禁止和消除；对于在某些特定用途上目前尚缺乏技术和经济可行替代技术或替代品的 POPs 类化学品，列入附件 B（主要包括 DDT），应对其生产和使用予以严格限制。②针对无意产生的 POPs，制定并实施减排战略，采取排放减少、消除措施：对于那些在废物焚烧、冶金及化工生产等人类各类经济活动过程中无意产生和排放的 POPs 类副产物或污染物，如二噁英类物质，公约将其列入附件 C，要求各缔约方对其排放源采取"最佳可行技术（BAT）"和"最佳环境实践（BEP）"，以最大限度地减少或消除无意产生的 POPs 的排放。③针对 POPs 的库存、废物和污染场地，制定并实施管理与处置战略，采取环境无害化管理和处置措施：参照危险废物管理与处置的国际规则，对 POPs 的废物和污染场地以环境无害化管理或处置，严格控制其非法越境转移。

我国作为世界化学品生产和使用大国，为保护环境和人类健康，在 2001 年 5 月签署了该公约，2004 年 11 月 11 日该公约对我国正式生效。为全面有效地履行《斯德哥尔摩公约》，我国启动并制定了《国家实施计划》（NIP），在全国范围内的众多行业及管理领域开展各项履约行动及 POPs 污染控制行动。

（7）其他重要的国际环境公约

①《联合国防治荒漠化公约》

该公约全称为《联合国关于在发生严重干旱和/或沙漠化的国家特别是在非洲防治沙漠化的公约》，1994 年 6 月 7 日在巴黎通过，1996 年 12 月 26 日生效。1994 年 10 月 14 日，我国代表签署该公约；1997 年 2 月 18 日，我国批准了该公约；同年 5 月 19 日，该公约对我国生效。该公约的目标是在发生严重干旱或荒漠化的国家，特别是非洲，防治荒漠化和缓解干旱的影响，实现受干旱和荒漠化影响地区的可持续发展。

目前我国已制定了近 20 部有关荒漠化防治的、涉及自然资源和生态环境保护的法律。每年的 6 月 17 日定为"世界防治荒漠化与干旱日"。

②《鹿特丹公约》

其全称为《关于在国际贸易中对某些危险化学品和农药采用事先知情同意程序的鹿特丹公约》。1998 年 9 月 10 日，联合国环境规划署和联合国粮食及农业组织在荷兰鹿特丹通过并开放签署了《鹿特丹公约》，于 2004 年 2 月 24 日生效。2005 年 6 月 21 日正式对我国生效，目前约有 160 个缔约方。该公约是根据联合国《关于化学品国际贸易资料交换的伦敦准则》和《农药的供销与使用国际行为守则》以及《国际化学品贸易道德守则》中规定的原则制定的，其宗旨是保护包括消费者和工人健康在内的人类健康和环境免受国际贸易中某些危险化学品和农药的潜在有害影响。

《鹿特丹公约》的核心是要求缔约方在国际贸易中对受本公约管制的化学品执行事先知情同意程序，并不禁止缔约方对列入公约管制清单（以下简称"PIC 清单"）的化学品进行国际贸易，由各缔约方政府根据本国国情决定是否对列入 PIC 清单的化学品采取诸如禁止生产、使用、进出口等管制行动。PIC 清单是开放性的，公约通过时列有 27 种化学品，目前已增至近 50 种。

《鹿特丹公约》明确规定，进行危险化学品和化学农药国际贸易各方必需进行信息交换。进口国有权获得其他国家禁用或严格限用的化学品的有关资料，从而决定是否同意、限制或禁止某一化学品将来进口到本国，并将这一决定通知出口国。出口国将把进口国的决定通知本国出口部门并做出安排，确保本国出口部门货物的国际运输不在违反进口国决定的情况下进行。进口国的决定应适用于所有出口国。出口方需要通报进口方及其他成员其国内禁止或严格限制使用化学品的规定。发展中国家或转型国家需要通告其在处理严重危险化学品时面临的问题。计划出口在其领土上被禁止或严格限制使用的化学品的一方，在装运前需要通知进口方。出口方如出于特殊需要而出口危险化学品，应保证将最新的有关所出口化学品安全的数据发送给进口方。各方均应按照公约规定，对"事先知情同意（PIC）程序"中涵盖的化学品和在其领土上被禁止或严格限制使用的化学品加注明确的标签信息。各方开展技术援助和其他合作，促进相关国家加强执行该公约的能力和基础设施建设。

该公约的最高权力和决策机构是缔约方大会，至 2022 年 6 月已举行了 10 次缔约方大会。同时公约还设立了化学品审查委员会作为公约的附属机构。

③《核安全公约》

《核安全公约》（Convention on Nuclear Safety）是全球核安全领域最重要的国际公约，于 1994 年 6 月 17 日由国际原子能机构在其总部维也纳举行的外交会议上通过。1996 年 4 月 9 日，我国向国际原子能机构总干事提交了国家批准书。1996 年 7 月，该公约对我国生效。

该公约制定的目的：①通过加强本国与国际合作，包括适当情况下与核安全有关的技术合作，以在世界范围内实现和维持高水平的核安全；②在核设施内建立和维持防止潜在辐射危害的有效防御措施，以保护个人、社会和环境免受来自此类设施的电离辐射的有害影响；③防止带有放射性后果的事故发生和一旦发生事故时减轻此种后果。

2015 年，《核安全公约》缔约方外交大会在维也纳国际原子能机构总部召开，通过了《维也纳核安全宣言》，这是《核安全公约》历史上一个重要里程碑，宣言肯定了各缔约方在福岛核事故后采取的一系列核安全改进措施，要求通过国际合作进一步提高全球核安全水平，在自愿和激励原则的指导下，要求各缔约方的新建核电厂满足宣言中提出的安全目标，鼓励各方充分参照国际原子能机构的安全标准，有效实施《核安全公约》履约活动。

我国政府高度重视核安全，通过开展综合安全检查、制定《核安全规划》、推动《中华人民共和国核安全法》立法以及发布《核安全文化政策声明》等一系列工作，促使核安全水平得到进一步提高。

10.3.4　国际环境公约存在的问题

各个国际环境公约之间相互促进、共同合作，旨在推动更加完善的国际环境法体系的建立和全球生态、生物的保护。同时，也存在一些公约碎片化的问题，表现为：①部分公约内容重合或相似，负责处理国际环境事务的联合国组织和机构有数十个，职能设置分散、重叠甚至有矛盾的机构。②许多环境协定的谈判是在不同国家的特定部门或机构之间进行的，相互之间缺乏协调和统一的规划。③随着参与国际环境决策的利益相关主体的不断增多，环境协定的谈判过程变得更加复杂多变，不同机构之间在时间、精力和资源上的不适当竞争和巨大浪费，降低了工作效率，同时也给各国政府参与国际环境事务造成很大负担。④国际环境公约工作组缺乏交流和沟通。

思 考 题

（1）试分析当前国际环境合作的必要性和发展方向。

（2）国际环境机构的成立对全球环境问题会产生哪些影响？

（3）为什么国际社会有关气候变化的谈判如此艰难？

（4）简述我国参与的气候变化公约有哪些，在其中的作用和贡献如何？

（5）请选择一个全球环境问题，分析中国的环境履约与国家未来发展之间的关系。

第 11 章　环境法规与政策

本章要求：了解环境法的内涵、环境法律关系与责任、环境政策的执行以及政策执行过程的影响因素，掌握我国的环境法体系、主要的环境经济政策和评价方法。

11.1　环　境　法

11.1.1　环境法的内涵

环境法是 20 世纪六七十年代以来逐步产生和发展起来的一个新兴法律。各个国家并没有统一的概念，但是大致的内容一致，可以概括为：环境法（Environmental Law）是指为了协调人类与自然环境之间的关系，保护和改善环境资源，进而保护人体健康和保障经济社会的持续发展，而由国家制定或认可并由国家强制力保证实施的，调整人们在开发、利用、保护和改善环境资源的活动中所产生的各种社会关系的法律规范的总称。整个定义包括四个方面的内涵：

（1）环境法的目的是通过防治环境污染和生态破坏，协调人类与自然环境之间的关系，保证人类按照自然和客观规律来开发、利用、保护和改善人类赖以生存和发展的环境资源，维护生态平衡，保护人体健康和保障经济社会的持续发展。

综观各国环境法的目的，大都同时兼顾环境效益、经济效益和社会效益等多个目标，强调在保护和改善环境资源的基础上，保护人体健康和保障经济社会的持续发展。如我国《中华人民共和国环境保护法》（2015）规定："为保护和改善环境，防治污染和其他公害，保障公众健康，推进生态文明建设，促进经济社会可持续发展，制定本法"。美国的《国家环境政策法》规定其目的在于防止环境恶化，保护人体健康，使人口和资源使用平衡，提高人民生活水平和舒适度，提高再生资源的质量，使易枯竭资源达到最高程度的再利用等。

（2）环境法产生的根源是人与自然环境之间的矛盾，其调整对象是人们在开发、利用、保护和改善环境资源、防治环境污染和生态破坏的生产、生活或其他活动中所产生的环境社会关系。通过直接调整人与人之间的环境社会关系，促使人类活动符合生态学规律及其他自然客观规律，从而间接调整人与自然之间的关系。

（3）环境法是由国家制定或认可并由国家强制力保证实施的法律规范，是建立和维护环境法律秩序的主要依据。由国家制定或认可，具有国家强制力和概括性、规范性，是法律属性的基本特征。这一特征使得环境法同社团、企业等非国家机关制定的规章制度区别开来，也同虽由国家机关制定，但不具有国家强制力或不具有规范性、概括性的非法律文件区别开来。

（4）环境法的实施过程是以国家强制力为后盾，通过行政执法、司法、守法等多个环节来调整人与人之间的社会关系，使人们的活动特别是经济活动符合生态学等自然客观规律，从而协调人类与自然环境之间关系的过程，是使人类活动对环境资源的影响不超出生态系统可以承受的范围，使经济社会的发展建立在适当的环境资源基础之上，实现可持续发展的过程。

11.1.2 环境法的体系

各种具体的环境法律法规，其立法机关、法律效力、形式、内容、目的和任务各不相同，但是从整体上看，又必然具有内在的协调性、统一性，组成了一个完整的有机体系。这种由有关开发、利用、保护和改善环境资源的各种法律规范所共同组成的相互联系、相互补充、内部协调一致的统一整体，就是环境法体系。

从法律效力层级来看，我国国家级环境法体系主要包括下列几个组成部分：宪法关于环境资源保护的规定、环境保护基本法、环境保护单行法、环境标准、其他部门法中关于环境资源保护的法律规范，以及我国缔结或参加的有关环境资源保护的国际条约。

（1）宪法关于环境资源保护的规定

宪法关于环境资源保护的规定是由全国人民代表大会制定通过的，在整个环境法体系中具有最高法律地位和法律权威，是环境立法的基础和根本依据。我国《宪法》第二十六条规定："国家保护和改善生活环境和生态环境，防治污染和其他公害。国家组织和鼓励植树造林，保护林木。"；第九条规定："国家保障自然资源的合理利用，保护珍贵的动物和植物，禁止任何组织或者个人用任何手段侵占或者破坏自然资源"。

（2）环境保护基本法

环境保护基本法是对环境保护的目的、范围、方针、政策、基本原则、重要措施、管理制度、组织机构、法律责任等环境保护方面的重大问题做出规定和调整的综合性立法，是其他单行环境法规的立法依据，具有仅次于宪法性规定的最高法律地位和效力。我国现行的环境保护基本法是 2015 年 1 月 1 日颁布实施的《中华人民共和国环境保护法》，由全国人大常委会制定通过。

（3）环境保护单行法

环境保护单行法是针对某一特定的环境要素或特定的环境社会关系进行调整的专门性法律法规，是环境法的主要部分。主要包括土地利用规划法、环境污染和其他公害防治法、自然资源保护法、生态保护法等几个部分。其中环境污染和其他公害防治法是主要构成，包括大气污染防治法、水污染防治法、噪声污染防治法、固体废物污染防治法、有毒化学品管理法、放射性污染防治法等。如我国已经颁布的《大气污染防治法》、《水污染防治法》及其实施细则，《海洋环境保护法》、《固体废弃物污染环境防治法》等。

（4）环境标准

环境标准是由行政机关根据立法机关的授权而制定和颁布的，旨在控制环境污染、维护生态平衡和环境质量、保护人体健康和财产安全的各种法律性技术指标和规范的总称。环境标准在环境监督管理中起着极为重要的作用，是确定环境目标、制定环境规划、监测和评价环境质量的基础和依据。我国的环境标准主要由五类两级组成，在类别上包括环境质量标准、污染物排放标准、环境基础标准、环境标准样品标准和环境监测方法标准五类，在级别上包括国家级和地方级两级。国家环境标准是由国务院有关部门依法制定和颁布的在全国范围内或者在全国的特定区域、特定行业适用的环境标准。国家环境标准适用于全国，可以有各类环境标准。地方环境标准是指由省、自治区、直辖市人民政府制定颁布的在其管辖区域内适用的环境标准。省级人民政府只能制定环境质量标准和污染物排放标准。地方环境标准只适用于制定该标准的机构所辖的或其下级行政机构所辖的地区。国家环境质量标准、国家污染物排放标准由国务院环境保护行政主管部门制定、审批、颁布和废止；省、自治区、直辖市人民政府对国家环境质量标准中未做规定的项目，可以制定地方环境质量标准，并报国务院环境保护行政主管部门备案；省、自治区、直辖市人民政府对国家污染物排放标准中未做规定的项目，可以制定地方污染物排放标准；对国家污染物排放标准中已经做出规定的项目，可以制定严于国家污染物排放标准的地方污染物排放标准。地方污染物排放标准须报国务院环境保护行政主管部门备案。

环境质量标准是指国家为保护公民身体健康、财产安全、生存环境而制定的空气、水等环境要素中所含污染物或其他有害因素的最高容许值。环境质量标准是环境保护的目标值，也是制定污染物排放标准的重要依据。从法律角度来看，它是判断环境是否已经受到污染、排污者是否应当承担排除侵害、赔偿损失等民事责任的根据。

污染物排放标准是指为了实现环境质量标准和环境目标，结合环境特点或经济技术条件而制定的污染源所排放污染物的最高容许限额。它作为达到环境质量标准和环境目标的重要手段，是环境标准中最为复杂的一类标准。

环境基础标准是为了在确定环境质量标准、污染物排放标准和进行其他环境保护工作中增强资料的可比性和规范化而制定的符号、准则、计算公式等。环境标准样品标准是为保证环境监测数据的准确、可靠，对用于量值传递或质量控制的材料、实物样品进行规范的标准。环境监测方法标准是关于污染物取样、分析、测试等的标准。就其法律意义而言，环境基础标准和方法标准是确认环境纠纷中争议各方所出示的证据是否合法的根据。只有当有争议的各方所出示的证据是按照环境监测方法标准所规定的采样、分析、试验方法得出，并以环境基础标准所规定的符号、原则、公式计算出来的数据时，才具有可靠性和与环境质量标准、污染物排放标准的可比性，属于合法证据，反之，为没有法律效力的证据。

（5）其他部门法中关于环境资源保护的法律规范

在行政法、民法、刑法、经济法、劳动法等部门法中也有一些有关环境资源保护的法律规范，其内容很广泛。《刑法》第六章第六节关于"破坏环境资源保护罪"的规定。《民法通则》第124条关于环境污染侵权的规定。这些均是环境法体系的重要组成部分。

（6）我国缔结或参加的有关环境资源保护的国际公约

国际公约的目的在于调整国家之间的开发、利用、保护和改善环境资源的活动，具有一定的约束力。它是我国环境法体系的特殊组成部分，行为人也必须遵守有关规定。我国的环境法体系见图11-1。

11.1.3　环境法律关系

环境法的实施是通过其法律规范对有关的

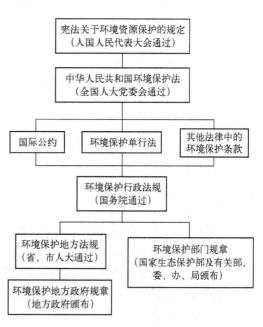

图11-1　我国的环境法体系

社会关系加以确认和调整，为有关法律主体设定某种权利、义务和法律责任，并凭借国家的强制力，追究违法者的法律责任，从而保障权利的形式和义务的履行，进而达到保护环境资源、保障和促进可持续发展的目的。环境法律关系是指由环境法确认和调整的人与人之间的权利、义务关系。

环境法律关系由主体、内容和客体三个要素组成，以环境法中某一具体法律规范的存在为其发生、变更或终止的前提，并以某种环境法律事实（包括环境法律事件和环境法律行为）的存在为其发生、变更或终止的必要条件，主要包括环境行政法律关系、环境民事法律关系和环境刑事法律关系三种类型。

环境法律关系的主体是指依照环境法的规定，在环境法律关系中享有权利、承担义务的当事人，如国家、国家机关，企事业单位、社会团体、个人等。环境法律关系的内容是指环境法律关系的主体依照环境法的规定所享有的权利、承担的义务以及在不履行其法律义务时所应承担的强制性的环境法律责任。而环境法律关系中权利、义务所共同指向的对象，主要包括环境要素，如空气、水体、土壤等，工程设施等污染源，各种污染物质，各种环境保护装置、设施，以及与环境资源的开发、利用、保护与改善有关的行为等，均可以成为环境法律关系的客体。

11.1.4 环境法律责任

环境法律责任是指环境法主体因违反其法律义务而应当依法承担的具有强制性的否定性法律后果。按其性质可以分为环境行政责任、环境民事责任和环境刑事责任三种。环境法律责任是环境法的重要组成部分，是环境保护最强有力的手段。

（1）环境行政责任

所谓环境行政责任是指违反环境法和国家行政法规有关环境行政义务的规定所应当承担的法律责任。这里的规定者可以是单位和个人，包括具有民事权利能力和民事行为能力，依法独立享有民事权利和承担民事义务的组织；不具备法人资格的社会组织；具有相应民事行为能力的自然人（我国公民和在我国境内的外国人以及无国籍人）。

环境行政责任中，承担环境行政责任的主体是行政主体和行政相对人。行政主体是拥有行政管理职权的行政机关及其公职人员，如各级环境保护行政主管部门和依照有关法律的规定对环境污染实施监督管理的港务监督、渔政渔港监督等。行政相对人是负有遵守环境行政法律义务的普通公民、法人和其他组织。构成环境行政责任是行为人的行政违法行为和法律规定的特定情况。追究行政责任的法律依据，包括一切环境保护法律、法规、规章和具有普遍约束力的决定、命令。在正常情况下，实行过错责任原则，是以行为人的过错作为归责的根据和要件。要求对加害人追求法律责任，以加害人的主观有过错为要件，在举证责任上实行"谁主张、谁举证"的原则。

对负有环境行政法律责任者，由各级人民政府的环境行政主管部门或者其他依法行使环境监督管理权的部门根据违法情节给予罚款等行政处罚；情节严重的，有关责任人员由其所在单位或政府主管机关给予行政处分，包括警告、记过、记大过、降级、撤职、开除等 6 种；当事人对行政处罚不服，可以申请行政复议或提起行政诉讼；当事人对环保部门及其工作人员的违法失职行为也可以直接提起行政诉讼。

（2）环境民事责任

所谓环境民事责任是指公民、法人因污染或破坏环境而侵害公共财产或他人人身权、财产权或合法环境权益所应当承担的民事方面的法律责任。我国环境法律有两大任务：一是保护和改善生活环境和生态环境，二是防治环境污染和其他公害。相应地，危害环境的违法行为也有两个方面：即污染环境的违法行为和破坏环境与自然资源的违法行为。

在现行环境法中，因破坏环境资源而造成他人损害的，实行过失责任原则。行为人没有过错的，即使造成了损害后果，也不构成侵权行为、不承担民事赔偿责任。其构成环境侵权行为、承担环境民事责任的要件包括行为的违法性、损害结果、违法行为与损害结果之间具有因果关系、行为人主观上有过错四个方面。因污染环境造成他人损害的，则实行无过失责任原则，除了因不可抗拒的自然灾害、战争行为以及第三人或受害人的故意、过失等法定免责事由所引起的损害免予承担责任外，不论行为人主观上是否有过错，也不论行为本身是否合法，只要造成了危害后果，行为人就应当依法承担民事责任，即以危害后果、致害行为与危害后果间的因果关系两个条件为构成环境污染侵权行为、承担环境民事责任的要件。

侵权行为人承担环境民事责任的方式主要有停止侵害、排除妨碍、消除危险等预防性救济方式，恢复原状、赔偿损失等补救性救济方式。因侵害人体健康或生命而造成财产损失的，应当赔偿医疗费、因误工减少的收入、残废者生活补助费等费用；造成死亡的，应当支付丧葬费、死者生前扶养的人必要的生活费等费用。对侵害财产造成损失的赔偿范围，应当包括直接财产损失者的直接经济损失和间接经济损失两部分。直接经济损失是指受害人因环境污染或破坏而导致现有财产的减少或丧失，如农作物的减产等。间接经济损失是指受害人在正常情况下应当得到，但因环境污染或破坏而不能获得的那部分利润收入。

追究责任人的环境民事责任时，可以采取以下办法：由当事人之间协商解决；由第三人、律师、环境行政机关或其他有关行政机关主持调解；提起民事诉讼；或者通过仲裁解决。

（3）环境刑事责任

所谓环境刑事责任是指行为人因违反环境法，造成或可能造成严重的环境污染或生态破坏，构成犯罪时，应当依法承担的以刑法为处罚方式的法律后果。构成环境犯罪是承担环境刑事责任的前提条件。构成环境犯罪的4个要件包括犯罪客体、犯罪客观方面、犯罪主体、犯罪主观方面。

环境犯罪客体是受环境刑法保护而为环境犯罪所侵害的社会权益，包括人身权、财产权和国家保护、管理环境资源的秩序等。环境犯罪的客观方面是成立犯罪所必需的客观外在表现，包括危害行为及其方式、行为对象、危害结果以及危害行为的时间、地点、危害行为与危害结果间的因果关系等。环境危害行为主要表现为各种污染和破坏环境的行为。环境犯罪的主体是指实施了严重危害社会的行为，具备承担刑事责任的法定生理和心理条件的自然人和法人。环境犯罪的主观方面是指环境犯罪主体在实施危害环境的行为时对危害结果发生所具有的心理状态，包括故意和过失两种情形。故意犯罪应当承担刑事责任，过失犯罪，法律有规定的才承担刑事责任。行为人主观上有罪过是构成犯罪、承担刑事责任的必要要件；犯罪目的、犯罪动机是选择要件。

承担刑事责任的方式，有管制、拘役、有期徒刑、无期徒刑、死刑、罚金、没收财产、剥夺政治权利和驱逐出境。自然人犯有"破坏环境资源保护罪"的，除死刑和无期徒刑外，上述刑罚种类基本上均适用；而法人犯有"破坏环境资源保护罪"的，仅适用罚金和没收财产两种形式的财产处罚。

11.2 环境政策

11.2.1 环境政策的内涵

广义的环境政策是指国家为保护环境所采取的一系列控制、管理、调节措施的总和，包括环境法律法规，代表了一定时期内国家权力系统或决策者在环境保护方面的意志、取向和能力。狭义的环境政策认为环境政策是与环境法规相平行的一个概念，指在环境法规以外的有关政策安排。狭义的环境政策以改善环境质量为直接目标，一般由环境保护行政主管部门亲自制定和执行的政策。

实现环境政策目标而采取的单一或综合的方法及措施，就是环境政策工具。政策是目标和工具的有机统一，工具是达成目标的基本途径。正如政策科学的创始人哈罗德所言，政策是"一种含有目标、价值和策略的大型计划"。

我国环境政策工具的发展经历了探讨、实践到逐渐完善的过程。最初，环境保护工作主要依靠国家或地区制定有关法律、法规和行政条例，对环境污染和资源利用进行直接控制，如污染物排放标准，对污染排放的浓度进行限制，强调末端治理。后来，开展尝试市场工具，颁布了排污收费的环境政策，对排放污染物的单位和个体工商户征收排污费，对企业减少排污产生了一定的激励效应。排污权交易政策是近年来开展起来的一项建立市场的经济政策，将环境视为政府商品，政府允许购买者排放一定数量的污染物，允许企业之间在市场上交易其排污权，降低了企业的治理成本，有助于实现企业环境竞争力。随着公民环境意识即对环境质量要求的提高，公众自愿参与到环境管理中来，社会化工具逐渐发展。根据参考标准不同，主要分为命令控制型、经济激励型、公众参与型三类，其中我国主要采用的是经济激励型。

11.2.2 环境经济政策

我国主要采用的环境经济政策有排污收费、电价补贴、排污权交易等，其中排污收费制度在 2018 年变更为环境保护税，接下来介绍环境保护税和排污权交易两项普遍使用的经济政策。

（1）环境保护税

环境保护税是基于庇古税发展起来的。1920 年，英国经济学家庇古在《福利经济学》一书中首先提出了对污染征收税或费的想法，他建议，应当根据污染造成的危害对排污者征税，用税收来弥补私人成本和社会成本之间的差距，使二者相等，这就是"庇古税"。广义的环境税是指在税收体系中与环境保护和资源保护利用有关的税收和政策的总称，包括独立型环境税、与环境相关的资源能源税和税收优惠政策，以及那些政策目标虽非环境保护但实施中能够起到环境保护目的的税收。狭义的环境税主要是指根据污染者付费原则，对开发、保护和使用环境资源的单位和个人，按其对环境资源的开发利用、污染、破坏和保护程度进行征收或减免的一种税收，即独立型环境税。

2005 年起的税制改革，提出税收优化资源配置并实施费改税。经过 10 多年的酝酿和努力，2016 年 12 月正式通过了以税负平移为原则、以污染排放税为实质的《中华人民共和国环境保护税法》。2018 年 1 月 1 日该税法实施后，我国税收体制分为六类 18 个税种。环境保护税的功能体现在：有利于增强降低污染的经济刺激性、有利于提高经济有效性和有利于筹集环保资金和优化资源配置。

根据《中华人民共和国环境保护税法》，在我国领域和我国管辖的其他海域，直接向环境排放应税污染物的企事业单位和其他生产经营者为环境保护税的纳税人。主要对大气污染物、水污染物、固体废物和噪声四类污染物按月计算，按季度征收环境保护税。相比于排污收费制度，环境保护税增加了企业减排的税收减免档次。环境保护税的减征只适用于应税大气污染物和水污染物。《中华人民共和国环境保护税法》第十三条规定："纳税人排放应税大气污染物或者水污染物的浓度值低于国家和地方规定的污染物排放标准百分之三十的，按百分之七十五征收环境保护税。纳税人排放应税大气污染物或者水污染物的浓度值低于国家和地方规定的污染物排放标准百分之五十的，减按百分之五十征收环境保护税。进一步规范了环境保护税收管理程序，环境保护税由税务机关进行征收，环保部门负责对污染物的监测管理。环境保护税全部归地方，中央不再分成，有利于激励地方进行环境污染治理。

（2）排污权交易

庇古税通过调整污染者面对的价格信号来纠正污染者的行为，在这个过程中，环境服务仍作为公共物品存在，消纳经济活动产生的废弃物，政府作为环境的代言人，以税收的形式强制要求排污者为这种服务付费，从而将外部性内部化。而排污权交易机制的建立则是基于另外一种思路：它通过建立产权将环境服务界定为私人物品，使之成为一种可交易商品纳入市场机制中来，因而了消除外部性。

排污权交易的思想源于"科斯定理"。科斯认为，若产生空气污染的 A 向 B 施加了外部性，制止 A 妨害 B 时，也就使 B 妨害了 A，特别是在对环境的竞争性使用上。究竟是允许 A 妨害 B，还是相反，关键是要界定私有产权。如果产权界定清晰而且可以自由买卖，就会形成产权市场。若 B 拥有产权，则 A 为了生产必须向 B 购买排污权；反之，若 A 拥有产权，则 B 为了享有清洁的空气可以向 A 购买产权。A、B 间通过交易可使市场污染数量达到最优状态。在交易成本为零时，只要初始产权界定清晰，并允许经济活动当事人进行谈判交易，交易的结果都会导致资源的有效配置，这就是科斯定理。

可见，在有效的产权界定下，原来的外部性问题可以被纳入市场交易机制，外部性自然消除了，交易的结果会产生均衡状态。如果市场交易成本可以忽略，资源配置最优效率状态或结果与初始产权界定给谁无关。在现实中，交易对象之间进行讨价还价、监督保护交易的进行等都要花费成本，所以交易成本是真实存在的。通过清晰界定产权，由污染者和受损者间通过产权交易将外部性内部化只是一个理论上的理想状态。实际上，按照产权交易思路建立的排污权交易机制是将排污权界定在排污者之间，通过排污者之间的交易达到以最低成本实现污染削减的目标的一种机制。

应用科斯分析污染问题的思路，可以通过界定污染产权，并允许污染产权自由交易的方法达到最优污染水平，这就是排污权交易机制。它建立在区域内排污总量控制的基础上，首先由政府部门确定一定区域的环境质量目标，并据此评估该区域的环境容量，推算出污染物的最大允许排放量。政府通过一定的方式（有偿或无偿）将排污总量分解到区域内的排污企业，建立相应的交易平台，允许排污权在交易平台上买卖，同时规定只有持有排污权才能排放相应数量的污染，否则就要进行处罚。

初始排放权可免费发放，也可以拍卖等方式有偿卖出。现有的配额分配方式主要有三种：祖父法，拍卖，基于产出的绩效法。在排放权交易项目开展初期，便于获得大型工业企业的支持，使得项目在政治上更具操作性，最常采用的方法是祖父法，根据企业的历史排放水平免费发放初始配额，历史排放水平可以是污染物历史排放量的比重，历史产量的比重或历史排放强度。依据祖父法的规定，老企业可以一直享有免费发放的初始配额，由于配额在市场上买卖具有价值，所以免费发放配额可能会给现存企业带来额外收入，而新进企业需要通过交易市场购买配额，体现了不公平性，也不能激励企业进行技术改造和创新。拍卖的分配方式是指企业通过竞拍的方式来对排污权进行竞价，按照一定的规则有偿获得配额。基于产出的绩效法，是政府根据最佳可获得技术或经济可行技术来确定行业的排放绩效，结合企业当前的产品产量分配初始配额。

初始排污权分配后，就清晰界定了污染产权，通过排污权交易，会形成排污权的市场均衡价格，边际减排成本较高的污染者将买进排污权，而边际减排成本较低的污染者将卖出排污权，其结果是所有排污者都会调整自己的污染削减量，使自身边际削减成本与市场均衡价格相等，从而使达到环境目标的总污染减排成本最小化。

为了应对全球气候变化，减少温室气体的排放，全球许多国家都实施了碳排放权交易体系。目前，发达国家已经实施和运行的碳交易市场主要包括：欧盟的温室气体排放交易体系（EUETS）、美国的区域温室气体减排行动（RGGI）等。我国也在 2017 年末开始建立全国统一的碳交易市场，以期能够减少碳排放。

欧盟温室气体排放交易体系（简称 EU ETS）成立于 2005 年，范围覆盖其 28 个成员国和其他 3 个欧洲国家，覆盖的排放源包括装机容量超出 20 兆瓦的化石燃料发电厂、炼油厂、炼焦过滤、钢铁厂、建筑材料和纸浆造纸厂等能源密集型行业，共计约 12000 个碳排放实体，这些企业的 CO_2 排放量占欧盟 CO_2 排放总量的 50%和 GHG 排放总量的 45%。欧盟碳交易市场的发展经历了三个阶段：第一阶段是从 2005 到 2007 年，初始配额的发放几乎全部采用免费分配，以祖父法为主，参与企业在一个排放周期中 CO_2 排放量必须小于配额，超出部分将会罚款，同时规定每个企业在下一个履约周期需要赎回超出的部分，配额不可跨期存储或借贷。第二阶段是从 2008 年到 2012 年，增加了欧盟 2 个成员国即挪威、冰岛，配额分配仍然以基于祖父法的免费分配为主，90%配额免费，拍卖比例仅为 10%；该阶段允许跨期存储但是不可以借贷，超额罚款，并且扣除次年排放额度超标相应的数量。第三阶段是从 2013 年初到 2020 年末，减排目标为年均下降 1.74%，国家分配计划被终止，改为欧盟层面确定总量和进行配额的统一分配，所有成员国必须遵循相同的分配规则，配额可跨期存储不可借贷。在前两个阶段免费获得配额的企业，从 2013 年起逐步由拍卖获得直至 2020 年实现完全通过拍卖获得配额。

美国到目前为止出现过四个主要的碳排放交易体系，2003 年建立的美国芝加哥气候交易所（CCX）是全球第一个由企业发起的，以温室效应气体（GHG）减排为目标的自愿减排平台，允许来源于清洁发展机制（CDM）项目的碳抵消，到 2010 年被收购为止，共减少4.5 亿吨碳排放。其次是 2009 年开始的美国区域温室气体减排行动（RGGI），是由美国东北部和太平洋沿岸中部 10 个州发起的区域总量交易项目，属于地方级交易体系，旨在限制电力行业 CO_2 的排放。但 RGGI 允许使用的碳抵消比例不超过 3.3%，且局限于美国国内项目。RGGI 引入了安全阀机制和碳抵消触发机制来防止配额价格剧烈波动。参与州可以根据州排放总量的上限，灵活决定配额分配到电厂的方式和分配量。拍卖是 RGGI 各州主要采用的分配方式，其中政府拍卖所得收入的 25%用于能源效率的提高，支持可再生能源发电，补贴零售利率，用于温室企业减排项目。美国的西部气候倡议（WCI），是由加拿大 4 省和美国加利福尼亚州发起的跨国地方级碳交易体系，其基本模式是总量交易模式，规定到 2020 年 GHG 排放量在 2005 年基础上减少 15%。2013 年启动的美国加州碳交易市场是 WCI 的重要组成部分，规定 2020 年 GHG 排放量下降到 1990 年水平，配额分配方式起初以基于历史排放法的免费发放，逐步过渡到拍卖，另外，为了避免 CDM 项目提供的核证减排量冲击配额市场，这两种交易体系都规定拒绝 CDM 项目。

日本的碳交易市场的发展经历了四个阶段，从最初 1997 年开始建立自愿排放交易体系，到 2010 年启动覆盖 1400 家排放企业的东京都市圈总量限制交易项目，到 2013 年启动强制性碳排放交易机制，计划到 2020 年，在 1990 年基础上削减 25% 的碳排放总量，对大型工厂和办公室都设定了排放限值，以促进采用太阳能板和燃料节约设施等先进技术。从发展阶段来看，日本早期的碳交易体系主要是自愿排放交易计划和核证减排计划，其中前者是通过给予减排补贴的刺激手段鼓励自愿减排项目，后者类似于 CDM 项目，通过投资减排项目的方式产生减排信用，并对其进行认证和审核，最后在市场上进行交易。后期启动了总量控制下的强制性排放交易机制，在强制性排放交易市场中基于历史排放的"祖父法"对配额进行免费分配，在交易初期允许排放配额储蓄，但禁止借贷；同时，允许使用碳信用抵消机制。

从 2011 年开始碳交易试点建设到近期开始全国碳交易市场设计，我国碳交易市场主要经过了七个发展阶段：首先从 2011 年开始，北京、上海、天津、重庆、湖北、广州、重庆等 7 个省市被国家发改委提名作为碳交易试点城市（表 11-1），并陆续在 2013—2015 年开展碳排放权交易试点工作；2013 年 6 月，深圳市碳排放权交易试点正式运行，完成了国内第一笔碳交易；2014 年各个试点相继启动出台《碳排放交易管理办法》等规范性政策文件，制定适用于各自行政区域的碳排放权交易管理暂行办法，从配额管理、排放交易、核查和配额清缴、监督管理等方面对碳排放权交易市场做出规定。同年，《国家应对气候变化规划（2014—2020 年）》提出深化碳交易试点，建立全国统一的碳交易市场；2014 年 12 月，为了推动全国碳交易市场的开展，国家发改委发布了《碳排放权交易管理暂行办法》，规范碳交易市场的建设和运行，明确了建立全国碳交易市场的主要思路和管理体系。2015 年《中美元首气候变化联合声明》提出到 2017 年启动覆盖电力、钢铁、水泥、化工等重点工业行业的全国碳排放权交易体系。2016 年，国家发改委拟定了《碳排放权交易管理条例》。2017 年末，我国建立了仅覆盖电力行业的全国统一碳交易市场。目前的碳交易市场主要由基于总量和交易的项目（Cap and Trade）以及国内的自愿减排项目两部分构成。从全国碳交易实践来看，虽然履约率相对较高，但是配额交易量较低，有些市场几乎出现交易停滞，市场活跃度相对较低，配额市场之间价格差异较大。

表 11-1　中国碳交易试点设计

试点省市	初始配额分配方式	CCER 抵消比例	行业覆盖范围	违约处罚	二级市场交易方式
北京	电力行业根据行业排放水平，采用行业基准线免费发放，其他行业采用历史法进行免费初始分配	抵消比例不得超过当年排放配额数量的 5%	火力发电，热力生产和供应，水泥，石化，其他达到排放要求的服务业和工业	超出排放配额部分以市场均价的 3～5 倍处罚	公开交易（场内交易）和协议转让（场外交易）

试点省市	初始配额分配方式	CCER 抵消比例	行业覆盖范围	违约处罚	二级市场交易方式
天津	热力、电力和热电联产采用基准线法,其他行业采用历史法。以免费发放为主,拍卖或固定价格出售为辅	抵消比例不得超过当年实际碳排放量的10%	钢铁、化工、电力热力、石化、油气开采	无经济手段处罚,未遵约单位限期改正,并在3年内不得享受有关优惠政策	网络现货交易、协议交易和拍卖交易
重庆	以历史排放中最高年度排放量为基准排放量,设定动态基准线并应用多种调整方法,免费发放	比例不超过企业审定排放量的8%	无具体行业划分,覆盖6种温室气体	未清缴的配额按配额月均价格的3倍罚款	协议转让及符合国家相关规定的其他方式,未启动公开竞价
上海	工业(除电力行业外)、商城、宾馆、商务办公等建筑采用历史排放法进行分配;电力、航空、港口和机场采用行业基准线法,免费发放	CCER清缴比例不得超过该年度企业通过分配取得的配额量的5%	工业行业包括钢铁、石化、有色、电力、建材、纺织、造纸、橡胶、化纤;非工业行业包括航空、港口、机场、铁路、商业、宾馆、金融等	未履行配额清缴的按5~10万罚款	公开竞价、协议转让、挂牌交易
湖北	历史法与碳强度绩效奖励法相结合,企业80%的配额基于历史排放,20%取决于"十一五"期间单位增加值碳排放下降率和行业平均下降率的比较,初期免费发放	比例不得高于初始配额的10%	行业包括建材、化工、电力、冶金、食品饮料、石油、汽车及其他设备制造、化纤、医药、造纸等行业	对未缴纳的差额按照当年度碳排放配额市场均价的3倍予以罚款,同时在下一年分配的配额中予以双边扣除	定价转让和协议转让
广东	对电力、水泥行业采用基准线法,石化、钢铁行业采用历史法,免费配额占97%,有偿配额占3%	比例不得超过企业上年度实际碳排放量的10%	首批为电力、水泥、钢铁和石化行业	不履行清缴义务的,在下一年度配额中扣除未足额清缴部分2倍配额,并处5万元罚款	挂牌点选、挂牌竞价、单向竞价、协议转让
深圳	根据历史排放、强度下降目标及竞争博弈法确定配额分配,大部分免费分配	比例不得高于管控单位年度碳排放量的10%	部分工业企业和大型公建	对超额排放量,按平均市场价格的3倍处以罚款	现货交易、电子竞价、大宗交易

11.3　环境政策执行

11.3.1　概述

环境政策执行是指环境政策执行主体在一定的组织机构内充分调动和运用各种能力与资源，通过一系列贯穿于资源与环境保护的相关活动及执行主体与目标群体之间的沟通与协调，最终将环境政策计划、方案、决定、目标转变为现实的实践活动过程。环境政策执行过程既是组织和行为的互动过程，又是将目标转化为具体产出的实践过程。实践证明，政策执行环节的偏差往往是导致政策失误的原因，在实现政策目标的过程中，方案的确定占10%，其余90%取决于有效执行。

我国建立了完善的环境保护法律、法规和政策体系，尽管政策条款众多，手段齐全，但我国的环境状况依然令人担忧，这种现象被概括为环境政策的边缘化，即环境政策的设计、执行和实施不能有效纳入社会经济发展和决策过程的主流，具有典型的末端治理的特征，无法从根源上解决环境和发展的矛盾。因此，深入研究环境政策的执行过程以及影响政策执行的因素是环境政策有效执行的必然要求。

我国环境政策执行体系中，政府是环境治理的主要角色，一些社会团体和企业虽然也参与环境保护，但是事实上由于政府几乎拥有了环境保护的全部权力，社会团体和企业所发挥的作用非常有限。随着我国社会市场化改革的发展，政府、市场和社会的分化日益明显，公民社会逐渐成长，环境非政府组织（NGO）作为公民社会的主体，力量不断增强，发挥越来越重要的作用，成为公共政策的间接主体。我国目前环境政策执行过程图见图11-2。

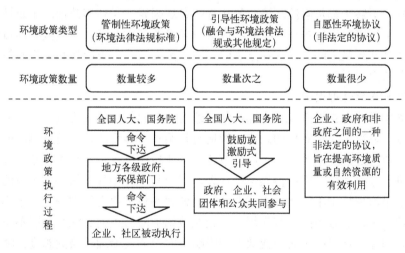

图 11-2　中国环境政策执行过程图

11.3.2　环境政策执行的影响因素

影响环境政策目标实现的根本原因是环境政策执行阻滞，这是政策执行过程中消极因素的影响所致。因此，深入分析环境政策执行影响因素是有效改进政策执行的必要步骤。

公共政策执行是在政策系统中进行的社会活动，受执行子系统内部要素和外部环境等因素的制约和影响。在政策执行影响因素的理论研究中，萨巴蒂尔（P. Sabatier）和马兹曼尼安（D. Mazmannia）建立了比较完整的执行过程影响因素模型，较有权威性和代表性。该模型认为政策执行各个阶段的因素，主要有以下三大类。

（1）环境政策问题的特性

环境政策问题的性质、调试对象的数量及行为多样性，都影响到环境政策的有效执行，主要体现在以下几个方面：①利益关系复杂的环境政策问题，执行难度大；环境政策执行中所触动的权力关系越多，涉及人员和机构越多，环境政策目标越宏大，利益关系的调整幅度越大，环境政策执行难度也就越大；②环境政策调适对象的行为种类越多，越难以制定具体明确的规则进行行为约束；③环境政策调适对象的数量，政策涉及的人员数量越少，利益关系越简单，政策执行就越容易，政策效果就越好；④政策目标中规定的对环境政策调适对象的行为调适幅度的大小，调试幅度越大则执行难度越大；⑤环境政策解决环境问题的技术难度，执行的技术难度一方面包括科学技术水平是否满足解决问题的需要，另一方面包括执行过程中技术处理的复杂程度。

（2）环境政策本身的因素

该因素主要体现在：①环境政策正确性，科学性。这是环境政策有效执行的根本前提，不仅要求内容方面，还要求政策制定具有科学的理论基础、严密的逻辑关系和科学的规划程序。②环境政策的具体明确性。环境政策目标是否具体明确是政策执行有效与否的关键，是政策执行主体行动的依据，也是政策执行进行评估和监控的基础。环境政策的具体明确性表现在政策方案和目标明确，政策措施和行动步骤明确，同时要求政策目标具有现实可行性，能够进行衡量和比较。③环境政策资源的充足性。环境政策资源包括经费资源、人力资源、信息资源和权威资源。执行经费不足、人力资源不足、执行技术支撑不力、信息不灵畅、政策执行主体权威不够等都是阻滞环境政策执行的客观因素。④环境政策的稳定性和连贯性。环境政策反映了环境决策机构在一个时期内对待环境的基本态度，应当具有连贯性，并且环境政策与其他公共政策之间，现在和过去的环境政策之间，中央政策和地方政策之间，应保持横向和纵向的内在联系。

（3）环境政策的外部因素

外部因素主要体现在以下几个方面：①调适对象对政策执行的影响。政策能否达到预期目标很大程度上取决于调适对象的态度。调适对象顺从、接受政策，政策就能顺利执行。管制性环境政策执行过程中，政策命令层层下达，企业被动执行，不得不转移部分资源用于治理污染，这可能导致其生产活动偏离生产计划，影响其经济绩效。另外，企业的生产规模、生产能力和污染治理技术不同，决定了企业污染处理的成本存在很大差异，中小企业无法承担高昂的治理成本，在政策的强制作用下，企业效率下降，进而企业会采取不正当的手段维持经济利益。因此，环境政策对企业效率的影响决定企业对治理污染的态度。②执行主体的素质和态度。执行主体对政策的认同、创新精神、工作态度、政策水平和管理水平是政策得以有效执行的重要条件。在现实中，政府在制定政策时，很难周全地考虑到各个不同阶层和群体的利益。因此，如果环境政策威胁到执行主体的自身利益，执行者就可能抵制或规避这一政策，从而使该政策不能顺利地执行。另外，地方环境政策执行主体的素质低下，文化素养、专业素养、职业道德素质不能紧跟环境形势，向可持续发展转变比较困难，这些都会对政策的执行产生影响。③执行机构间的沟通与协调。主要包括决策机构和执行主体之间，执行主体上下级之间的纵向沟通，相关部门与环境政策执行部门的分工合作及调试对象与执行主体之间的横向沟通。④政策环境。环境问题所处的社会环境，包括政治环境、经济环境和社会心理环境都影响环境政策的执行。

11.4 环境政策评估

环境政策评估起源于公共政策评估。在环境政策周期中，政策的制定和执行过程往往耗费高昂的政策成本。因此，需要对政策执行效果做正确、可靠的判断，否则就无法评价环境政策的有效性。

11.4.1 概述

环境政策评估是一项特殊的公共政策评估，这是由环境问题在时间上、空间上的长期性、复杂性和不确定性决定的。因此，环境政策评估是政府组织、非政府组织或利益相关群体的评估者利用系统评估方法和技术，对特定环境政策的目标、实现目标的措施和指标、政策执行力、效率、效益、影响、受益群体、公平性、公众参与性和文化多样性等进行综合分析，并根据分析结果提出完善政策的具体建议，从而推动环境政策目标实现的行为。环境政策评估的目的决定了政策评估具有正向和负向双重作用。

（1）正向作用

环境政策评估的根本目的和最重要的作用是检验环境政策效果，决定政策去向。环境政策评估之所以在政策运行过程中被安排在执行之后，目的就是为了判断环境政策是否获得了预期的效果，如政策目标实现程度如何、环境问题的解决程度如何、环境问题的性质有没有发生变化、政策是否有必要继续存在、是否需要做出调整、如何调整等。

① 完善环境政策运行机制，推动环境政策科学化。评估是一个发现问题、解决问题的过程。通过评估总结政策制定和执行过程中的经验和教训，在以后执行阶段或在下一个周期中改进，完善政策运行机制，向政策科学化方向发展。

② 维护公共的环境权益、公平性和文化多样性；完善环境政策的参与机制，促进环境政策民主化。首先，政策制定者有可能兼顾不到部分利益相关者的利益，包括经济利益、环境利益、弱势群体的利益以及文化多样性等，从而损害利益相关者的权益。通过恰当的环境政策评估，可以弥补由此造成的失误。其次，公众自发的评估行为是基于自身在环境和环境政策中的角色和地位维护其环境权益和经济权益的体现，能够促进规范这种行为的政府规范的出台，有利于使环境政策的制定和执行过程更加民主和透明。

（2）负向作用

环境政策评估的结果很大程度上取决于评估者的主观态度、评估方法、数据和信息的可靠性、评估者是否独立于环境政策的制定者和执行者等。

① 夸大政绩的手段。政策评估的主要功能是判断政策效果的好坏，也是衡量环境政策决策者和执行者政绩的活动。因此，环境政策体系的内部评估有可能弄虚作假。

② 追加环境政策活动预算的机会。政策评估在某种程度上是一种技术性工作，需要聘请专门人员或者对参与评估者进行培训，需要有专门的技术设备，成本较高，在申请评估经费时，有可能给某些人提供了中饱私囊的可乘之机。

③ 拖延时间，逃避责任的借口。地方政府追求经济增长往往以牺牲生态环境为代

价，但公众的环境意识已有很大提高，会通过各种方式给政府施加压力，而政府为了应对这种社会危机，就有可能以政策评估为借口，作为不制定或不执行某种环境政策的理由。

11.4.2　环境政策评估方法

正式的环境政策评估包括信息汇总和分析评估两个部分。其中信息汇总涵盖了环境政策制定和执行过程及其结果，既包括政策目标，又包括政策执行的效能、效率和效益；既包括政策的预期效果，又包括政策的非预期影响；既包括各种可量化的客观数据，又包括政策制定和执行人员的主观态度；分析评估包括评估方法和标准的确定，政策建议的提出。因此评估过程很烦琐复杂，需要有计划有步骤地进行。

逻辑上，正式的环境政策评估包括三个阶段：评估准备、实施评估、评估结束。评估准备阶段需要确定评估对象、评估主体、评估目的、评估所需要的信息、收集信息的方法、确定评估标准和评估方法；实施评估阶段需要准备评估物质和人员、收集信息、分析评估和撰写评估报告；评估结束，总结评估经验，递交评估报告。

由于环境政策具有交叉学科的特点，所以评估方法也凸显多样性，表现在四个方面：首先，社会学方法的应用，环境政策以人为中心，因此环境政策评估不可避免地引入社会学的研究方法；其次，经济学的应用，环境政策的运行在社会经济活动的大背景中，环境的产出需要经济投入；第三，数学方法的应用，环境质量的可量化特征使得数学方法在环境科学中应用成为可能；最后，环境政策评估综合化。接下来就对社会评估模式、经济评估模式和数学评估模式的方法加以介绍（表 11-2）。

表 11-2　环境政策评估模式、方法及其适用范围

评估模式	评估方法	适用范围
社会评估模式	目标评估方法 SWOT 分析 利益相关者方法 参与式监测评估 第三方评估	评估环境政策目标的合理性 评估环境政策目标的实现程度 环境政策实施区域选择的合理性 评估环境政策执行过程中的有效性 综合评估环境政策的效果、影响
经济评估模式	成本收益分析	由环境政策系统以外的主体对政策进行的评估
数学评估模式	模糊评价法 层次分析法	环境政策要素的单项或综合评估 评估环境政策的有效性
综合评估模式	评估主体综合 评估对象综合 评估方法综合	评估环境政策的效率 评估环境政策的效果 评估地区环境政策效果差异

1. 社会评估模式

所谓社会评估模式是指环境政策评估中应用社会学理论和方法的评估模式。主要包括以下几种方法。

（1）目标评估方法

目标评估方法是基于环境政策目标的评估方法，包括对环境政策目标的合理性和实现程度的评估。针对这两个评估对象，分别采用 SMART 评估、目标与现实差异性评估。

SMART 评估中各个字母分别代表的意思是：S（Specific）明确的，M（Measurable）可度量的，A（Achievable）可实现的，R（Relevant）相关的，T（Time-bound）时间限制。该

评估方法是针对环境政策制定时所确定的目标的合理性的定性和定量评估，包括对实现目标的措施、实现目标的指标、方法、时间及目标的内容进行评估。

目标与现实差异性评估用于评估各类环境政策执行后，政策目标的实现程度，即评估政策执行的结果是否与目标一致。这种评估方式只关注政策的直接效果，不考虑政策制定、执行过程中可能存在的问题。

目标与现实差异性评估的步骤：首先，明确目标并进行重要性排序，再细分为可量化的指标；第二，制定或选择评估标准，标准的意义在于确定政策目标实现到什么程度才可以说政策是有效的，标准的制定要兼顾国内实际以国际标准；第三，根据已经建立的指标体系收集尽可能准确的数据；第四，将现实数据与政策目标对比；第五，利用各种定量方法将第四步所得数据计算或换算成与标准具有相同量纲的值，与标准进行比较，判断政策的有效性。核心在于比较现实结果与环境政策目标，对比结果与标准。

（2）利益相关者方法

利益相关者方法是通过使用参与式的各种工具来获取环境政策的利益相关者对环境政策的信息反馈，其过程强调环境政策所涉及的各个主体的参与，目的是分析政策的实施对利益相关者造成的影响及利益相关者对政策产生的反作用。

政策利益相关者是指与政策有一定利益关系或对政策感兴趣的个人、群体和组织。包括调适对象、环境政策直接作用的部分人群、政策制定者、政策执行者、政策评估者（包括政府政策系统内部进行正式评估的部门、非政府的高校和研究机构、因为利益关系对环境政策感兴趣而对环境政策进行非正式评估的个人或团体）、环境政策受益者、环境政策受损者、对政策感兴趣的个人或团体，如环境 NGO、公众媒体等。

利用这种方法进行评估一般有三个步骤：首先要找到环境政策的利益相关者；第二，收集资料或利用社会学方法进行调查（对一定样本进行访谈或发放问卷），了解环境政策对各利益相关者的影响和他们的期望及对环境政策的态度；第三，将调查结果进行统计分析，得出结论。问卷调查只适用于初中以上文化的被访谈者，对初中以下的被访谈者最好的信息收集方法是"半结构访谈"，可以避免信息遗漏、信息传递过程中的误解、信息反馈过程中信息的损失等。

（3）SWOT 分析

该方法是战略管理学中的一种分析方法。四个英文字母分别表示优势（Strength）、劣势（Weakness）、机遇（Opportunity）和风险（Threats）。用来寻求组织内部能力和外部环境相匹配的战略制定模型，通过该分析来评价组织所处环境中存在的机会、威胁及组织内部的优缺点。对一个区域进行 SWOT 分析，可以判断出环境政策对该区域发展的影响及是否有必要继续该政策。它是通过对当地环境政策的利益相关者之间的讨论和分析，在不考虑所评估的环境政策的影响的前提下，识别其自身所处的社会的、自然的环境和条件及已有的经验和内外部现存的资源，在此基础上，判断这项环境政策的实施是否有助于对抗其劣势和外部风险，而最终能够改善其环境质量和生计。

SWOT 分析需要了解环境政策利益相关者的想法和态度，其步骤包括：第一，评估人员识别环境政策的利益相关者；第二，将这些利益相关者组织在一起，讨论并列出不考虑该政策的影响时他们在发展方面的优势、劣势、机遇和风险的详细内容；第三，讨论并分析政策的实施是否有利于帮助他们利用内部优势对抗外部风险，利用外部机遇对抗其劣势；第四，由利益相关者决定是否继续实施该政策；第五，评估人员将结果加以总结，提交政策建议。

（4）参与性环境监测评估

参与性环境监测评估是监测评估专家和环境政策利益相关者对环境政策的执行效果进行评估的一种模式。通过共同讨论、共同参与以及定性描述和定量分析相结合的方式，观察环境政策实施的过程、相关活动和环境政策输出，掌握环境政策问题在环境政策下的发展趋势，以确定环境政策的实施效果是否符合环境政策的方案设计。该方法适用于长期政策，只有政策周期较长时，监测才有意义，评估所提出的政策建议才有发挥余地。

参与性环境监测评估包括以下几个步骤：首先，成立监测评估小组并进行培训，监评小组由监测评估专家、政策的多级执行人员、一线技术人员、评估区域协作者组成，其中监测评估专家负责指导监评程序，执行人员和技术人员负责将必要的环境政策信息告知监评小组其他成员及评估区域的利益相关者。协作者负责监评小组与利益相关者的沟通和交流。培训的内容包括环境政策背景，评估区域的风俗文化，评估小组明确自身在整个环境政策评估中的角色和作用，评估工具的使用（如通过饼图表示评估区内受环境政策影响的利益相关者的数量、年龄、职业、文化程度；通过流程图表示环境政策作用的方式，通过矩阵打分并根据评估标准判断环境政策实施效果，通过半结构访谈了解利益相关者的政策意愿）。第二，由监测评估专家、环境政策执行人员和环境政策技术人员共同讨论制定初步的监测评估框架，监测评估指标和分析方法。第三，深入评估，与利益相关者分析讨论环境政策对他们造成的正负面影响，确定最终环境政策监测指标和框架，注意不同利益相关者的指标应当有所区别。第四，进入评估地点，进行监测和资料收集。第五，对监测评估过程中获得的资料进行整理分析，根据分析结果提出完善环境政策建议。

（5）第三方评估

第三方评估指由政府政策体系和政策的利益相关者之外的第三方进行正式的环境政策评估，评估主体具有独立性和特殊性，可以避免政策体系内部评估的不公平、不客观评价结果。另外，与政策利益相关者的非正式评估相比，发挥作用的可能性更大，因为随着 20 世纪 70 年代公民社会的逐步兴起，政策评估领域也出现了顾客导向模式及参与式监测评估，其目的就是满足公众在公共政策领域日益高涨的权益意识和参与意识，为第三方评估奠定了思想理论基础。

2．经济评估模式

成本收益分析是西方国家分析公共项目最基本的方法。它要求在政策效果相同的情况下，选择成本最小、效果最好的方案；存在成本和收益均有差别的方案时，应选择收益成本比最大的方案。采用这种方式进行评估，需要核算环境政策的成本和收益。环境政策成本包括直接成本和间接成本。间接成本是在不实施该环境政策的假设前提下进行环境改善所必需的支出。收益是指政策带来的环境改善使得社会生产的增值和减少的总和。

（1）成本估测模型

环境政策成本估测的模型有很多，这些模型的估测范围从一个行业（或是行业某个部分）到整个经济的成本估测。选择合适的模型来进行计算是很复杂的，要考虑很多因素，比如政策影响的类别、影响的地理范围和部门范围等。具有代表性的模型包括服从成本模型、可计算一般均衡模型、线性规划模型。

服从成本模型是用来估测行业直接服从环境政策的成本，主要包括投资成本、运行维护成本和行政管理成本。一个服从成本模型的例子是美国 EPA 的 Air Control NET (ACN)，一个进行污染物排放控制战略和成本分析的数据库工具，可以提供详细的污染物控制措施以及不同措施的成本，污染物排放量等参数，但是不考虑消费者和生产者的行为改变。服从成本模型可以提供环境政策直接成本相对详细的估测，并且易于执行和使用，但是仅关注供给方，不能反映生产者和消费者的行为响应，仅能提供某些有限情况的社会成本的估测。服从成本一般从企业的角度考虑环境政策给其带来的成本变化，只是社会成本的一个部分，不能代表政策实施的总体成本。

可计算一般均衡模型（Computable General Equilibrium，CGE）在环境政策分析中经常使用，例如，对美国的清洁空气法的成本估测，温室气体减排的国内外政策的影响等。CGE 模型用非线性函数替代了传统投入产出模型中的线性函数，引入了经济主体的优化行为，允许生产要素之间的替代和需求之间的转换。CGE 模型可以估测宏观经济影响，尤其是经济体间非直接的和相互作用的影响，体现了生产和消费的优化行为；适用于分析中长期的政策影响。有学者采用一般均衡模型分析荷兰削减主要污染物的环境政策对经济的影响，引入了各主要污染物削减的成本曲线，作为动态 CGE 模型的输入信息，从而使得大多数的 CGE 模型所采用的自上向下的方法与建立在详细治污技术信息之上的自下向上的方法相结合，不仅考虑了环境污染排放所带来的直接成本，也计算了污染治理对全社会成本的影响。

线性规划模型常用于估测政策的服从成本。通过一系列决策变量，约束条件来最小化（或是最大化）目标函数。在进行环境政策分析时，目标函数通常是最小化直接服从成本，约束条件可能包括可获得技术、燃料供给、总量控制、污染排放标准等。与服从成本模型相比，线性规划模型可以更好地整合和系统地分析技术的范围和服从选择，它可以考虑在约束情况下的灵活性。

以上三个模型是成本计算过程中常用的模型，其中线性规划模型可以作为服从成本模型的基础，服从成本模型又可以作为一般均衡模型的引入参数。采用一般均衡模型不仅可以模拟政策实施的成本，而且可以分析政策实施对就业等社会因素的影响，可以从另一方面反映政策执行的公平性。

环境政策的执行有其时间性，采用成本效益评价环境政策时，需要得到未来和现在的成本和效益，常用的方法是净现值法。其中对贴现率参数的估测很重要，贴现率是以国家利率为基础的，一定程度上可以反映国家的经济增长状况。在政策时间跨度较长时，尤其是如果一个政策的实施时间足够长，产生代际影响时，需要考虑贴现率的变化。另外，成本和效益的贴现率一般是一样的，如果计算效益使用较低的贴现率，则可能夸大政策效益的产生；而对于成本使用较高的贴现率，则过高估测了政策执行的成本，都不能准确地评价环境政策。

另外，在估测环境政策的成本时，需要考虑未来技术的改变。不同的环境政策方法表现出对技术革新不同的刺激，因此，根据技术改变的速度和方向，同样的环境终点可能会有显著不同的成本。如 1990 年美国的清洁空气法修正案中 SO_2 排污交易项目的实现成本很大程度上低于起初预测，部分原因是未预料到技术改变。从企业角度考虑，企业可以通过学习经验来降低生产商品和服务的成本，美国预算管理局要求成本分析要充分考虑成本节省革新中可能存在的学习影响。

（2）效益分析

经济效益分析的目的是估测不同类型的收益，并采用经济价值估值方法将其货币化，为决策者提供客观的数据支持。选择政策执行前的某个点或是基准情景，比较政策执行前后的净效益（货币化的总收益减去货币化的总成本）变化。环境政策的效益分析主要有三个步骤：首先，识别由环境政策带来的有潜在影响的效益类别；其次，通过专家咨询、社会调查等方式量化这些效益的环境影响终点；最后，选择合适的估值方法来估测这些影响的收益。

环境政策可能产生的收益类型主要包括：对人体健康的改善、生态环境的改善、其他类型的效益（包括审美改善，减少材料破坏等）、针对不同类别的效益、有些经济学上的估值方法是通用的。以下介绍主要的估值方法。

① 人体健康改善的收益

环境政策所带来的人体健康的改善主要表现在死亡率的降低，非致命癌症发病率的降低，慢性疾病和其他疾病、不良繁殖和发育影响的降低。在估测对人体健康改善时，最常采用的健康终点是过早死亡和致病。常用于计算死亡风险改变的方法有享乐主义工资法、人力资本法及支付意愿法。

享乐主义工资法估算个人生命价值的方法，是建立在亚当·斯密的"补偿性工资差值"理论之上的。它的逻辑基础是劳动者的工资水平和其工作的伤亡风险呈正相关关系，即当风险程度提高时，工人对工资回报的要求也会提高。可以通过收集研究地区的社会经济等资料，对工资和工作风险进行回归，来间接估算出劳动者对自己生命价值的评价。国外使用享乐主义工资模型估计生命价值的研究很多。以 Viscusi 为主要代表的一批学者使用这种方法对不同国家不同行业劳动者的生命价值都尝试过估计，得到了很多成果。大多数结果证实，美国劳动者的生命价值最高，可靠的数值约在 700 万美元左右；发展中国家和地区的生命价值估计较低，Liu 和 Hammitt 对中国台湾的研究得到的估计结果是 70 万美元，而 Kim 和 Fishback 对韩国劳动者的生命价值估计为 80 万美元。国内使用享乐主义工资模型估算生命价值的文献较少。Guo 和 Hammitt 使用中国家庭收入项目（CHIP）的城镇职工数据对中国劳动者的生命价值进行了估计，得到的结果在 7000 美元到 20000 美元之间。

支付意愿法通过直接问卷调查的形式来询问人们为规避死亡风险所愿意支付的最大金额，从而间接算出人们对自我生命价值的评定。其理论基础是微观经济学的期望效用理论，即劳动者在选择风险水平时，会依据其预算约束力图获得期望效用的最大化。进行支付意愿调查时，可以直接询问被调查者愿意支付的金额，或是先介绍环境政策的背景情况再直接询问，或给出不同的假设金额来进行选择，或给出不同的政策可能带来的环境改善的属性，让被调查者进行选择。另外，如果没有足够的时间和精力，还可以采用效益转移方法。在对健康风险收益进行分析时，通常的支付意愿是用统计生命价值（VOSL）表示。美国 EPA 对 VOSL 进行支付意愿调查，大约为 600 万到 1350 万美元。统计生命年价值（VSLY）也常用于支付意愿的调查，可以将统计生命价值分配折现到预期寿命的每一年，也就得到通过环境政策可以节省的每年生命价值。

传统的人力资本法是非市场物品价值评估的方法之一。人力资本体现在劳动者身上的资本，主要包括劳动者的文化知识和技术水平及健康状况。在对健康危害经济评价中，传统的人力资本法认为过早死亡的经济成本是由于过早死亡而损失了期望寿命，丧失了期望寿命年内获取人力资本投资回报的机会，则丧失的预期收入现值可作为过早死亡的成本。该方法将生命的价值看作是一个人收入的现值，从而对生命价值做出评估。它隐含着富人的生命要比穷人的生命更有价值，它暗示失业者与退休人员的价值为零，未充分就业的人和年轻人的价值很低。该方法从个体的收入来考察个人的价值，引起伦理道德上的争议。基于这种伦理道德缺陷，修正的人力资本法将人均 GDP 作为一个统计生命年对社会的贡献，从社会角度来评估人的生命价值。这种方法与传统的人力资本法的区别在于，后者从整个社会的角度（不存在人力是健康的劳动力，还是老人或是残疾人的问题）来考察人力生产要素对社会经济增长的贡献，而前者从个体的收入角度来考察人的价值。在计算时要考虑三个方面的影响：第一，人的过早死亡损失的生命年数是社会期望寿命与平均死亡年龄之差，而社会期望寿命随着时间的推移逐步增加，要对社会期望寿命进行合理的预测；第二，未来的社会 GDP 也需要进行预测；第三，健康损失计算的是现值，未来的社会 GDP 需要贴现，贴现率的选择对评价结果的影响较大。

病态效益是指非致命的健康影响的减少，这些非致命的影响范围从轻微的疾病，比如头痛和恶心，到非常严重的疾病，如癌症。非致命的健康影响也包括生育缺陷和低出生体重。

减少经历疾病风险的支付意愿法（WTP）是衡量致病影响的常用方法。这个方法主要包括四个部分：减少疾病风险的发生成本；医疗保健和药物治疗的缓解成本；由于误工和丧失娱乐活动的非直接成本；还有不容易测量的，由于不适、焦虑、疼痛和容忍带来的成本。

除了 WTP 以外，疾病成本法也是用来衡量疾病损害成本的常用方法。疾病成本法基于潜在的损害函数，它将污染暴露程度与健康影响联系起来，污染与健康的暴露-反应关系的准确性决定了估算结果的客观性。疾病成本主要包括患者患病期间所有的与患病有关的直接费用和间接费用，包括门诊、急诊、住院的直接诊疗费和药费，未就诊患者的自我诊疗和药费，患者休工引起的收入损失（按日人均 GDP 折算），以及交通和陪护费用等间接费用。疾病成本法估价健康价值的缺陷是，人们避免疾病，一方面是避免了患病医疗费用，另一方面还避免了疾病带来的痛苦，疾病成本法中没有包括病人因病痛带来的精神痛苦的价值，是对患病损失的一种低估。

② 生态环境改善的收益

除了人体健康收益外，许多环境政策也会产生生态效益。比如，增强提供生态系统服务的能力。计算生态环境改善效益同计算人体健康效益有类似的步骤：首先识别受污染物影响并对社会有价值的生态健康终点；其次估测压力和终点的剂量响应关系；然后，使用经济学价值计算方法来估测环境政策造成这些终点改变的收益。在估测生态环境收益时，相关的终点包括生态环境质量的变化，提供生态服务能力的变化等，这些生态终点的变化和价值很难核算，所以计算生态环境改善的收益相对较难。

根据生态系统提供产品和服务的不同，评估生态环境变化经济价值的方法也相应地有区别（表 11-3）。如水生态系统服务功能主要包括：供给服务：提供水产品、供水、航运和水力发电等；调节服务：调蓄洪水、补给

表 11-3　不同生态系统服务价值计算方法

生态系统服务	方法
供给服务	市场价值法；生产函数法
调节服务	影子工程法；市场价值法；生产成本法；影子价格法
文化服务	旅行成本法；享乐价格法
支持服务	条件价值法；机会成本法

地下水、净化水体、调节大气；文化服务：休闲旅游、文化科研价值；支持服务：土壤保持价值、维持生物多样性、提供生境。对于使用价值，可以采用市场价值法进行计算，主要的市场价值法包括旅行费用法，享乐价格法，生产函数法等；对于非使用价值，如审美价值等，可以采用条件价值法。

市场价值法是把环境要素作为一种生产要素，利用因环境要素改变而引起产品的产值和利润变化，依据可利用的市场价格，可计算出环境质量变化的经济损失或经济效益的货币量化值。例如，在工程建设中，加强了水土保持措施，防止或减少水土流失量，保护了农田，

从而保证了农作物的正常产量。那么工程建设中水土保持措施的一部分经济效益，可以用避免的农作物损失量乘以该农作物的价格得出。

影子工程法是指某环境遭到污染或破坏的经济损失，可根据拟用人工建造另一个环境来替代遭到污染破坏的环境，而用这个人工环境所需的费用来估算所分析对象经济损失的方法。该方法可以将难以计算的生态价值转换为可计算的经济价值，从而将不可量化的问题转化为可量化的问题，简化了环境资源的估价。

机会成本是指因采用某一行动方案而失去的来自其他可供选择的行动方案的最大潜在效益。在环境政策分析中，机会成本法是指在无市场价格的情况下，环境资源使用的成本可以用所牺牲的替代用途的收入来估算的方法。如保护某地的自然资源项目方案所产生的效益可能很难计量，但是其机会成本可能是开发此处自然资源的效益的现值，而这是可以计算出来的。该方法适用于水资源短缺、占用农田等环境资源使用方面的经济分析，也常用于环境污染和破坏带来的经济损失的货币估值。

生产成本法是一种根据生产某种生态系统提供的产品或获得相同效果的服务所需成本进行定价的方法，分为直接计价法和间接计价法。直接计价法是直接开发相同产品的成本，如造地；间接计价法是为获得相同效果所需投资，如森林吸收 SO_2 净化环境价值就可以用消减污染物的投资成本。

旅行费用法是一种发达国家比较流行的游憩价值评价方法，是以消费者旅游所支出的总费用来衡量生态系统服务价值的方法，常用于人们对某种自然景观旅游服务的评价估算。

条件价值法是对环境等具有无形效益的公共物品进行价值评估的方法，主要利用问卷调查方式直接考察消费者在假设性市场里的经济行为，以得到消费者支付意愿来对商品或服务的价值进行计量的一种方法，常被用来对舒适性环境资源或没有市场价格的环境物品的价值进行估算。

效益转移法是在人力、物力、财力不足的情况下对环境政策效益计算的一种方法，即将确切的数值或函数应用到新的政策中进行推算。前者比较简单，通过搜集一个或者几个与政策地资源属性极为相似的实证研究，直接将其评价结果作为政策地的价值；后者是用一个或几个研究地的需求函数来直接估计政策地的价值。在进行效益转移时，需要确定研究地和政策地两者之间的社会、经济、资源属性相似。

效益计算过程中主要的两个问题：首先，环境政策的影响是多方面的，同时对这些影响进行估值是不可能的，一般的做法是，分别对每个影响进行估值，然后将这些估值相加得到政策的总收益，但是这样有可能出现一个环境影响被测量不止一次，造成重复计算；其次，由于现有的人力、物力、财力等方面的原因，缺乏原创性的价值估算，现在大多数的效益估测都建立在已有的文献资料的基础上选择参数，这种使用原有研究来估测价值的方法就是所谓的"效益转移"方法。针对第一个问题，有些学者将环境政策影响的多个方面都进行计算，然后选择价值最大的作为环境政策影响的保守估计，这样就可以避免重复计算，但是也会产生低估效益的问题。

采用以上模型方法计算出实际成本乘以当年的存款利率，即该款项存入银行而产生的收益，称为"虚拟收益"。根据计算获得各年环境政策实际成本、"虚拟收益"和政策收益现值。将政策收益和实际成本的差额与虚拟收益进行比较，如果差额大于虚拟收益，则政策净收益大于成本；反之，则政策净收益小于成本。

3. 数学评估模式

数学评估模式是将数学分析方法或数学模型应用于环境政策评估的方法，用定量方法对环境政策进行评估是环境政策评估的一个发展趋势。较为成熟的有模糊评价法和层次分析评价法。

（1）模糊评价法

在客观世界中存在着大量的模糊概念和模糊现象，模糊数学就是试图用数学工具解决模糊事物方面的问题，模糊评价就是以模糊数学为基础，应用模糊关系合成的原理，将一些边界不清、不易定量的因素定量化，从多个因素对被评价事物隶属等级状况进行综合性评价的一种方法。将其用于环境政策评价可以综合考虑环境政策的众多因素，根据各因素的重要程度和评价结果将原来的定性评价定量化，可以很好地处理环境政策多因素、模糊性及主观判断等问题。

利用模糊评价法分析问题时，需要首先确定被评价对象的因素（指标）集和评价（等级）集；然后再确定各个因素的权重及它们的隶属度向量，获得模糊评判矩阵；最后把模糊评判矩阵与因素的权向量进行模糊运算并进行归一化，得到模糊综合评价结果。权重对最终的评价结果会产生很大的影响。确定权重的方法主要有加权平均法、专家估计法、德尔菲法（Delphi 法）等。

模糊评价通过精确的数字手段处理模糊的评价对象，虽然运用了模糊数学，但是数学模型简单，容易掌握，可以对涉及模糊因素的对象系统进行综合评价，而且更加适合于评价多因素的对象系统。可以将不完全信息、不确定信息转化为模糊概念，使定性问题定量化，提供评估的准确性、可信性，对蕴藏信息呈现模糊性的资料做出比较科学、合理、贴近实际的量化评价。但是，隶属度和权重的确定、算法的选取等很多方面都带有较强的主观性；隶属函数的确定还没有明确的系统的方法；当指标集较大时，在权向量和为 1 的条件约束下，相对隶属度权系数往往偏小，权向量与模糊矩阵不匹配，结果会出现超模糊现象，分辨率很差，无法区分谁的隶属度更高，甚至造成评判失败。

（2）层次分析法

层次分析评价法是美国运筹学家萨迪教授提出的一种把定性分析与定量分析相结合的对复杂问题做出决策的有效方法，该法已被较多应用在环境政策方案选择中。这种方法的特点是在对复杂的决策问题的本质、影响因素及其内在关系等进行深入分析的基础上，利用较少的定量信息使决策的思维过程数学化，从而为多目标、多准则或无结构特性的复杂决策问题提供简便的决策方法。

层次分析法的基本步骤：首先，建立层次结构模型，深入分析实际环境问题，将有关因素自上而下分层（目标层-准则或指标层-方案或对象层），上层受下层影响，而层内各因素基本上相对独立。其次，构造成对比较矩阵，用成对比较法和 1-9 尺度，构造各层对上一层每一因素的成对比较矩阵，比较同一层次中每个因素关于上一层次的同一个因素的相对重要性。然后，计算单排序权向量并做一致性检验，对每个成对比较矩阵计算最大特征值及其对应的特征向量，利用一致性指标、随机一致性指标和一致性比率做一致性检验。最后，计算总排序权向量并做组合一致性检验。若通过检验，则可按照总排序权向量表示的结果进行决策，否则需要重新考虑模型或重新构造一致性比率较大的成对比较矩阵。

该方法把研究对象作为一个系统，按照分解、比较判断、综合的思维方式进行决策；把定性和定量方法结合起来，能处理许多传统的最优化技术无法着手的实际问题，应用范围很广，增加了决策的有效性；计算简便，结果简单明确，容易被决策者了解和掌握。该方法也有一定局限性，方法中比较、判断以及结果的计算过程都是粗糙的，不适用于精度较高的问题；从建立层级结构模型到给出比较矩阵，主观因素对整个过程的影响很大。

思 考 题

（1）什么是环境法？环境法的目的、功能及其在法律体系中的地位是什么？

（2）谈谈你对环境法律关系和责任的理解。

（3）环境政策执行的影响因素有哪些？

（4）环境政策评估模式及方法的适用条件有哪些？

（5）如何估算一项环境政策的成本和效益？

第 12 章　环境工程伦理

本章要求：了解环境工程伦理的产生特点及主要内容，掌握环境工程伦理的主要理论及其在工程项目中的应用，熟知工程师的环境伦理责任及在伦理困境时应遵循的伦理原则和规范。

12.1　环境工程伦理的产生与发展

12.1.1　人类与环境的关系分析

人类是整个地球自然生态系统的一个组成部分。人类作为自然物，同其他自然物质无异，都由原子和分子组成；人类作为生物体，也与其他生物体一样，服从生物体的自然规律和生物学规律。但另一方面，人毕竟不是一般的自然物和生物体，是有社会意识的存在物。人能够制造和使用工具，进行社会分工，具有高级的思维活动，并有将自己与其他自然物区分开来的强烈自我意识，这是人与一般存在物的本质区别。因而人类在自然界中占有特殊的位置，使其与其他自然物对立起来，这便形成了人与自然的对立统一关系。

人与自然的关系表现出两重性：人依靠自然生活同时又是改变自然的力量；人既改造自然又依赖自然；人既变革自然又顺应自然；人既控制自然又受到自然条件的制约，人与自然的关系、既包含适应，又包含冲突，是有冲突的和谐。

在人与自然的关系中，人是主体，自然是客体，人处于中心的位置。这意味着如何正确地认识和处理人与自然的关系，主要取决于人类自己。20 世纪以来，人类生产规模的扩大和科学技术的进步已经使人与自然的关系达到了一个新阶段，人的地位与作用问题较之以往任何时候都显得更为重要和突出。这不仅要求人类采取相应的社会组织形式和政策，以便与自然环境相协调，同时还要求人类有更高的文化和道德素养，承担起对自然环境的义务和责任，以使人类和自然和谐发展。

12.1.2　环境工程伦理的产生与特点

工程是创造和建构新的人工物的社会实践活动，是一种将自然材料通过创造性的思想和技术性的行为，形成具有独创性和有用性器具的活动。工程因为人类的需要而开展，并因此获得价值，任何工程项目都必须在一定时期和一定社会环境中存在和展开，是社会主体进行的社会实践活动。工程的建设和参与者往往不止一人，这些成员在一起协同工作，各尽其能，各司其职，特别是大型工程，还会对一个地区、一个国家的社会生活产生深刻的影响。任何工程都有明确的经济效益、社会效益和环境生态效益目标，对于经济效益来说，总是伴随着市场风险、资金风险、环境负荷风险；对于社会效益来说，则伴随着就业风险、社区和谐风险、劳动安全风险；对于环境生态效益来说，又伴随着成本风险、能耗风险等。

任何一项工程都是社会建构的产物，都不可能是理想和完美的，其综合评价取决于所处时代和地区经济社会结构等多种因素。首先，工程活动作为一个过程包括如决策、规划、设计、建设、运行和维护等诸多环节，不同的环节由不同的社会群体来完成，每一个建设者和参与者不可能都对工程建设进行科学和准确的考虑，诸多环节也不可能完全做到科学、准确和无偏差的整合。其次，建设者和参与者都代表着各自的相关利益，一个完整的工程项目的建设和运行必然存在着包括政府部门、企业、工程专家、技术人员、工人、社会公众等多方面利益的博弈和协调，只不过他们的利益被工程项目关联在一起。再次，大的工程往往需要技术上的新突破和集成，由于当前科技水平的限制无法发现它的问题，所以有时可能无法同时判断出它的负面效应，但这绝不意味着工程没有问题。

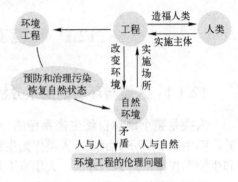

图 12-1 环境工程伦理的产生

传统工程是从自然界获取资源和能源、或进行自然的改造来满足人类的生存和发展的，由于不加节制地开发和利用自然资源，肆意向自然环境排放废弃物，造成环境污染、生态系统退化等危及人类持续发展的严重危机，这样的工程其生态价值是负面的。目前人们逐渐认识到这些问题，工程也开始向绿色、环保、低碳及环境友好方向发展，工程生态价值的性质也在发生转变，环境工程伦理应运而生（图 12-1）。

按照科学发展观的要求，工程项目的建设都必须考虑到经济社会的持续、协调、以人为本的发展，并为构建和谐社会做出贡献。工程系统与自然系统、社会系统的协调是现代工程系统发展的必然要求，也是构建和谐社会的重要基石，直接关系到全体公民的福祉。

新的工程系统观要求工程活动应建立在符合客观规律的基础上，遵循资源节约、环境友好及社会和谐的要求与准则，保持人与自然、社会协调发展，节约资源能源，保护生态环境，促进社会进步，提高综合效能。因此，环境工程伦理要求工程决策者和实践者应增强社会责任感和树立工程系统观（图 12-2），树立一切工程活动都应促进人与自然、社会和谐的理念，杜绝各类形象工程、政绩工程，以及"豆腐渣"工程、扰民工程。

但环境工程伦理比一般工程项目伦理的研究范围更广（图 12-3），要求工程战略、规划和决策要实现系统化、民主化、科学化，工程设计和实施要体现人性化、生态化，工程评价要符合经济效益、社会效益、环境效益和生态效益的系统准则。在工程管理过程中，应认真对待和妥善解决工程活动中存在的多元价值冲突和复杂利益诉求，实现工程系统的资源节约、环境友好。

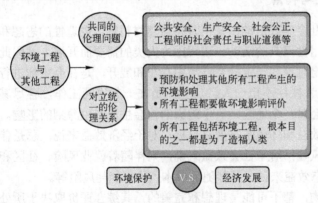

图 12-2 环境工程伦理特点

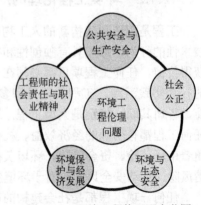

图 12-3 环境工程伦理研究范围

12.2　环境工程伦理观的主要内容

12.2.1　尊重与善待自然

环境伦理学要回答的基本问题是：人类对待自然环境的正确态度是什么？人类对于自然界承担什么样的义务？到底自然有没有价值？有什么样的价值？

1．自然界的有用价值

谈到自然界的价值，人们首先想到自然界"有用"。自然界提供给人类的"有用"价值是多种多样的。它主要包括：

（1）维生的价值

人类生活在地球上，离不开自然界里的空气、水、阳光，需要大自然给我们提供各种动植物作为营养。从这方面说，自然生态为人类提供了最基本的生活与生存的需要。

（2）经济的价值

人类除了有被动适应环境的一面外，还主动地改造和创造环境，以满足自己多方面的需要。因此，自然生态除对于人类具有维生的价值，还具有经济的价值。就是说，人类可以将自然物经过改造，变更其本质，使之具有商业用途和产出新的利用价值。例如，石油产品的开发利用，说明石油作为天然的自然资源是具有经济价值的。

（3）娱乐和美感上的价值

自然生态不仅满足人类物质方面的需要，还可以使人们获得精神与文化上的享受。例如，人们到郊外旅游度假，可以解除身心的疲劳，在消遣中发现娱乐的价值；大自然的种种奇观，以及野地里的各种奇葩异草和珍奇动物，可以使人们获得很高的美学享受。

（4）历史文化的价值

自然生态为人类活动提供了历史舞台，每一个文化都孕育于特定的自然环境里，正因为如此，无论人类文明有了多大的进步与发展，每一种文化与文明都有意地保留一些与这个文化与文明相联系的自然景观与自然居地，以获取其历史归属感和认同感。除此之外，人类的历史和自然史比较起来要短暂得多，自然野地是一座丰富的自然历史博物馆，记录了地球上人类出现之前的久远历史。

（5）科学研究与塑造性格的价值

从起源上说，科学来自对自然现象的好奇和探索。迄今为止，大自然依然是人类科学研究的最重要源泉之一，例如，生命科学和仿生技术的发展，就植根于对大自然中生命现象的观察和研究。同时还有塑造人类性格的价值，例如，大自然有助于人类生存技能的培养，自然野地让人们有重新获得谦卑感与均衡感的机会。我们生活在一个日益都市化、生活节奏紧张的环境中，对大多数人来说，天然的荒郊野地具有愉悦身心的作用，人们可以从大自然中获得某些野趣。

大自然能够满足人类多方面的需要，是作为可供人类使用的资源而被发现的"有用"价值。但大自然除了能够为人类提供不同用途的资源性使用之外，还具有它本身的"内在价值"。对自然的内在价值发现，要求我们超越"人类中心主义"的立场，从整个地球的进化来看待自然，我们发现自然界值得珍惜的重要价值是它对生命的创造，以及创造的多种多样适宜生命物种居住和繁衍的生态环境。

2．自然界价值的维护

对自然生态价值的认识与承认导致了人类对它的责任和义务。人类对自然生态的责任与义务，从消极的意义上说，是要控制和制止人类对环境的破坏，防止自然生态的恶化；从积极的意义上说，则是要保护和爱护自然，从维持和保护自然生态的价值出发，尊重与善待自然。具体来说，我们必须做到以下几点：

（1）尊重地球上一切生命物种

地球生态系统中的所有生命物种都参与了生态进化的过程，并且具有它们适合环境的优越性和追求自己生存的目的性；它们在生态价值方面是平等的。因此，人类应该平等地对待它们，尊重它们的自然生存权利。从环境伦理来看，人类的伦理道德意识不只表现在爱同类，还表现在平等地对待众生万物和尊重它们的自然生命权利。

（2）尊重自然生态的和谐与稳定

地球生态系统是一个交配互摄、互相依存的系统。在整个自然界中，无论海洋、陆地及其动植物，乃至各种无机物，均为地球这一"整体生命"不可分割的部分。作为自组织系统，地球虽然有其遭受破坏后自我修复的能力，但它对外来破坏力的忍受终究是有极限的。对地球生态系统中任何部分的破坏一旦超出其忍受值，便会环环相扣，危及整个地球生态，并最终祸及包括人类在内的所有生命体的生存和发展。因此，在生态价值的保存中首要的是必须维持生态系统的稳定性、整合性和平衡性。

（3）顺应自然的生活

所谓顺应自然的生活，就是要从自然生态的角度出发，将人类的生存利益与生态利益的关系进行协调，过一种有利于环境保护和生态平衡的生活。为此，如下几条原则是必需遵循的：

① 最小伤害性原则：这一原则从保护生态价值出发，要求在人类利益与生态利益发生冲突时，采取对自然生态的伤害减至最低限度的做法。例如，人类在与各种野生动物相遇时，只有当自己遭受和可能遭受到这些生物的伤害或侵袭时，基于自卫的行为才被允许伤害它们。这一原则还要求我们在改变自然生态环境时慎重行事，尤其是在其后果不可预测时更应如此。例如，当我们必须毁坏一片自然环境以修建高速公路、机场时，最小伤害原则要求选择将生态破坏减少至最低的方案。

② 比例性原则：所有生物体的利益，包括人类利益在内，都可以区分为基本利益和非基本利益。前者关系到生物体的生存，而后者却不是生存所必需的。比例性原则要求在人类利益与野生动植物利益发生冲突时，对基本利益的考虑应大于对非基本利益的考虑。例如，在拓荒时代，人类曾经为了生存需要而不得不猎取兽皮，这与当今社会一些人纯粹为了显示高贵而穿兽皮服装，其利益要求的层次是不一样的。同样，为了娱乐性质的打猎与远古时代人类为了生存而捕获野生动物也属于不同层次的两种需要。比例性原则要求我们不应为了追求人们消费性的利益而损害自然生态的利益。

③ 分配公正原则：在人类与自然生物的关系中，有时会遇到基本利益相冲突的情形。这时候，依据分配公正原则，双方都需要的自然适用资源必须共享。例如，人类有时因开垦和经济的需要不断缩小野生动植物生存活动的范围，按照这一原则，可以进行划分永久性野生动植物保护区，实行轮作、轮耕和轮猎等方法，只消费自然资源的一部分，留有野生动植

物不受人类干扰的生存环境和活动空间。同时分配公正原则还要求我们在自然资源的利用上尽可能地实行功能替代。例如，用人造合成药剂代替直接从珍贵野生动物体内提取某些生物性药素，用人造皮革作为某种珍贵野生动物皮毛的代用品。

④ 公正补偿原则：在人类谋求基本需要和发展经济的活动中，不可避免地给自然野地和野生动植物造成很大危害。这时候，根据公正补偿原则，人类应当对自然生态的破坏进行补偿。例如，由于发展经济毁掉了大片的森林，从保护和维持自然生态平衡出发，就必须大力植树造林，这条原则尤其适用于我们对濒危物种的保护和处理办法。近代以来，工业化和人类活动对自然的影响，已经使自然界不少物种永久消失，而且这种趋势还在加剧。因此，我们应对濒危物种加以保护，给它们创造出适宜生存和繁衍的有利环境。

12.2.2　关心个人并关心人类

环境工程伦理包括两个方面的问题：伦理立场和伦理规范。前者牵涉到看待自然环境的一整套思维模式、思想方法和思想观念，它更多地指人类对待自然的根本态度；后者则是人们在与自然交往中必须遵从和奉行的行为准则。由于人类与自然打交道总会牵涉到人与人之间的关系，所以环境伦理虽然是关于人与自然之间关系的伦理，但它探讨的内容却不仅仅以人与自然的关系为限。只有既考虑了人对自然的根本态度和立场，同时又考虑了人如何在社会实践中贯彻这种态度和立场的环境伦理才是完善的伦理。

环境伦理从自然生态系统的角度看待包括生命体在内的各种价值，因此，对人类及其个体生命价值的尊重与维护是其中一个重要内容。环境权是个人的基本人权，1992 年联合国环境与发展大会中做了这样的规定："人类拥有与自然协调的、健康的生产和活动的权利"。然而人类面对环境的行为往往不是个人的，而且任何个人对待环境的行为和做法，其环境后果都不限于个人，会对周围乃至整个人类造成影响，同时个人的利益和价值与群体的利益和价值、区域性的利益和价值与全球性的利益和价值也常常无法截然分开。今天，随着各国经济与各方面活动交往的密切，世界较之以往任何时候更加成为一个整体，生态环境问题已无个人、国界可分。在这种情况下，所谓环境伦理其实就是全球伦理。

在处理环境问题与人之间关系时，如下准则必须要遵循。

（1）正义原则

过去人们从追求经济增长的目标出发，大力发展工业，从生态价值观与人类的整体利益出发，这种不顾及环境后果，仅仅追求生产率增长的行为是不正义的。它直接侵犯了每个人平等享用自然环境的环境权这个基本人权。从维护人的环境权考虑，我们要采取各种措施，有效地治理环境，控制自然环境的进一步恶化。按照环境伦理，任何向自然界排放污染物以及肆意破坏自然环境的行为都是非正义的，应该受到社会舆论的谴责；而任何有利于环境保护与生态价值维护的行为都是正义的，应该得到社会舆论的褒扬。

（2）公正原则

环境伦理中的公正原则其实是"公益原则"，因为自然环境和自然资源属于全社会乃至全人类所有，对它的使用和消耗要兼顾个人、企业和社会的利益，这才是公正的。例如，某个企业采取简陋的工艺生产产品，导致环境污染，这种行为不仅侵犯了社会公众的利益，而且对于其他采取先进环保技术而避免或减少环境污染的企业来说是不公正的。这时，公正原则要求我们在治理环境和处理环境纠纷时维持公道，应由污染环境的企业承担责任并赔偿环境污染造成的损失。

（3）权利平等原则

这里的平等是指在自然环境与自然资源使用上的平等。由于地球上的环境资源是有限的，在使用和消耗上要讲究权利的平等。权利平等不仅适用于人与人之间、企业与企业之间，而且适用于地区与地区、国与国之间。由于历史原因与经济发展水平的不一样，当前地区与地区、国家与国家之间消耗自然资源的差别较大。比如一些富裕和发达国家利用自己的技术和经济优势，消耗大量资源，用不平等的方式掠夺穷国的资源，但根据人类在地球上生存、享受和发展权利平等的原则，富国不仅应该限制自己对自然资源的大量消耗和浪费，而且应该帮助穷国发展经济，摆脱穷困。

（4）合作原则

事实告诉我们生态危机和环境灾难是没有地域边界的；在环境问题上，全球是一个整体，命运相联，休戚与共。它具有扩散性、持续性的特点，一旦全球性的生态破坏出现，任何地区、任何国家都将蒙受其害，而且任何一个国家和地区要单独采取行动，效果甚微。因此，在环境的保护和治理问题上，地区与地区、国与国之间要进行充分的合作。在消极意义上，要防止"污染"输出，不要"以邻为壑"；从积极意义上，则要开展环境保护与环境治理方面的合作，只有这样，全球性的环境问题才能得到解决和克服。

总而言之，环境问题不仅仅是人与自然的关系问题，而且涉及人与人之间、地区与地区、国与国之间的利益与关系的调整。在环境问题上，如同社会政治、经济问题一样，也深刻地存在着不同群体之间利益以及价值观的对立。但由于自然环境的保护与环境问题的能否真正解决，取决于地球上所有人的共同努力，更需要人与人之间的配合和合作，从这种意义上说，关心个人与关心全人类应成为环境伦理的共识。

12.2.3　着眼当前并思虑未来

人除了繁衍和照顾后代的本能以外，还需要承担后代的道德义务与责任。在环境伦理中，人类与子孙后代的关系问题之所以突出，是因为环境问题直接牵涉到当代人与后代人的利益，如何从自然生态的价值与种族繁衍的角度来看待环境问题，在处理环境问题时取得个体利益与种族利益的平衡，是环境伦理应该面对的重要问题。人类的当前利益、价值与长远的、子孙未来的利益、价值难免会发生冲突，环境伦理要求我们在发生这种冲突时，要兼顾当代人与后代人的利益，对当代人与后代人的价值予以同等的重视，并从后代人的立场上对我们当前的环境行为做出道德判断。

在环境问题涉及后代人的利益时，如下原则必须加以考虑。

（1）责任原则

这里的责任是指当代人对后代人的责任。由于社会习惯、历史文化及生物学方面的原因，人类对于自身利益一般比较清晰，而对于后代人的权利和利益看得较少。环境伦理强调：环境权不仅通用于当代人类，而且适用于子孙后代。因此，如何确保子孙后代有一个合适的生存环境与空间，是当代人责无旁贷的义务和责任。1972 年联合国人类环境会议发表的《人类环境宣言》中宣称"我们不是继承父辈的地球，而是借用了儿孙的地球"。这句话表明从自然环境与自然资源的利用和使用价值来看，地球与其说属于过去的人类，不如说属于未来的人类。当代人对地球资源与环境的不适当使用和开发，事实上是侵占了未来世代人的利益。因此，保护好自然环境，把一个完好的地球传给子孙后代，是当代人责无旁贷的义务。

（2）节约原则

从子孙后代的利益考虑，人类不仅要保护和维持自然生态的平衡，而且要节约使用地球上的自然资源。地球上可供人类利用的资源有两种：不可再生性资源和可再生性资源。不可再生性资源只有一次性的使用价值，当代人使用了，后代人就无法再有；可再生性资源尽管可以再生，但它的再生也需要时间的积累。还有许多自然环境一旦为当代人改变，它就永远无法复原。从这种意义上说，许许多多自然环境和景观其实也是不可再生的。地球上可供人类利用和开发的资源是有极限的，所以在自然资源的利用和开发上，需要我们当代人奉行节约原则，改进和改革生产工艺，采取节约能源和资源再生方法，尽可能采取循环再利用的生产工艺，防止铺张浪费。

（3）慎行原则

人类改变和利用自然行为的后果有时不是显然易见的，而且这些后果有时可能对当代人有利，给后代人却会带来长远的不利影响。这就要求我们在与自然打交道时采取慎行原则，当我们采取一项改变和改造自然的计划时，一定要顾及它长远的生态后果，防止给后代人造成损害。人类在这方面已经有过失误的教训。例如，为了提高农作物单位面积的产量，我们大量施用无机化肥，导致土地日益贫瘠；又如，某些农药的施用，在短期内达到了消灭虫害的目的，但从长远来看，却导致自然食物链的破坏；又如人类对热带雨林的破坏，不仅造成地球表面气温的上升，而且使地球上许多物种已经灭绝或濒临消失。在人类利用和改造自然力量空前巨大的今天，慎行原则要求人类对现代生产活动可能出现的后果进行充分的评估。

综上所述，环境工程伦理必须兼顾自然生态、个体与全人类、当代人与后代人的价值和利益，避免发生在社会实践活动中人与自然的冲突和不和谐，将人类对待自然的态度和责任作为一种道德原则和道义行为提出，更有效地规范和指导人们对待自然环境的行为。

12.3　环境工程伦理的主要理论

12.3.1　功利主义

功利主义是伦理学的一个重要理论思想，提倡追求"最大幸福"。功利主义认为人应该做出能"达到最大善"的行为，所谓最大善就是计算某行为所涉及的每个个体的苦乐感觉总和，其中每个个体都被视为具有相同份量，且快乐和痛苦是能够换算的，痛苦是"负的快乐"。功利主义不考虑一个人行为的动机与手段，而是考虑一个人行为的结果对最大快乐值的影响。能增加最大快乐值的即是善，反之即为恶。一个人是否是道德的，是要看他的行为是否获得了最大多数人的最大幸福。

功利主义一般有以下三个原则：第一，根据结果去判断行为的对错。无论最初是抱着怎样的动机去做某件事情，只要结果满足最大多数人的最大利益，就值得肯定，这一原则体现了实用哲学；第二，判断是非的标准是最大多数人的最大幸福，这一原则体现了博爱思想；第三，每个人只能当作一个个体来计算，而不能当作一个以上的个体来计算，这一原则体现了民主精神。

在工程活动中，功利主义最好的表述是：工程师在履行职业义务的时候应当把公众的安全、健康和福祉放在首位，这是大多数工程伦理准则中的核心原则。功利主义通常以实际功效或利益作为道德标准，"不管白猫黑猫，抓住老鼠就是好猫"的俗语，就是典型的功利主义观点。

功利主义只有在一定条件、一定范围内才是正确的，这就需要进行普遍化，而不能只看特定行为的后果。由此产生了"规则功利主义"这个概念。规则功利主义主张在任何特殊的道德选择境况中，都必须遵循道德规则去行动，而后做出行为选择。即使在某些特殊的情况下，遵循普遍规则会导致不好的结果，这一规则也是应当遵循的，因为这样做维护了道德规则。规则功利主义把义和利结合起来，认为道德规则不能脱离功利，强调道德规则的普遍性和严肃性，主张在遵循道德规则的前提下谋取功利。

总体来说，功利主义倡导人们追求最大多数人的最大利益，这一点无可非议。但是在追求最大利益的同时如果触及少数人的利益，这个时候就值得商榷了，因为少数人的利益同样也需要被保护。随着工程活动规模的不断扩大，功利主义的思想逐渐渗透在工程活动的每个环节，作为工程师，在维护多数人利益的同时，也不可忽视少数人的利益。

12.3.2 权利论

权利论是伦理学的另一个重要思想，它主张个人权利的根基在于我们每个人都是独立存在的个体，是值得被尊重的独立生命。我们拥有最基本的享受自由的权利，这意味着我们有权利自由选择自己喜欢的生活，同时也意味着工程师有权力决定是否承担雇主的某项工程任务。权利论也尊重其他人拥有自由的权利，用通俗的话来说就是一个能够保证人权的国家是"小政府、大社会"。政府的确立需要基于作为社会成员的个人的自愿同意，政府的活动不能侵犯个人的自然权利。

在工程伦理规范中，我们可以把"公众的安全、健康和福祉放在首位"理解为通过确保工程项目的安全性来保证公众的生命权不受侵害。公众的生命权意味着公众拥有一个安全、健康、可居住的环境的权利，因此公众有权知晓工程项目潜在的危害环境和公众健康的风险。

存在着相互冲突的权利问题，这就要求我们区分出权利的优先次序，给予某些权利更多的权重。因此应该把权利按照重要程度分为三个层次：第一层次包含最基本的权利，即生命权、身体的完整和精神的健全；第二层次包含维持个人已实现的目标水平的权利，其中包括不被欺骗的权利；第三层次包含实现提升个人的目标水平的权利，其中包括设法获得财产的权利。

权利论为环境工程项目中的特殊伦理要求提供了一种强有力的基础，权利以多种方式进入工程活动中。将公众的安全、健康和福祉置于至关重要的位置，能被解释为尊重公众的生命权、隐私权、环境权、不受伤害的权利和通过在自由市场中的公平和诚实的交换获得好处的权利。基本的自由权利蕴含了对可能伴随技术风险的产品给出知情同意的权利。雇主有权利得到雇员的忠诚服务，雇员有权利得到雇主相应的公平和有礼貌的对待。

总之，权利论主张维护个人的生命权、维护个人财产不受侵犯的权利以及维护个人拥有自由的权利。每个个体的权利应当受到保护而不是侵犯。权利论是工程伦理学中十分重要的一个思想。工程师既拥有权利也应该尊重公众的权利以及维护公众的权利不受到侵害。

12.3.3 义务论

义务又称为"社会责任"，简单来说义务就是个人对他人、集体和社会应尽的道德责任。在西方现代伦理学中，义务论是指人的行为必须遵照某种道德原则或按照某种正当性去行动的道德理论，与"功利主义"相对。义务论强调道德义务和责任的神圣性、履行义务和责任的重要性，以及道德动机和义务心在道德评价中的地位和作用。义务论认为判断人的行为是否符合道德，不是看行为产生的结果，而是看行为本身是否符合道德规则，动机是否善良，是否出于义务心等。

义务论认为，正确的行为是那些尊重个体的自由或自主义务所要求的原则。美国当代义务论哲学家伯纳德·特提出了如下重要的义务列表：1.不要杀人；2.不要引起痛苦；3.不要丧失能力；4.不要剥夺自由；5.不要剥夺快乐；6.不要行骗；7.信守诺言；8.不要欺骗；9.服从法律；10.承担责任。这些原则表述十分简单，一目了然。

最早提出义务论的是德国哲学家康德，他认为义务论是一种尊重人的伦理理论，其道德标准是我们所遵守的行为或规则。每个人都应作为一个互相平等的道德主体来尊重，行为的道德价值取决于行为的动机，人为了正确的动机去做正确的事情，这是道德的最高原则。道德是一种可普遍化的绝对命令，正如孔子所说的"己所不欲，勿施于人"，就是一个很好的体现。

可普遍化的道德命令有两种：一种是假言命令，另一种是绝对命令。假言命令的目的是实现自己的利益，是有条件的，利用的是工具理性，只有通过A，才能实现B。只有不欺骗顾客，才有良好的商业信誉，有良好的商业信誉才能有利润，这里就存在一连串的假言命令。绝对命令是为了履行责任，是不受条件限制的义务，是把自己或者其他人当作目的而不是手段。道德的普遍法则不可避免地要引入感性经验，否则就没有客观有效性，于是必然发生幸福和德行的"二律背反"，两者只有在"至善"中得到解决，义务论为我们提供了一个很好的道德规范反思的框架。

义务论可以分为两种类型：行为义务论和规则义务论。

行为义务论是现代西方伦理学反对传统的规范伦理学，其否认有任何普遍的道德规则可以作为人们道德行为的指导。行为义务论认为行为者必须认清行为选择的具体境况，根据自己的感觉或直觉决定做自己认为是正确的、正当的事情，而不必关心行为的结果。行为义务论具有非理性主义的特点，它否认道德关系和道德境况具有某些共同性，片面强调特殊性，把共性与个性、普遍与特殊割裂开来，否认社会道德原则和规范的普遍意义和作用。

规则义务论是现代西方伦理学中的另外一种义务理论。规则义务论认为存在着具有普遍性的、绝对正确的道德规则，人们的行为只要服从这些规则，就是道德的和正当的，而不必考虑行为的效果。康德的义务论观点就属于规则义务论的一种。根据人们的先验理性具有普遍性的道德绝对命令，人们只要服从绝对命令，按照善良意志或义务去行动，就是道德的。

总之，义务论关注人们行为的动机，强调行为的出发点要遵循道德的规范，要体现人的义务和责任。义务论是工程伦理中非常重要的一种思想理论，可以从义务论的观点出发探讨工程师在工程中做出选择的动机是不是合乎道德要求。

12.3.4 美德论

美德论是以品德、美德和行为者为中心的伦理学，其中心问题是"我应该是什么样的人"或者"我应该成为什么样的人",关注的是行为人本身的品德,而不是行为的动机或者行为产生的结果。美德论强调品德更重于权利、义务和规则,是在行为、许诺、动机、态度、情绪、推理方式和与他人关系的方式中合意的习惯或倾向,在工程活动和日常生活中十分常见,比如能力、诚实、勇气、公正、忠诚和谦逊等。人应该具有一定的目标和志向,当达到这种目标和志向时,他们就具备了某种美德。大多数职业的目标就是为全人类造福,工程师职业就是通过具有一定风险性的社会创造为人类造福。因此,工程师需要胜任、正直、诚实、团队协作和自我管理等优秀品德。品德的最低限度是不故意伤害他人。

既然职业是社会分工,就可以通过为他人创造福祉的多寡来衡量其价值的大小。因此,任何职业都有其内在的善,比如患者的健康是医生内在的善,司法公正是法律内在的善,提供安全和有效的技术产品是工程内在的善。职业除了内在的善外,还产生外在的善,即通过从事各种实践能够获得的善,比如金钱、权力、自尊和威望等。外在的善对个人和组织都是极其重要的,但是,如果过分关注外在的善,就会威胁到内在的善。那么,怎样才能实现内在的善呢?卓越的职业标准使内在的善得以实现。像工程师这样的职业而言,各个学会组织制定的职业伦理规范中都明文规定了各种"应为"的准则,从而从正面促进内在善的实现;也明确了各种"应不为"的情形,并对不诚实、有害的利益冲突及其他非职业行为进行处罚。人们对工程师最全面的美德愿望是负责任的专业精神,主要有四种美德类型:公众福利、职业能力、合作实践和个人正直。这些美德共同促进了工程师和全人类的全面进步。

美德使工程师能够达到卓越标准从而实现内在善,尤其是公共善或共同体善,而不允许外在善干扰他们的公共义务。他们通过把个人的工作生活与更广泛的社会联系起来,促进他们在工作中发现更多的个人价值。美德论不是一个独立伦理标准,更多的是对人的评价系统。但美德论评价一个工程师是不是一个好的工程师,然而什么样的工程师才能称为好的工程师呢?另外,美德也存在一些冲突,比如正直和忠诚。对雇主忠诚和对公众忠诚,同样都是忠诚,什么样的忠诚才是真正的美德呢?这是一个值得反思的问题。

人们对具备专业知识的工程师个人品质方面寄予一定的期望,而多数工程师们心中也存在着对美德的崇高追求。工程师不但应该具备专业知识和技能,同时应该具备相应的美德,这些美德包括诚信、负责、专业等。

12.3.5 契约论

契约论作为伦理学领域的一个重要理论思想,旨在通过订立某种契约将个人的行为动机或者行为规范限定在某种伦理框架中,使个人行为正确与否的判断变得有理可循。工程伦理规范就是通过订立一种契约来约束工程师在工程活动中的价值判断与行为取向。其中主要涉及利己主义和相对主义。

利己主义是个人主义的表现形式之一,其基本特点是以自我为中心,以个人利益作为思想、行为的原则和道德评价的标准。伦理学家通常在两个层面上界定利己主义。一是心理利己主义,这是一种经验假说,其认为利己主义是关于人性的事实,即人们总有利己的动机,人们在行动时往往只顾自己的利益,总是做那些最符合他们自己利益的事情。不过这种解释存在一些问题,不能自圆其说,因而不能称作是严格的伦理学理论。二是伦理利己主义,也称"规范利己主义"或"理性利己主义",认为对自己某种欲望的满足应该是自我行动的必要而又充分条件。这种理论在自我与他人的关系中，把自我放在道德生活的中心位置。

利己主义在工程伦理上的应用可以描述为，工程师可以为了自身利益，尽可能促进自身福祉的最大化。但利己主义的问题在于，当工程师面对上级或者同事压力的时候，有时可能为了自身利益而忽略公司利益甚至公众利益和社会利益。大多数工程师团体的伦理章程都明确提出，工程师应该忠诚于雇主，重视维护公司利益，并且关切公众利益。显然，利己主义并不符合工程伦理发展的潮流和趋势，工程师在面对伦理困境时，切不可过分关注自身利益，这与工程师的美德相悖，只能作为一种参考，而不是全部。

相对主义认为任何观点或者行为没有绝对的对与错，只有因立场不同、条件差异而相互对立。相对主义主要应用于涉及道德准则的场合，强调道德的非绝对性，认为道德规范由于不同的情境会产生不同的结果，不存在普适的道德规范，判断一个人行为的对与错基于其所处的社会环境，不存在对任何人都绝对或者客观的道德规范。

相对主义伦理规范认为，不同的个体在不同的情境下所面临的伦理问题不尽相同，因此我们应该给予伦理建议而不是制定道德规范。通常在这两种情境下，我们一般不会面临太大的伦理困境而能轻松做出选择，但是我们的选择是否正确不是绝对的。在不同的文化背景和道德规范下，有时被认为是正确的，有时被认为是错误的。因此，当我们在面临伦理困境的时候，相对主义能够给予我们更多更自由的选择，指导我们做出相对正确的行为。

12.4 环境伦理责任

12.4.1 环境伦理责任的概念

工程师是现代工程活动的重要主体，他们需要直接与工程打交道，这种特殊的职业特点，就决定了他们在环境保护中需要承担更多的伦理责任。

（1）伦理责任的含义

责任在当下的伦理学中已凸显为一个关键概念，这与当今社会的时代特征息息相关，科技越发达，人类改造世界的能力就越大，自由度也越大，当责任与道德判断发生联系的时候，才具有伦理学意义。

首先，伦理责任不等于法律责任。法律责任属于"事后责任"，是对已发事件的事后追究，而伦理责任属于"事先责任"，是在行动之前针对动机的事先决定。由法律所规定的义务是外在义务，单纯因为"这是一种义务"而无须考虑其他动机而行动，这种责任才是伦理学的，道德内涵也只有在这样的情形里才清楚地显示出来。另外，相对于法律责任而言，伦理责任对责任人的要求更高。法律责任是社会为社会成员划定的一种行为底线，但是仅靠法律责任还不能解决人们生活中遇到的所有问题，人们还必须超越这个底线，上升到更高的伦理责任。

其次，伦理责任不等同于职业责任。职业责任是工程师履行本职工作时应尽的岗位（角色）责任，而伦理责任是为了社会和公众利益需要承担的维护公平和正义等伦理原则的责任。工程师的伦理责任一般说来要大于或重于职业责任。如果工程师所在的企业做出了违背伦理的决策，则损害了社会和公众的利益。简单恪守职业责任会导致同流合污，而尽到伦理责任才能够切实保护社会和公众的利益。职业责任和伦理责任在大多数情况下是一致的，但在某些情况下则会发生冲突，比如工程师在知道公司产品存在质量问题并有可能对公众的生命财产产生威胁时，他是应该坚持保密性的职业责任要求还是遵循把公众的安全、健康和福祉置于首要地位的社会伦理责任要求呢？这就需要工程师在职业责任和伦理责任之间进行权衡。

（2）环境伦理责任的内容

具体而言，环境伦理责任包含如下几个方面：

① 评估、消除或减少工程项目以及产品的决策所带来的短期、长期的直接影响。

② 减少工程项目以及产品在整个生命周期，尤其是使用阶段对于环境及社会的负面影响。

③ 建立能与公众进行公平、客观、真实沟通工程项目的环境及其他方面风险的信息交流文化。

④ 促进技术的正面发展来解决难题，同时减少技术的环境风险。

⑤ 认识到生态环境的内在价值，不像过去一样将环境看作免费产品。

⑥ 能充分考虑区域、国家、国际以及代际间的环境资源分配使用问题。

⑦ 能采用促进合作而非竞争战略保护生态环境。

虽然人们已经认识到工程活动应该承担相应的环境伦理责任，但是在现实实践中却由于种种的原因而不能很好地实现。就工程师个体而言，他在工程活动中扮演着多重的角色，每种角色都相应地被赋予一定的责任，包括对职业理想的责任、对自己的责任、对家庭的责任、对公司的责任、对用户的责任、对团队其他成员的责任、对社会的责任、对环境的责任等。这许许多多责任的履行，使得工程师受到多重限制——雇主的限制、职业的限制、社会的限制、家庭的限制等，这种种限制常常使工程师陷入伦理困境中——是将公司的利益、雇主的利益、自身的利益置于社会和环境利益之上还是相反？这成为工程师必须面对和抉择的问题。

因此，为了更好地促使环境伦理责任的实现，世界工程组织联盟于 1986 年率先制定了"工程师环境伦理规范"，对工程师的环境伦理责任进行了明确的界定，为工程师在现实中面临伦理困境时进行正确的决策提供了指导性的意见。

12.4.2　工程共同体的环境伦理责任

工程是一种复杂的社会实践活动，涉及技术、经济、社会、政治、文化等诸多方面，现代工程在本质上更是一项集体活动，是工程共同体的群体行为。工程活动中不仅有科学家、设计师、工程师、建设者的分工和协作，还有投资者、决策者、管理者、验收者、使用者等利益相关者的参与。他们都会在工程活动中努力实现自己的目的和需要，因此，工程责任的承担者不仅限于工程师个人，虽然每个成员担负的环境伦理责任不一样，但都是利益责任担当的共同体。

工程共同体的环境伦理主要指工程过程应切实考虑自然生态及社会对其生产活动的承受性，应考虑其行为是否会造成公害，是否会导致环境污染，是否浪费了自然资源，因此要求企业公正地对待自然，限制企业对自然资源的过度开发，最大限度地保持自然界的生态平衡。在这方面，国际性组织环境责任经济联盟（CERES）为企业制定了一套改善环境治理工作的标准，作为工程共同体的行动指南，它涉及对环境影响的各个方面：如保护物种生存环境，对自然资源进行可持续性利用，减少制造垃圾和能源使用，恢复被破坏的环境等。

工程事故中的共同伦理责任是指工程共同体各方共同维护公平和正义等伦理原则的责任。这种责任不是指他们共同的职业责任，不是说有了工程事故后所有相关者都要责任均摊，而是强调个人要从全局出发，通过工程共同体各方相互协调，共同承担和履行共同伦理责任，并积极从工程事故中反思问题，提高工程师群体的社会责任感和工程伦理意识。

工程决策是避免和减少生态破坏的根本性环节。假设有两个项目可供选择，一个项目有环境污染问题，短期投资少，长期看会造成不良的生态效果，另一个项目则有绿色环保效益，短期投资较大，长期具有环保作用，如果两个项目都有一定盈利，项目投资者大多会从经济价值、企业目的、实用可行的角度选择前一个项目，而按照环境伦理的要求则应该选取后一个项目。因此，环境伦理是工程决策过程中不可缺少的意识或环节。

工程设计是工程活动的起始阶段，在工程活动中起到举足轻重的作用，它决定着工程可能产生的各种影响。今天的工程设计已经开始突破人类中心主义观念，设计者在功能满足、质量保障、工艺优良、经济合理和社会使用原则下，会考虑产品的环境属性，如资源的利用、对环境和人的影响、可回收性、可重复利用性等，关注产品的生命周期（设计、制造、运输、销售、使用或消费、废弃处理），强调环境目标与产品功能、使用寿命、经济性和质量并行考虑。近年来，由于工程特别是大型工程对于环境影响的增大，更由于可持续发展和环境保护已经成为世界各国关心的话题，工程设计中的环境伦理问题日益被关注。

12.4.3　工程师的环境伦理责任

工程活动对环境的影响，要求工程技术人员在工程的设计、实施中不仅要对工程本身、雇主利益、公众利益负责，还要对自然环境负责，使工程技术活动向有利于环境保护的方面发展。

工程师的环境伦理责任包含了维护人类健康，使人免受环境污染和生态破坏带来的痛苦和不便，维护自然生态环境不遭破坏，避免其他物种承受其破坏带来的影响。鉴于这种责任如果认识到他们的工作正在或可能对环境产生的影响，工程师有权拒绝参与或中止他们正在进行的工作，因为从伦理的角度来看，工程师所担负的责任与其所拥有的权利和义务是相等的。

然而，工程师如何才能中止他的责任？何时中止他的责任？如何在工程目标与环境损害之间求得平衡？在面临潜在的环境问题时，何种情况下工程师应当替客户保密……尽管每个工程项目都有自己特定的目标和实施环境，在面对类似上述问题时的情境各不相同，但工程师在处理这类棘手问题时仅凭直觉和"良心"是不够的，需要学会运用环境伦理的原则和规范来处理问题，在无明确规范的情况下，可以运用相关法律法规来解决。

（1）工程师在整个技术活动中要严格遵守技术规范的科学性和适用性，防范技术风险的发生，促使技术风险最小化。通过对技术在工程实践中的作用进行深入分析，挖掘其中的伦理问题，在诚实的基础上执行技术规范和标准，树立技术风险防范意识，提高工作效率，保证工程人员的人身安全。

（2）工程师应将技术伦理的思想和原则运用到具体的技术试验中去，确保技术试验成果的科学性、真实性、可靠性，避免抄袭数据、凭空捏造数据现象，减少技术风险隐患，并使公众更多地了解新技术可能带来的风险。

（3）引入技术评估，消除或减轻技术应用的负面效应。近年来，先进科学技术在工程实践中的应用，一方面促进了重大工程的顺利开展，另一方面又对人、社会、自然环境产生了一些难以预见的负面影响，破坏了生态平衡。工程师在新技术开发、应用前就对技术可能产生的效益和作用做出预测和评估，在一定程度上减少新技术对社会和环境产生的负面作用，进一步规范工程师的实践行为，明确工程师技术研究的方向和目的，预测和分析技术未来发展的态势，引导技术向合乎人类需要的方向发展。

12.5　环境工程伦理原则

尽管环境伦理学从哲学层面为工程师负有环境伦理责任提供了理论基础，但这并不能保证他们在工程实践过程中采取相应的行为保护环境，因为工程师在工程实践活动中的多重角色，使其对任何一个角色都负有伦理责任，如对职业的责任、对雇主的责任、对顾客的责任、对同事的责任、对环境和社会的责任等。当这些责任彼此冲突时，工程师常常会陷入伦理困境之中，因而需要相应的制度和规范来解决此类困境。

（1）尊重原则

只有尊重自然的行为才是正确的。人对自然环境的尊重态度取决于如何理解人与自然之间的关系。

（2）整体性原则

遵从环境利益与人类利益的协调，保证自然生态系统的完整、健康与和谐，而非仅仅根据人的意愿和需要。当人的利益与自然利益发生冲突时，我们应视情况做出相应对策。

① 整体利益高于局部利益：人类的一切自然活动都应服从自然生态系统的根本需要。

② 需要原则：生态需要>基本需要>非基本需要。

③ 人类优先原则：当人类与自然环境同时面临生存需要时，人的利益优先。

（3）不损害原则

不能对自然造成不可逆转、不可修复的伤害。

（4）补偿原则

当自然系统受到损害时，责任人需负责恢复自然生态平衡。

12.6　工程师的环境伦理规范

工程师的环境伦理规范就是针对工程师在面临环境责任时可以使用的行动指南。它不仅为工程师在解决工程与环境的利益冲突方面提供帮助和支持，而且还可以帮助工程师处理好对雇主的责任以及对于整个社会的责任之间的冲突。当一个工程面临着潜在的环境风险时，或者工程的技术指标达到相关标准，而实际面临尚不完全清楚的环境风险时，工程师可以主动明示风险。

目前，工程师的环境伦理规范已受到广泛的重视。世界工程组织联盟（World Federation of Engineering Organizations，WFEO）就明确提出了"工程师的环境伦理规范"，工程师的环境责任表现为：

（1）尽你最大的能力、勇气、热情和奉献精神，取得出众的技术成就，从而有助于增进人类健康和提供舒适的环境（不论在户外还是户内）。

（2）努力使用尽可能少的原材料与能源，并只产生最少的废物和任何其他污染，来达到你的工作目标。

（3）特别要讨论你的方案和行动所产生的后果，不论是直接的或间接的、短期的或长期的，对人们健康、社会公平和当地价值系统产生的影响。

（4）充分研究可能受到影响的环境，评价所有的生态系统（包括都市和自然的）可能受到的静态的、动态的和审美上的影响以及对相关的社会经济系统的影响，并选出有利于环境和可持续发展的最佳方案。

（5）增进对需要恢复环境的行动的透彻理解，如有可能，改善可能遭到干扰的环境，并将它们写入你的方案中。

（6）拒绝任何牵涉不公平地破坏居住环境和自然的委托，并通过协商取得最佳的可能的社会与政治解决办法。

（7）意识到生态系统的相互依赖性、物种多样性的保持、资源的恢复及其彼此间的和谐协调形成了我们持续生存的基础，这一基础的各个部分都有可持续性的阈值，是不容许超越的。

美国土木工程师协会（ASCE）的章程也强调：工程师应把公众的安全、健康和福祉放在首位，并且在履行他们职业责任的过程中努力遵守可持续发展原则。它用四项条款进一步地规定了工程师对于环境的责任：

（1）工程师一旦通过职业判断发现情况危及公众的安全、健康和福祉，或者不符合可持续发展的原则，应告知他们的客户或雇主可能出现的后果。

（2）工程师一旦有根据和理由认为，另一个人或公司违反了（1）的内容，应以书面的形式向有关机构报告这样的信息，并配合这些机构，提供更多的信息或根据。

（3）工程师应当寻求各种机会积极地服务于城市事务，努力提高社会的安全、健康和福祉，并通过可持续发展的实践保护环境。

（4）工程师应当坚持可持续发展的原则，保护环境，从而提高公众的生活质量。

为了更好地履行环境保护的责任，工程师应该持有恰当的环境伦理观念，以此规范自身的工程实践行为，以达到保护环境的目的。

这些规范不只是某些工程行业的规范，而应该成为所有工程的环境伦理规范，工程师若以它来指导和规范具体的工程实践活动，结果必然会使工程活动中的环境损害大大降低。

尽管我国目前尚未出台工程师的环境伦理规范，但在 1996 年我国制定的《中国工程师信条》明确规定了尊重自然的社会责任，并同步进行了《中国工程师信条实行细则》的细则修订。

《中国工程师信条实行细则》

（一）工程师对社会的责任

守法奉献——恪守法令规章、保障公共安全、增进民众福祉

实行细则：

（1）遵守法令规章，不图非法利益，以完善之工作成果，服务社会。

（2）涉及契约权利及义务责任等问题时，应请法律专业人士提供协助。

（3）尊重智慧财产权，不抄袭，不窃用；谨守本分，不从事不当礼仪之业务。

（4）工程招标作业应公正、公开、透明化，采用公平契约，坚守业务立场，杜绝违法事情。

（5）规则、涉及执行生产计划，应以增进民众福祉及确保公公安全为首要责任。

（6）落实安全卫生检查，预防公共危害事件，保障社会大众安全。

尊重自然——维护生态平衡、珍惜天然资源、保存文化资产。

实行细则：

（1）保护自然环境，充实环保有关知识及实务经验，不从事危害生态平衡的产业。

（2）规划产业时应做好环境影响评估，优先采用环保器材物资，减少废弃物对环境之污染。

（3）爱惜自然资源，审慎开发森林、矿产及海洋资源，维护地球自然生态与景观。

（4）运用科技智慧，提高能源使用效率，减少天然资源之浪费，落实资源回收与再生利用。

（5）重视水文循环规律，谨慎开发水资源，维护水源、水质、水量洁净充沛，永续使用。

（6）利用先进科技，保存文化资产，与工程需求有所冲突时，应尽可能降低对文化资产的冲击。

（二）工程师对专业的责任

敬业守分——发挥专业知能、严守职业本分、做好工程实务

实行细则：

（1）相互尊重彼此的专业立场，结合不同的专业技术，共同追求工作佳绩。

（2）承办专业范围内所能胜任的工作，不制造问题，不做虚假之事，不图不当利益。

（3）凡须亲自签署的工程图说或文件应确实班里或督导、审核、以示负责。

（4）不断学习专业知识，研究改进生产技术与制程，以提高生产效率。

（5）谨守职责本分，勇于解决问题，不因个人情绪、得失，将问题复杂化。

（6）工程与产业之规则、设计、执行应确遵相关规定及职业规范，坚守专业立场，负起成败责任。

创新精进——吸收科技新知、致力求精求进、提升产品品质。

实行细则：

（1）配合时代潮流，改进生产管理技术，提升产品品质，建立优良形象。

（2）不断吸收新知，相互观摩学习，交换技术经验，做好工程管理，掌握生产期程。

（3）适时建议修订不合时宜之法令规章，以适应社会进步、产业发展及管理需要。

（4）重视研究发展，开发新产品，追求低成本高效率，维持技术领先，强化竞争力。

（5）运用现代管理策略，结合产业技术与创新理念，提升产品品质及生产效率。

（6）建立健全的品保制度，做好制程品管，保存检验记录，以利检讨改进。

（三）工程师对业雇主的责任

真诚服务——竭尽才能智慧、提供最佳服务、达成工作目标

实行细则：

（1）竭尽才能智慧，热诚服务，并以保证品质、提高业绩为己任。

（2）遵守契约条款规定，提供专业技术服务，避免与业雇主发生影响信誉及品质之纠纷。

（3）充分了解业雇主之计划需求，明白说明法令规章之限制，以专业所长提供技术服务。

（4）彼此相互尊重，开诚布公，交换业务改进意见，共同提升生产力，达成目标。

（5）不断检讨改进确实，引进新式、高效率之生产技术及管理制度，以提高生产效率。

（6）不向材料、设备供应商、包商、代理商或相关利益团体，获取金钱等不当利益。

互信互利——建立相互信任、营造双赢共识、创造工程佳绩。

实行细则：

（1）服务契约明订工作范围及权利义务，并以专业技术及敬业精神履行契约责任。

（2）与业雇主诚信相待，公私分明、不投机、不懈怠，共同追求双赢的目标。

（3）定期向业雇主提报工作执行情形，明确提出实际进度、面临之问题及建议解决方案。

（4）体认与业雇主为事业共同体，以整体利益为优先，共创营运佳绩。

（5）应本专业技术及职业良心尽力工作，不接受有业务往来者之不当招待与馈赠。

（6）坚持正派经营，不出借牌照、执照，不转包，不做假账，不填不实表报。

（四）工程师对同僚的责任

分工合作——贯彻专长分工、注重协调合作、增进作业效率。

实行细则：

（1）力行企业化管理，明确权责划分及专长分工，不断追踪考核，以提升工作效率。

（2）主动积极服务，密切协调合作，整合系统界面，相互交换经验，共同解决问题。

（3）虚心检讨工作得失，坦诚接受批评指教，改进缺点，发挥所长，共创业务佳绩。

（4）不偏激独行，不坚持己见，不同流合污，吸收成功的经验，记取失败的教训。

（5）相互协助提携，不争功诿过，不打击同僚，以业务绩效来赢得声誉与尊严。

（6）尊重同僚之经验与专业能力，分享其成就与荣耀，不妒嫉他人，不低毁别人来成就自己。

承先启后——矢志自励互勉、传承技术经验、培养后进人才。

实行细则：

（1）经常自我检讨改进，不分年龄、性别、及职务高低，相互切磋学习。

（2）洁身自爱，以身作则，尊重他人，提携后进，谨守职业道德与伦理。

（3）培养后进优秀人才，重视技术经验传承，尽心相授，共同提升工程师的素质。

（4）从工作中不断学习，记录执行过程与经验，撰写心得报告，留传后进研习。

（5）注重技术领导，理论与实务并重，主动发掘问题，共谋解决之道。

（6）确实履行工程师信条及实行细则，提升工程师形象，维护工程师团体的荣誉。

在工程国际化的情况下，我们迫切需要一部较完整的环境伦理规范，这一规范不是划定工程师行动的边界，而是强调了工程师环境保护的责任意识，同时在一定程度上为工程师的合理行动提供保护。

总体上看，我国包括欧美等国，这些规范距离人与自然协同发展的理念还有一定距离，但它毕竟要求工程技术活动要充分考虑环境问题，随着工程师环境责任意识的增强，最终会促使人们在工程活动中将自然的规律性与人的目的性目标结合起来，从而带来更多环境友好的工程。

12.7 案例分析——怒江水电站开发争议

12.7.1 案例经过

怒江（图 12-4）是我国西南地区三大国际河流之一，发源于青藏高原唐古拉山，流经西藏和云南两省区，于云南省潞西市流出国境，出境后称萨尔温江。怒江在云南省怒江州境内全长 310 公里，怒江干流水量丰沛、落差集中，水能资源非常丰富，干流水力资源理论蕴藏量为 3640.74 万千瓦（其中西藏自治区 1930.74 万千瓦，云南省 1710 万千瓦），仅干流可开发装机容量就超过 3000 万千瓦，特别是水库移民、淹没损失极小，是我国开发条件最好的水电基地之一。

图 12-4 怒江开发示意图

从怒江的整个流域来看，怒江大峡谷是目前水能资源最为集中、最具有开发潜能的河段。但是，这一河段与云南省怒江傈僳族自治州的大部分行政区域相重叠，这必然会增加怒江水电开发问题的复杂性和难度。众所周知，怒江州是一个具有边境、少数民族、贫困等特点相交杂的极其特殊的区域。

自新中国成立以来，怒江州的少数民族直接跨入到社会主义社会，随着生活环境的不断改善，人口不断增加，粮食的需求量也不断增加，人们不断在沿江两岸开垦荒地以种植粮食作物。目前怒江州"贫困—生态恶化—再贫困—再恶化"的恶性循环正在持续，经济和社会的发展水平与全国的平均水平的差距逐步加大，要实现与全国同步建成小康社会，唯一的可能就是大型项目的实施。

基于以上背景，怒江水电站的兴建逐渐提上日程。自 2003 年起，原国家发改委通过了怒江开发方案，由此引发了关于是否应该兴建怒江水电站的争论。怒江水电站的兴建历经了以下七个阶段：

第 1 个阶段：1999 年至 2003 年 8 月，原国家发改委主持并通过了怒江水电规划方案。

第 2 个阶段：2003 年 9 月至 10 月，原国家环保总局与环保专家、民间环保主义人士反对开发怒江。

第 3 个阶段：2003 年 11 月至 2004 年 12 月，原国家环保总局和原国家发改委等与支持怒江开发的群体达成一致，同意有条件地开发怒江。

第 4 个阶段：2005 年 1 月至 8 月，支持开发怒江的群体邀请知名的科学家与反对开发怒江的民间环保人士进行相关辩论，最终支持开发的群体获得胜利。

第 5 个阶段：2005 年 9 月至 2008 年 2 月，民间环保人士写信要求了解决策的相关细节，遭到了拒绝。于是向联合国反映相关情况，联合国要求中国做出说明，否则将相关片区列为濒危遗产，迫于此压力，中国决定不建坝。

第 6 个阶段：2008 年 3 月 18 日，原国家发改委公布了《可再生能源发展"十一五"规划》，明确提出在"十一五"期间，国家将开发兴建怒江六库、赛格水电站。由于环保争议，该规划最终没有获得环保部门的批准。但是华电集团已经开始架桥修路、移民搬迁，并且 45 家企业也迅速进驻怒江，开发中小水电站，并协议开发 65 条河流，总投资 60 多亿元。

第 7 个阶段：2013 年 1 月 1 日，国务院印发《能源发展 "十二五"规划》，怒江松塔水电站被列为重点建设项目，并且六库、马吉、亚碧罗、赛格等水电站被确定为有序启动项目。

历经十年的争论，怒江水电站项目正式由规划进入实际开发阶段。

12.7.2 案例分析

1. 伦理思想分析

（1）功利主义

怒江水电工程的开发停滞了十年，始终争议不断，最终还是通过了决议，其归根结底是因为利益的牵扯。怒江水电站的修建，主要原因是其经济价值，同时也保证了各方的利益需求。首先，怒江丰富的水电资源是怒江开发的最直接目的。通过开发怒江丰富的水能资源，促使我国资源优化配置，这个直观的利益需求决定了开发怒江的必然性。其次，怒江的开发离不开政府的介入，政府之所以希望开发怒江是为了促进怒江地区经济和生态可持续性发展，以及解决电力匮乏等问题。怒江的开发将提高当地政府的财政收入，带动当地的基础设施建设，打破其半封闭的地区状态。最后，作为怒江开发的投资商，中国华电集团以及所谓项目承包商的云南省开发投资公司，从怒江的开发中获得的经济效益将相当可观。从经济利益出发，他们的态度非常明确，邀请一系列专家学者为怒江的开发方案提供合理性建议。

从功利主义来看，怒江的开发将带来巨大的经济效益，带动当地经济和生态的可持续发展，促进怒江流域的整体经济进步。怒江州算了这样一笔账：13 个梯级电站的开发，总投资 896.5 亿元，如果 2030 年前全部建成，平均每年投入 30 多亿元，国税年收入增加 51.99 亿元，地税年收入增加 27.18 亿元。巨额投资将扩大就业。据统计，电站建设每投入 20 万元，就带来一个长期就业机会，896.5 亿元的总投资，可带来 448250 个就业机会。巨额投资还将带动地方建材、交通等产业的发展，带动地方 GDP 的增长，促进财政增收。

（2）义务论

怒江的开发必然会给当地生态环境造成无法挽回的破坏。在发展经济的同时，应该重视对自然生态环境的保护，实现经济和生态的可持续发展。我们应该具备保护生态环境的义务。由于某些原因，怒江流域的植被遭到严重破坏，而怒江的生态环境非常脆弱，如果对怒江进行开发，将会加剧对怒江生态环境的破坏。而移民所带来的人口安置问题，也会对移民地的生态造成影响，人口的增加将加重安置地的负担。另外，随着怒江的开发和移民工程的开展，将会引起生态系统的转变，人为对生态环境的改变将会给生态系统的演替带来未知的结果，我们无法预见带来的结果是好还是坏。

金山银山不如绿水青山，不能仅仅考虑开发怒江带来的巨大的经济效益，而不去考虑开发怒江对生态环境带来的破坏，我们有义务保护自然生态环境不受破坏，同时我们也有义务给子孙后代提供一个更加美好的生存环境。

（3）契约论

从契约论的角度来看待怒江的开发，我们会发现，怒江开发涉及的利益相关者众多，包括当地政府、开发商、环保人士以及当地居民。对于怒江的开发一直以来充满争议，支持者和反对者都各执己见，但无论是支持还是反对，他们大都是从自身的利益出发。当地政府积极响应国家的号召，兴建大型项目以推动当地经济的发展；开发商想要从开发怒江中获取巨大的经济利益；环保人士要求获得开发怒江的知情权；当地居民要求得到合适的移民补偿。在开发怒江之前必须协调好这四个利益相关者的利益关系，订立相应的协议以最大程度地满足各方需求，在后续的开发实践中严格按照协议行动。

（4）美德论

对于怒江的开发，当地政府看到的是推动 GDP 的增长，开发商看得到的是巨大的经济利益，环保人士看到的是对怒江自然生态环境的破坏，当地居民看到的是家园的失去。在开发怒江的过程中，应该充分考虑各方应尽的责任、具有的权利以及应履行的义务，妥善处理好这些矛盾，使得怒江的开发不但是造福人类，而且是造福生态的利好举措。

2. 关系人伦理困境分析

（1）当地政府

当地政府以造福人民为宗旨，通过开发怒江推动经济增长，改善人民生活，并且通过兴建水电站造福更多人，但是，在发展经济的同时应该关注对生态环境的保护，不能顾此失彼。政府应该妥善处理怒江开发过程中产生的各种问题，包括怒江周边生态环境问题以及移民问题等，坚持实事求是的原则，不弄虚作假，切实解决移民的赔偿问题。

（2）当地居民

怒江周边的居民大部分是世代聚居于此的少数民族，他们过着半原始的男耕女织的生活，而且比较完整地保留了民族风俗和民族文化。他们已经适应了这样的地域和环境特征，而他们的民族也是在这样的地域和环境中逐步孕育和成长起来的，他们可能不愿意改变这样的生活习惯，移居到其他地方也可能无法适应。就算当地居民愿意迁移，也能够适应未来的生活方式，但是，随着时间的推移，当地的民族文化可能会消失。另外，怒江的开发可能破坏当地的耕地，而耕种是当地居民最重要的生活方式。

（3）开发商

怒江开发获益最大的是开发商，而随着各方力量的介入以及对各种问题的讨论，使得怒江的开发周期一拖再拖，如果最终开发怒江的议程没有通过，开发商前期积累的投资将化为虚无，这将对开发商造成难以估量的损失。摆在开发商面前的是两难境地：到底是在没有获批的情况下私自开发怒江，还是不顾企业的利益继续延期怒江的开发。

（4）环保人士

环保人士关注的是怒江生态环境和少数民族文化的保护，他们可能忽视了怒江周边居民生活的艰难，而怒江的开发无疑会对当地居民的经济收入和生活带来极大的改善。到底是坚持保护生态环境和民族文化，还是致力于改善居民生活，这是环保人士应该思考的问题。

3. 伦理守则规范

① 工程人员应运用其专业技能，尽其所能提供社会服务与参与公益活动，以造福人群，增进社会安全、福祉与健康的环境。

② 工程人员应尊重自然、爱护生态、充实相关知识、避免不当行为破坏自然环境。

③ 工程人员应兼顾工程业务需求与自然环境的平衡，并考量环境容受力，以降低对生态与文化资产的负面冲击。

12.7.3 案例总结

怒江的开发不仅关乎当代人的美好生活，同时关乎我们后世子孙的生存。在开发怒江的过程中不可忽视移民安置的民生重任以及对生态环境的保护，我们应该在以人为本的科学发展观指导下，本着全面、协调、可持续的发展观思路，按照统筹区域发展、统筹经济社会发展、统筹人与自然和谐发展、统筹国内发展和对外开放的要求，严格遵循先规划、后开发的原则，对怒江的生态和发展问题进行深入全方位的调研论证，科学合理布局怒江发展规划，汇集民智，广开言路，在讨论中寻找真理的方向。

思 考 题

（1）环境工程伦理的主要内容有哪些？中国传统文化对环境工程伦理的形成有哪些影响？

（2）在工程项目建设开发建设中，工程师的环境伦理责任有哪些？

（3）环境工程伦理的主要观点是什么？

（4）在分析工程建设项目的环境伦理责任时，可以从哪些维度去分析和讨论项目涉及的伦理思想？

（5）工程项目的建设或多或少对环境都会造成一定的影响，你认为环境保护和经济发展哪个更重要？

参 考 文 献

1　范颖. 中国特色生态文明建设研究[D]. 武汉大学博士论文, 2011

2　李艳芳. 习近平生态文明建设思想研究[D]. 大连海事大学博士论文, 2018

3　吴亚旗. 当前中国生态文明建设的制约因素及实现路径研究[M]. 山东大学硕士论文, 2016

4　马光等. 环境与可持续发展导论（第三版）[M]. 北京：科学出版社, 2018

5　杨京平, 等. 环境与可持续发展科学导论[M]. 北京：中国环境出版社, 2014

6　魏智勇, 等. 环境与可持续发展[M]. 北京：中国环境科学出版社, 2008

7　阎伍玖, 等. 资源环境与可持续发展[M]. 北京：经济科学出版社, 2013

8　朱玲, 等. 能源环境与可持续发展[M]. 北京：中国石化出版社, 2013

9　徐海涛, 等. 工程伦理[M]. 北京：电子工业出版社, 2020

10　吴晓东, 翁端, 译. 工程伦理与环境[M]. 北京：清华大学出版社, 2003

11　钱易, 唐孝炎. 环境保护与可持续发展（第二版）[M]. 北京：高等教育出版社, 2010

12　李正风, 丛杭青, 王前. 工程伦理（第二版）[M]. 北京：高等教育出版社, 2019

13　马中. 环境与资源经济学概论 [M]. 北京：高等教育出版社, 1999

14　叶文虎, 张勇. 环境管理学（第三版）[M]. 北京：高等教育出版社, 2013

15　朱守先, 庄贵阳. 气候变化的国际背景与条约[M]. 北京：科学技术文献出版社, 2015

16　马光, 等. 环境与可持续发展导论（第三版）[M]. 北京：科学出版社, 2018

17　王惠, 等. 资源与环境概论. 北京：化学工业出版社, 2020

18　庞素艳, 等. 环境保护与可持续发展. 北京：科学出版社, 2018

19　高廷耀, 等. 水污染控制工程（第四版）（下册）. 北京：高等教育出版社, 2015

20　郝吉明, 等. 大气污染控制工程（第三版）. 北京：高等教育出版社, 2010

21　赵由才, 等. 固体废物处理与资源化（第三版）. 北京：化学工业出版社, 2019

22　黄勇, 等. 物理性污染控制技术. 北京：中国石化出版社, 2013

23　陈亢利, 等. 物理性污染及其防治. 北京：高等教育出版社, 2015

24　沈洪艳. 环境管理学[M]. 北京：清华大学出版社, 2010.

25　蔡文良, 谢艳云. 环境管理与法规[M]. 四川：西南交通大学出版社, 2016

26　王远, 吕百韬, 陈洁. 环境管理[M]. 南京：南京大学出版社, 2009

27　白志鹏, 王珺. 环境管理学[M]. 北京：化学工业出版社, 2007

28　丁文广, 等. 环境政策与分析[M]. 北京：北京大学出版社, 2008

29　王骚. 政策原理与政策分析[M]. 天津：天津大学出版社, 2003:199

30　蒋洪强, 等. 环境政策的费用效益分析：理论方法与案例[M]. 北京：中国环境出版集团, 2018

31　荆克迪. 中国碳交易市场的机制设计与国际比较研究[D]. 南开大学, 2014

32　宋国君, 等. 环境政策分析[M]. 北京：化学工业出版社, 2008

33　蔡守秋, 等. 环境政策学[M]. 北京：科学出版社, 2009

34　袁明鹏. 可持续发展环境政策及其评价研究[D]. 武汉：武汉理工大学, 2003

35　齐佳音, 李怀祖, 陆新元. 环境管理政策的选择分析[J]. 中国人口·资源与环境, 2002（6）：60-62

36 左玉辉，环境社会学[M]．北京：高等教育出版社．2003：322

37 郑爽．全国七省市碳交易试点调查与研究[M]．北京：中国经济出版社，2014.

38 [美]弗兰克·费希尔．吴爱明，等译．公共政策评估[M]．北京：中国人民大学出版社，2003：13，14

39 [美]泰坦伯格（Tietenberg，T．H．）著．高岚，李怡，谢忆，等译．环境经济学与政策：第 5 版 [M]．北京：人民邮电出版社，2011

40 Scott J. Callan, Janet M. Thomas 著．李建民，姚从容，译．环境经济学与环境管理: 理论、政策和应用（第 3 版）[M]．北京: 清华大学出版社，2006

41 Barry C. Field, Martha K. Field 著．原毅军，陈艳莹，译．环境经济学（第五版）[M]．大连：东北财经大学出版社，2010

42 齐佳音，李怀祖，陆新元．环境管理政策的选择分析[J]．中国人口·资源与环境，2002（6）：60-62

43 张恒力，胡新和，论工程设计的环境伦理进路[J]．自然辩证法研究，2010（2）：51-55

44 赵柯．国际环境合作的存在基础与发展障碍[J]．世界经济与政治，1998（2）：8-11

45 吕梦醒．浅析全球治理背景下的国际环境合作原则[J]．决策与信息（下旬刊），2013，（4）

46 傅京燕．贸易与环境问题的研究动态与述评[J]．国际贸易问题，2005（10）：124-128

47 庞军，邹骥．可计算一般均衡模型与环境政策分析[J]．中国人口资源与环境，2005，15（1）：56-59

48 中华人民共和国中央人民政府（中国政府网）http://www.gov.cn

49 中华人民共和国自然资源部编．中国矿产资源报告．北京：地质出版社，2018.8

50 地图窝 http://www.onegreen.net

51 世界卫生组织 http://www.who.int

52 百度百科 http://baike.baidu.com